FANUC数控手工编程及实例详解

李体仁　主编
孙建功　郑民　副主编

U0201562

化学工业出版社
·北京·

本书是作者结合多年数控编程、数控加工工艺的教学、科研、工厂实践经验编写而成。内容包括数控加工编程基础、数控铣床和加工中心编程及其应用、数控车床和车削加工中心编程及其应用、用户宏程序以及综合编程实例等。本书通过大量的实例分析由浅入深，分模块阐述数控编程基本知识和综合运用。全书内容丰富，全部实例均来自作者教学加工实践的案例，实用性强。

本书便于数控加工技术人员、高级技工自学，也可作为高等工科院校、高等职业技术院校、中专、电大等数控专业的教材和参考书，也可作为企业数控加工职业技能的培训教材。

图书在版编目（CIP）数据

FANUC 数控手工编程及实例详解/李体仁主编．
北京：化学工业出版社，2016.12（2018.5 重印）
ISBN 978-7-122-28720-5

Ⅰ.①F… Ⅱ.①李… Ⅲ.①数控机床-程序设计
Ⅳ.①TG659

中国版本图书馆 CIP 数据核字（2016）第 305393 号

责任编辑：张兴辉　　　　　　　　　　　　装帧设计：王晓宇
责任校对：边　涛

出版发行：化学工业出版社（北京市东城区青年湖南街 13 号　邮政编码 100011）
印　　装：北京天宇星印刷厂
787mm×1092mm　1/16　印张 15¾　字数 420 千字　　2018 年 5 月北京第 1 版第 3 次印刷

购书咨询：010-64518888　　　　　　售后服务：010-64518899
网　　址：http://www.cip.com.cn
凡购买本书，如有缺损质量问题，本社销售中心负责调换。

定　　价：59.00 元　　　　　　　　　　　　　　　版权所有　违者必究

前　言

数控加工技术是目前 CAD/CAPP/CAM 系统中最能明显发挥效益的环节之一，其在实现设计加工自动化、提高加工精度和加工质量、缩短产品研制周期等方面发挥着重要作用。在诸如航空工业、汽车工业等领域有着大量的应用。

《数控手工编程技术及实例详解》自 2007 年出版以来，广受读者欢迎和好评。2012 年根据数控编程的特点和读者需要，修订拆分为《FANUC 系统》和《西门子系统》两个分册，同样受到了广大读者的欢迎，许多高等高职院校还用此书作为教材。本次通过对以往读者反馈意见的分析和作者在德国为期一年的作为访问学者的学习体会，结合国内的情况，对 FANUC 系统的分册内容进行了修订和重写。在修订过程中重点修改了一下几个方面的内容：

1. 数控加工不仅是指令的简单了解和熟练，应当对重点和难点进行深入的理解。修改稿对用户反映比较难理解和掌握的知识进行了深入的介绍。

2. 注重基础的同时，从实际加工的角度，增加了综合实例，强调知识的综合。

3. 体现了当今数控加工的新发展，如卧式加工中心工件坐标系的建立，多轴数控机床等。

4. 在每章后增加了思考题与习题，对其中有一定难度的题目，读者可通过与其他人研讨的方法解决。

5. 参照德国 IHK 的考试模式，本书的最后一章给出了数控车和数控铣的一些具体的实例，包含了手工编程的基本元素，如数控铣主要为平面、轮廓、槽、孔的加工，希望读者独立完成。

《FANUC 数控手工编程及实例详解》是作者结合多年数控编程、数控加工工艺的教学、科研、工厂实践经验编写而成，主要内容包括数控加工编程基础、数控铣床和加工中心编程及其应用、数控车床和车削加工中心编程及其应用、用户宏程序以及综合编程实例等。本书通过大量典型零件数控加工实例分析，介绍了数控加工工艺和数控编程工程应用两方面的知识，侧重于数控加工技术综合应用，强调基础性和实用性。

本书由李体仁主编，孙建功、郑民副主编，其中第 1 章、第 2 章、第 3 章、第 4 章、第 6 章由陕西科技大学李体仁撰稿，第 5 章由陕西科技大学李体仁、孙建功撰稿，第 7 章由四川省南充中等职业学校郑民撰稿。全书由李体仁、郑民汇总和整理。本书在编写过程中，孙宇佳、王悉颖、吴志强、念勇、曹艳兵、李朋国、焦双保、李选辉等参与了其中部分图的绘制和资料整理。

由于水平有限，书中难免存在不妥之处，敬请读者不吝赐教、批评指正，在此深表感谢！

主编

目　录

第1章 数控加工编程基础

数控编程是从零件图纸到获得数控加工程序的全过程。数控编程的内容主要包括：根据零件分析加工要求进行工艺设计，以确定加工方案，选择合适的数控机床、刀具、夹具，确定合理的走刀路线及切削用量等；按照数控系统可接受的程序格式，完成零件加工程序编制，然后对其进行验证和修改，直到加工出合格的零件。

1.1 数控编程方法

数控编程通常分为手工编程和计算机辅助编程两类。根据零件加工表面的复杂程度、数值计算的难易程度、数控机床的数量及现有编程条件等因素，数控加工程序可通过手工编程或计算机辅助编程来获得。对于点位加工或几何形状不太复杂的零件，数控编程计算较简单、程序段不多，手工编程是可行的。但对形状复杂的零件，特别是具有曲线、曲面（如叶片、复杂模具型腔）或几何形状并不复杂但程序量大的零件（如复杂孔系的箱体），以及数控机床拥有量较大而且产品不断更新的企业，手工编程就很难胜任，需要采用计算机辅助编程。

1.1.1 手工编程的过程

手工编程的一般步骤如图 1-1 所示。

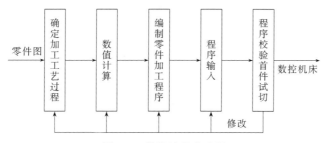

图 1-1 数控编程的步骤

（1）分析零件图、确定加工工艺过程

在确定加工工艺过程时，编程人员要根据被加工零件图样对工件的形状、尺寸、技术要求进行分析，选择加工方案，确定加工顺序、加工路线、装夹方式、刀具及切削参数等，同时还要考虑所用数控机床的指令功能，充分发挥机床的效能，尽量缩短走刀路线，减少编程工作量。

（2）数值计算

根据零件图的几何尺寸确定工艺路线及设定工件坐标系，计算零件粗、精加工运动的轨迹，得到刀位数据（刀位点包括基点和节点）。

① 基点的计算 一个零件的轮廓往往是由许多不同的几何元素组成，如直线、圆弧等。各几何元素间的连接点称为基点，如两直线间的交点、直线与圆弧或圆弧与圆弧之间的交点或切点。数控机床都具有直线插补功能和圆弧插补功能，无论是直线插补还是软件插补，都需要知道线段的起点和终点。所以手工编程时，在完成零件工艺分析和确定加工路线以后，

数值计算就成了程序编制中的一个重要环节，而其中的基点计算是数值计算中最繁琐、最复杂的计算。

刀位数据中的基点计算可通过手工计算和绘图软件的特性菜单栏查询得到。刀位数据中的基点，使用绘图软件特性菜单栏查询，一般精度高、速度快，在实际的编程中得到广泛的使用。

例：图 1-2 中的 A、B、C、D 是该零件轮廓上的基点。使用 AUTOCAD 确定基点坐标的步骤如下。

a. 在 AUTOCAD 软件中完成图形的绘制。

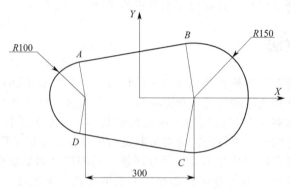

图 1-2　利用 AUTOCAD 软件求基点

b. 使用 UCS 工具栏建立工件坐标系，在 AUTOCAD 软件中建立的用户坐标系的原点与工件坐标系的原点重合，如图 1-3 所示。

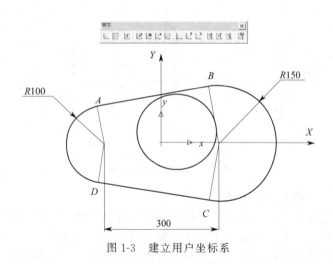

图 1-3　建立用户坐标系

c. 使用特性菜单栏，查询 A、B、C、D 点的坐标，如图 1-4 所示。

② 节点坐标的确定　在只有直线和圆弧插补功能的数控机床上加工零件时，有一些平面轮廓是非圆方程曲线，如渐开线、阿基米德螺线、双曲线、抛物线等。还有一些平面轮廓是用一系列实验或经验数据点表示的，没有表达轮廓形状的曲线方程（称为列表曲线）。这就使被加工的零件轮廓形状与机床的插补功能出现不一致。对于这类零件的加工就只能采用逼近法。

当采用不具备非圆曲线插补功能的数控机床加工非圆曲线轮廓的零件时，在加工程序的编制时，常常需要用多个直线段或圆弧段去近似代替非圆曲线，这个过程称为拟合（逼近）

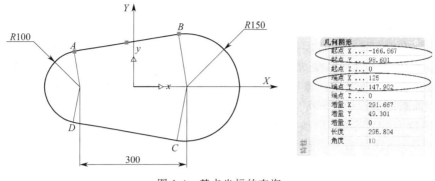

图 1-4　基点坐标的查询

处理。拟合线段的交点或切点称为节点。图 1-5 中的 G 点为圆弧拟合非圆曲线的节点，图 1-6 中的 A、B、C、D 点均为直线逼近非圆曲线时的节点。

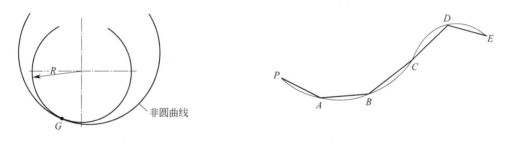

图 1-5　圆弧拟合与节点　　　　　　　　　　　图 1-6　直线拟合与节点

③ 辅助计算

a. 无刀具半径补偿功能的数值计算。在铣削加工中，是用刀具中心作为刀位点进行编程。但在平面轮廓加工中，零件的轮廓形状总是由刀具切削刃部分直接参与切削形成的，因此有时编程轨迹和零件轮廓并不完全重合。对于具有刀具半径补偿功能的机床，只要在程序中加入有关的刀具补偿指令，就会在加工中进行自动偏置补偿。但对于没有刀具半径补偿功能的机床，只能在编程时做有关的补偿计算。

b. 按进给路线进行一些辅助计算。在平面轮廓加工中，常要求切向切入和切向切出。例如铣削图 1-7 所示内圆弧时，最好安排从圆弧过渡到圆弧加工路线，以便提高内孔表面的加工精度，这时，过渡圆弧的坐标值也要进行计算。

（3）编制零件加工程序。

加工路线、工艺参数及刀位数据确定以后，编程人员根据数控系统规定的功能指令代码及程序段格式，逐段编写加工程序。

（4）输入加工程序

把编制好的加工程序通过控制面板输入到数控系统，或通过程序的传输（或阅读）装置送入数控系统。

（5）程序校验与首件试切

输入到数控系统的加工程序必须经过校验和试切才能正式使用。校验的方法是直接让数控机床空运转，以检查机床的运动轨迹是否正确。在有 CRT 图形显示的数控机床上，用模拟刀具与工

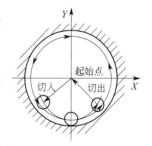

图 1-7　内圆弧铣削路线

件切削过程的方法进行检验更为方便，但这些方法只能检验运动是否正确，不能检验被加工零件的加工精度。因此，要进行零件的首件试切。当发现有加工误差时，分析误差产生的原

因，找出问题所在，加以修正。最后利用检验无误的数控程序进行加工。

1.1.2　计算机辅助编程

计算机辅助编程又分为数控语言自动编程（Automatically Programmed Tools，APT）、交互图形编程和 CAD/CAM 集成系统编程等多种，目前制造类企业主要采用 CAD/CAM 系统自动编程。自动编程是用计算机把人工输入的零件图纸信息改写成数控机床能执行的数控加工程序，即数控编程的大部分工作由计算机来完成。

（1）CAD/CAM 系统自动编程原理和功能

20 世纪 80 年代以后，随着 CAD/CAM 技术的成熟和计算机图形处理能力的提高，出现了 CAD/CAM 自动编程软件，可以直接利用 CAD 模块生成的几何图形，采用人机交互的实时对话方式，在计算机屏幕上指定零件被加工部位，并输入相应的加工参数，计算机便可自动进行必要的数据处理，编制出数控加工程序，同时在屏幕上动态地显示出刀具的加工轨迹。从而有效地解决了零件几何建模及显示、交互编辑以及刀具轨迹生成和验证等问题，推动了 CAD 和 CAM 向集成化方向发展。

目前比较优秀的 CAD/CAM 功能集成型支撑软件，如 UG、Pro/E、CATIA 等，均提供较强的数控编程能力。这些软件不仅可以通过交互编辑方式进行复杂三维型面的加工编程，还具有较强的后置处理环境。此外还有一些以数控编程为主要应用的 CAD/CAM 支撑软件，如美国的 Master CAM、SurfCAM 以及英国的 Del CAM 等。

CAD/CAM 软件系统中的 CAM 部分有不同的功能模块可供选用，如：二维平面加工、3 轴至 5 轴联动的曲面加工、车削加工、电火花加工（EDM）、钣金加工及线切割加工等。用户可根据实际应用需要选用相应的功能模块。这类软件一般均具有刀具工艺参数设定、刀具轨迹自动生成与编辑、刀位验证、后置处理、动态仿真等基本功能。

（2）CAD/CAM 系统编程的基本步骤

不同 CAD/CAM 系统的功能、用户界面有所不同，编程操作也不尽相同。但从总体上讲，其编程的基本原理及基本步骤大体是一致的，如图 1-8 所示。

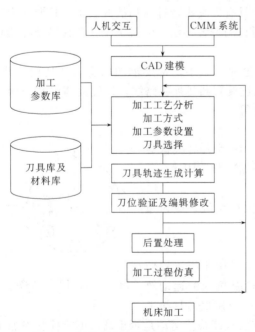

图 1-8　CAD/CAM 系统数控编程原理

① 几何造型。利用 CAD/CAM 系统的几何建模功能，将零件被加工部位的几何图形准确地绘制在计算机屏幕上。同时在计算机内自动形成零件图形的数据文件。也可借助于三坐标测量仪 CMM 或激光扫描仪等工具测量被加工零件的形体表面，通过反求工程将测量的数据处理后送到 CAD 系统进行建模。

② 加工工艺分析。这是数控编程的基础。通过分析零件的加工部位，确定装夹位置、工件坐标系、刀具类型及其几何参数、加工路线及切削工艺参数等。目前该项工作主要仍由编程员采用人机交互方式输入。

③ 刀具轨迹生成。刀具轨迹的生成是基于屏幕图形以人机交互方式进行的。用户根据屏幕提示通过光标选择相应的图形目标，确定待加工的零件表面及限制边界，输入切削加工的对刀点，选择切入方式和走刀方式。然后软件系统将自动地从图形文件中提取所需的几

信息，进行分析判断，计算节点数据，自动生成走刀路线，并将其转换为刀具位置数据，存入指定的刀位文件。

④ 刀位验证及刀具轨迹的编辑。对所生成的刀位文件进行加工过程仿真，检查验证走刀路线是否正确合理，是否有碰撞干涉或过切现象，根据需要可对已生成的刀具轨迹进行编辑修改、优化处理，以得到用户满意的、正确的走刀轨迹。

⑤ 后置处理。后置处理的目的是形成具体机床的数控加工文件。由于各机床所使用的数控系统不同，其数控代码及其格式也不尽相同。为此必须通过后置处理，将刀位文件转换成具体数控机床所需的数控加工程序。

⑥ 数控程序的输出。由于自动编程软件在编程过程中可在计算机内部自动生成刀位轨迹文件和数控指令文件，所以生成的数控加工程序可以通过计算机的各种外部设备输出。若数控机床附有标准的 DNC 接口，可由计算机将加工程序直接输送给机床控制系统。

（3）CAD/CAM 软件系统编程特点

CAD/CAM 系统自动数控编程是一种先进的编程方法，具有以下的特点。

① 将被加工零件的几何建模、刀位计算、图形显示和后置处理等过程集成在一起，有效地解决了编程的数据来源、图形显示、走刀模拟和交互编辑等问题，编程速度快、精度高，弥补了数控语言编程的不足。

② 编程过程是在计算机上直接面向零件几何图形交互进行，不需要用户编制零件加工源程序，用户界面友好，使用简便、直观，便于检查。

③ 有利于实现系统的集成，不仅能够实现产品设计与数控加工编程的集成，还便于工艺过程设计、刀夹量具设计等过程的集成。

1.2　数控机床坐标系确定的原则

为了使数控系统规范化（标准化、开放化）及简化数控编程，国际标准化组织 ISO 对数控机床的坐标系统作了统一规定，即 ISO 841 标准。我国于 1982 年颁布了 JB 3051—82《数控机床的坐标系和运动方向的命名》标准，对数控机床的坐标和运动方向作了明确规定，该标准与 ISO841 标准等效。

数控机床坐标系一般遵守两个原则，即右手直角笛卡尔坐标（右手规则）的原则和零件固定、刀具运动的原则。

（1）右手直角笛卡尔坐标（右手规则）的原则

数控机床坐标系位置与机床类型有关。机床坐标轴通常按照右手原则（直角笛卡尔坐标）确定，如图 1-9 所示：

a. 大拇指的方向为 X 轴的正方向；

b. 食指为 Y 轴的正方向；

c. 中指为 Z 轴正方向。

机床绕坐标轴 X、Y、Z 旋转的运动的旋转轴，分别用 A、B、C 表示，它们的正方向按右手螺旋定则确定。

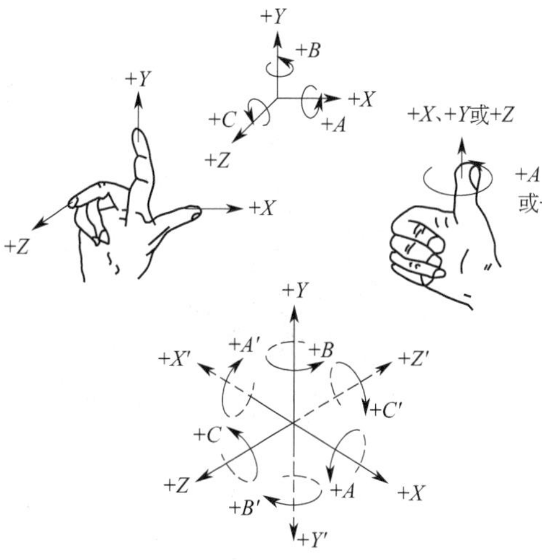

图 1-9　右手直角笛卡尔坐标系

数控机床各坐标轴及其正方向的确定顺序是：

① 先确定 Z 轴。以平行于机床主轴的运动坐标为 Z 轴，Z 轴正方向是使刀具远离工件的方向。如图 1-10 所示。

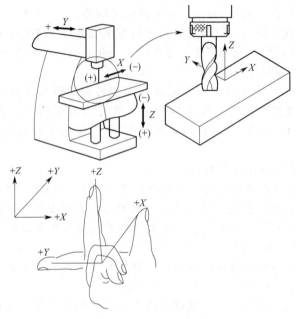

图 1-10 立式数控铣床

② 再确定 X 轴。X 轴为水平方向且垂直于 Z 轴并平行于工件的装夹面。在工件旋转的机床（如车床、外圆磨床）上，X 轴的运动方向是径向的，与横向导轨平行。刀具离开工件旋转中心的方向是正方向。对于刀具旋转的机床，若 Z 轴为水平（如卧式铣床、镗床），则沿刀具主轴后端向工件方向看，右手平伸出方向为 X 轴正向，若 Z 轴为垂直

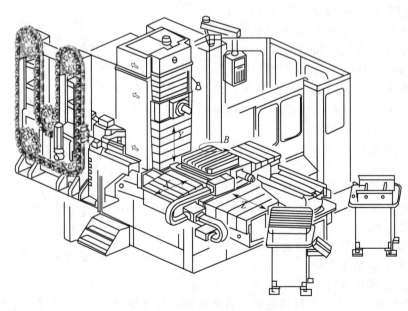

图 1-11 卧式加工中心

（如立式铣、镗床，钻床），则从刀具主轴向床身立柱方向看，右手平伸出方向为 X 轴正向。

　　③ 最后确定 Y 轴。在确定了 X、Z 轴的正方向后，即可按右手原则定出 Y 轴正方向。

　　④ 附加坐标轴。如果机床除有 X、Y、Z 主要坐标轴以外，还有平行于它们的坐标轴，可分别指定为 U、V、W。如果还有第三组运动，则分别指定为 P、Q、R。

　　例：卧式加工中心主要用来加工箱体类零件，工作台绕 B 轴进行回转，方便加工箱体的各个侧面，如图 1-11 所示。

　　例：图 1-12 为门式数控铣床，桁架沿立柱上下移动为附加坐标轴，对应 Z 轴，桁架上下移动为 W 轴。

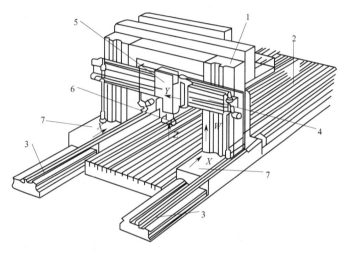

图 1-12　门式数控铣床

1—立柱；2—工作台；3—床身；4—桁架；5—主轴箱；6—主轴；7—导轨

　　例：图 1-13 为卧式五轴数控铣床，主轴绕 Y 轴旋转，为 B 轴；工作台绕 Z 轴旋转，为 C 轴。

　　例：图 1-14 万能工具磨床，由两个坐标系组成。

　　例：数控车床具有前置刀架和后置刀架之分，刀架布局在操作者和主轴之间位置，称为前刀架。刀架布局在操作者和主轴外侧位置，称为后刀架。传统的普通车床就是前置刀架车床的一个例子。所有斜床身类型车床都属于后置刀架车床。图 1-15 为前置刀架车床坐标系。图 1-16 为后置刀架车床坐标系。

　　（2）零件固定、刀具运动的原则

　　由于机床的结构不同，有的是刀具运动，零件固定；有的是刀具固定，零件运动等。为了编程方便，坐标轴正方向，均是假定工件不动，刀具相对于工件作进给运动而确定的方向。实际机床加工时，如果是刀具相对不动，工件相对于刀

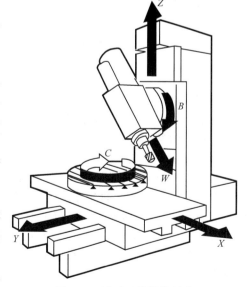

图 1-13　卧式五轴数控机床

具移动实现进给运动的情况。按相对运动关系，工件运动的正方向（机床坐标系的实际正方向）恰好与刀具运动的正方向（工件坐标系的正方向）相反。如图 1-10 所示。

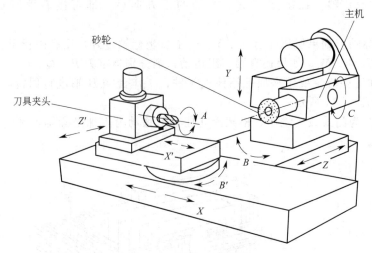

图 1-14　万能工具磨床

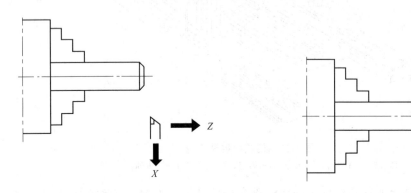

图 1-15　前置刀架车床坐标系　　　　　　　　　图 1-16　后置刀架车床坐标系

1.3　机床原点与参考点

（1）机床原点

机床原点又称为机床零点，该点是机床上一个固定的点，其位置是由机床设计和制造单位确定的，通常不允许用户改变。机床原点是工件坐标系、机床参考点的基准点，也是制造和调整机床的基础。

（2）机床参考点

机床参考点又称机械原点（R）。是机床上一个特殊的固定点，该点一般位于机床原点的位置，它指机床各运动部件在各自的正向自动退至极限的一个固定点（由限位开关准确定位），到达参考点时所显示的数值则表示参考点与机床零点间的距离，该数值即被记忆在数控系统中并在系统中建立了机床零点，作为系统内运算的基准点。数控铣床在返回参考点（又称"回零"）时，机床坐标显示为零（$X0$，$Y0$，$Z0$），则表示该机床零点与参考点是同一个点。

实际上，机床参考点是机床上最具体的一个机械固定点。而机床零点只是系统内的运算基准点，其处于机床何处无关紧要。每次回零时所显示的数值必须相同，否则加工有误差。

1.4　工件坐标系

为了编程不受机床坐标系约束，需要在工件上确定工件坐标系，工件坐标系与机床坐标系的关系，就相当于机床坐标系平移（偏置）到某一点（工件坐标系原点）。如图 1-17 所示，机床坐标系的原点（O 点）平移到 O_1 点（$X-400$，$Y-200$，$Z-300$），即可建立工件坐标系。

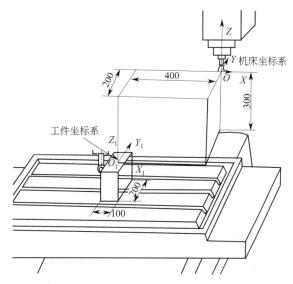

图 1-17　工件坐标系原点的确定

一般来说，机床各轴的实际方向可以根据该轴移动是否由主轴来完成。若由主轴来完成，机床坐标系的实际正方向与工件坐标系的正方向相同。反之，则相反。

例：工作台作 X、Y、Z 向移动的立式数控铣床机床坐标系和工件坐标系的关系（图 1-18），图中 O_1 为工件坐标系原点。

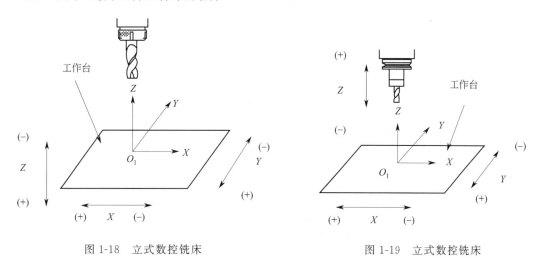

图 1-18　立式数控铣床　　　　　　　　　　　图 1-19　立式数控铣床

例：工作台作 X、Y 向移动，主轴作 Z 向移动的立式数控铣床机床坐标系和工件坐标系的关系如图 1-19 所示。

例：主轴作 Z、Y 向移动，工作台作 X 向移动的卧式加工中心机床坐标系和工件坐标系的关系如图 1-20 所示。

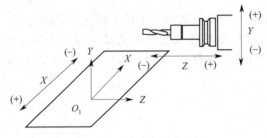

图 1-20　卧式加工中心

例：刀架作 X、Z 向移动的数控车床机床坐标系和工件坐标系的关系如图 1-21 所示。

例：刀架作 X、Z 向移动的前刀架数控车床机床坐标系和工件坐标系的关系如图 1-22 所示。

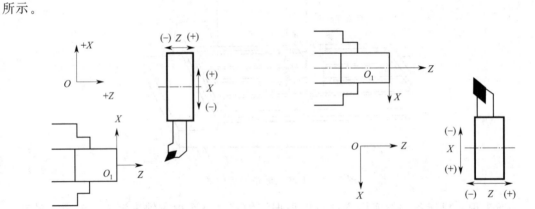

图 1-21　后刀架数控车床　　　　　　　　图 1-22　前刀架数控车床

思考题与习题

（1）比较手工编程和 CAD/CAM 系统编程的异同点。

（2）使用 AUTOCAD 软件确定图 1 中的 A、B、C、D、E 基点坐标。

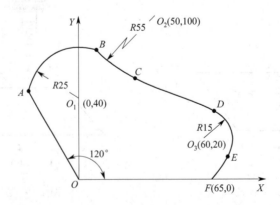

图 1　基点确定

（3）请列举 5 种以上 CAD/CAM 自动编程软件。

（4）请说明后置处理的作用。

（5）数控机床或是工件运动或是刀具运动，是否影响编程人员的编程？为什么？

（6）请在图 2、图 3 中确定数控机床的坐标，并将结果标注在图中。

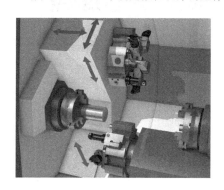

图 2　双主轴车床

图 3　车铣复合机床

第 2 章　数控铣床和加工中心编程

工件坐标系是编程时使用的坐标系，又称编程坐标系，该坐标系是人为设定的。建立工件坐标系是数控加工前的必不可少的一步。

2.1　工件坐标系建立的方法

所谓设定工件坐标系，就是确定工件坐标系原点在机床坐标系中的位置。工件坐标系可由 G92 或 G54～G59 指令设定两种方法。

2.1.1　G92 设定工件坐标系

G92 是以刀具当前位置设置工件坐标系。工件坐标系的原点由 G92 后面的坐标值建立。

指令格式：G92 X a __ Y b __ Z c __ ;

使用 G92 设定工件坐标系的原理如图 2-1 所示。

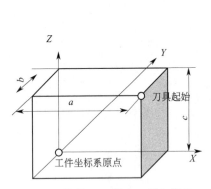

图 2-1　使用 G92 设定工件坐标系

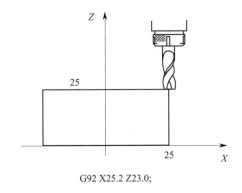

G92 X25.2 Z23.0;

图 2-2　使用刀尖设定工件坐标系

G92 指令仅仅用来建立工件坐标系，在 G92 指令段中机床不发生运动。使用 G92 的程序结束后，若机床没有回到上一次程序的起点，就再次启动此程序，程序就以当前所在位置确定工件坐标系。两次程序运行的工件坐标系原点不一致，容易发生事故。

实际中使用 G92 设定工件坐标系，一般采用以刀尖当前的位置建立的方法（图 2-2），指令如下：

G92 X25.0 Z25.0;

技巧：刀具的起始位置与机床坐标系的参考点重合，程序运行中，由于某种原因终止运行，在下一次运行程序之前，只需机床回零，即可运行程序，操作简单。

2.1.2　G54～G59 设定工件坐标系

G54～G59 是在程序运行前设定工件坐标系，它通过确定工件坐标系的原点在机床坐标系的位置来建立工件坐标系。用 G54～G59 指令可以建立六个工件坐标系，使用 G54～G59 指令运行程序时与刀具的初始位置无关。G54～G59 在批量加工中广泛使用。

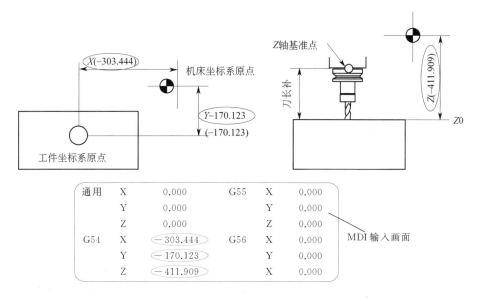

图 2-3　G54 设定工件坐标系

G54 工件坐标系的原点的设置，需要在 MDI（手动数据输入）方式下，将工件坐标系原点的机械坐标输入到 G54 偏置寄存器中。输入画面如图 2-3 所示。G55～G59 设置的方法与 G54 设置的方法相同。

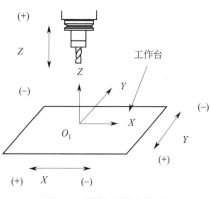

图 2-4　数控机床坐标系

例：在图 2-4 所示的数控机床（机床 X、Y 轴移动，通过工作台移动实现，Z 轴移动通过主轴移动实现）上加工工件 1（300×240×30）和工件 2（340×280×35）的两块钢板，定位点不变，对应的工件坐标系分别为 G54、G55，在 G54 坐标确定的情况下，可通过计算确定 G55 工件坐标系的原点。工件定位如图 2-5 所示。

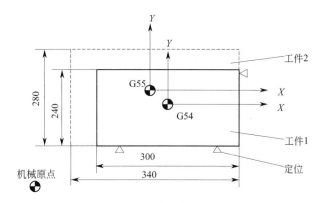

图 2-5　利用计算设定工件坐标系

G54 坐标的原点如图 2-6 所示。

通用	X	0.000	G55	X	0.000
	Y	0.000		Y	0.000
	Z	0.000		Z	0.000
G54	X	−470.000	G56	X	0.000
	Y	−170.123		Y	0.000
	Z	−411.909		X	0.000

图 2-6　工件坐标系

G55 工件坐标系的原点 X 轴的机械坐标为：−470−(340−300)/2=−490

G55 工件坐标系的原点 Y 轴的机械坐标为：−170.123+(280−240)/2=−150.123

G55 工件坐标系的原点 Z 轴的机械坐标为：−411+(35−30)=−406.909

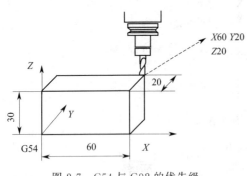

图 2-7　G54 与 G92 的优先级

例：图 2-7 表示了下面的一段程序的运行结果。

N1 G92 X0 Y0 Z0; (以刀具当前位置建立工件坐标系)

N2 G90 G00 G54 X60 Y20 Z20; (快速移动到 G54 工件坐标系的 X60 Y20 Z20 位置) 由于 G92 优先于 G54，在执行 N2 段指令时，刀具快速移动到由 G92 确定的工件坐标系的位置，而不是 G54 工件坐标系中的 $X60$ $Y20$ $Z20$ 位置。

提示：现代 CNC 编程中，一般用 G54～G59 来代替 G92。

G92 优先级别高于 G54～G59，使用 G92 就没有必要再使用 G92，否则 G54～G59 会被替换，应当避免。

2.1.3　卧式加工中心工件坐标系的确定

卧式加工中心工件坐标系确定有三种方法：

① 在工件的每个加工面上分别建立坐标系。由于每个工件坐标系都要通过测量确定，不仅效率低，而且不可避免地存在着测量误差，为了减少误差，一般都要对每个工件坐标系重复测量，求出平均值，费工费力。

② 只完整地建立一个工件坐标系，其余坐标系由相互关系推导。这种方法在整个建立过程中只需完整地测量一个工件坐标系即可，最大程度地降低了测量误差对建立坐标系的影响，零件加工的合格率将会明显上升。

③ 工件坐标系中心和工作台回转中心重合。

在实际编程和加工中主要使用第二种方法，现就具体的推导过程叙述如下：

已知条件：机床原点相对工作台回转中心的距离（图 2-8）X、Y、Z 值，不同的机床 X、Y、Z 值各不相同，但对每台机床来说又是固定不变的，可以通过查机床说明书直接得到。

（1）第一个工件坐标系的建立（G54）

通过测量确定其中的一个工件坐标系（G54），即确定出 X_1、Y_1、Z_1（图 2-8），其中：

$$\Delta X = X_1 - X$$

$$\Delta Z = Z - Z_1$$

通过 ΔX、ΔZ 数值，工作台按照 90°的整数倍旋转，其余的三个工件坐标系就能通过它们相互之间的几何关系被准确地计算出来。

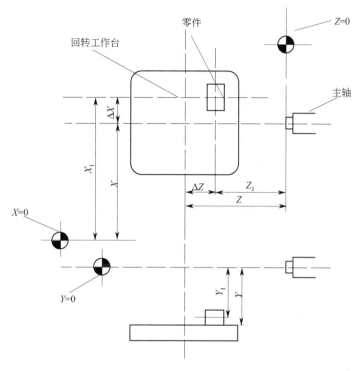

图 2-8 工件坐标系 1

（2）工作台旋转 90°工件坐标系的确定（G55）

假设工件坐标系 2（G55）为坐标系 1 逆时针旋转 90°而得，根据图 2-9 可以得出：

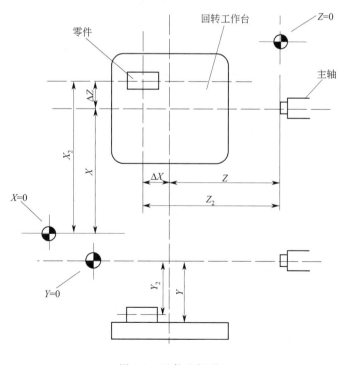

图 2-9 工件坐标系 2

$$X_2 = X + \Delta Z = X + Z - Z_1$$
$$Y_2 = Y_1$$
$$Z_2 = Z + \Delta X = Z + X_1 - X$$

（3）工作台旋转 180°工件坐标系的确定（G56）

同样工件坐标系 1 逆时针旋转 180°得到工件坐标系 3（G56），如图 2-10 所示。

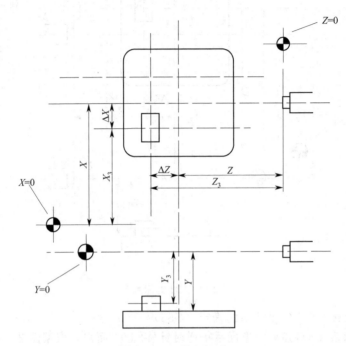

图 2-10　工件坐标系 3

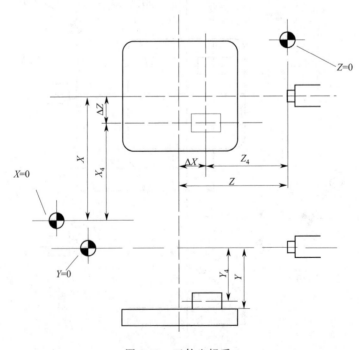

图 2-11　工件坐标系 4

$$X_3 = X - \Delta X = X - X_1 + X = 2X - X_1$$
$$Y_3 = Y_1$$
$$Z_3 = Z + \Delta Z = Z + Z - Z_1 = 2Z - Z_1$$

（4）工作台旋转 270°工件坐标系的确定

将坐标系 1 逆时针旋转 270°得到工件坐标系 4（G57），如图 2-11 所示。

$$X_4 = X - \Delta Z = X - Z + Z_1$$
$$Y_4 = Y_1$$
$$Z_4 = Z - \Delta X = Z - X_1 + X$$

工作台旋转后工件坐标系的确定，是在第一个工件坐标系的基础上通过理论计算得到，满足其他坐标系的精度要求，工作效率大大提高。

2.2　程序的结构和组成

2.2.1　程序有关的术语

通过如下简单的程序，来说明程序有关的术语，如图 2-12 所示，主轴从工件坐标系 G54 的原点，沿箭头方向，逆时针运动。

程序如下：

O0001（MAKINO）；	程序号 O0001，括弧内的内容为注释
N1 G90 G54 G00 X0 Y0 M03 S1000；	快速移动到 G54 原点，主轴正转，转速 1000r/min
/N3 Z100	移动到 Z100 位置，"/" 为单段跳过。N3 为顺序号
N4 G01 X0 Y－50.0 F100；	从 G54 原点移动到 1 点
X100.0；	从 1 点移动到 2 点
Y50.0；	从 2 点移动到 3 点
X－100.0；	从 3 点移动到 4 点
Y－50.0；	从 4 点移动到 5 点
X0；	从 5 点移动到 1 点
N8 Y0 M05；	从 1 点移动到原点，主轴停止转动
N9 M30；	程序结束，并返回到程序的开始位置

（1）程序

程序的结构如图 2-13 所示，程序是由许多单段组成，一系列单段所组成的集合称为程序。

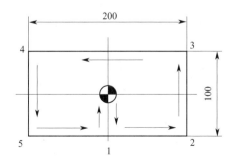

图 2-12　简单加工

图 2-13　程序结构

（2）单段

每一个程序段由若干个字组成（如图 2-14 所示），每个字是控制系统的具体指令，字由表示地址的英语字母与随后的若干位十进制数字组成。即字＝地址(字母)＋数字。

图 2-14　段的组成

在每个单段的前端，可以包含一个顺序号码 N□□□□，在单段末端以";"表示程序段结束。中间部分为程序段的内容。

（3）字的含义

程序段中的每个字都是指定一种特定的功能，主要功能包括：准备功能字如 G01，尺寸功能字如 Y-50，进给功能字如 F200，主轴功能字如 S900，刀具功能字如 T01，辅助功能字如 M03 等。

每个程序段并不是须包括所有的功能字，根据需要可以由一个字或几个功能字组成。但一般在程序中要完成一个动作必须具备以下内容：

①刀具移动路线轨迹：如 G01 直线、G02 圆弧等准备功能字。

②刀具移动目标位置，如尺寸字 X、Y、Z 表示终点坐标值。

③刀具移动的速度，如进给功能字 F。

④刀具的切削速度，如主轴转速功能字 S。

⑤使用哪把刀具，如刀具功能字 T。

⑥其他机床辅助动作、辅助功能字 M 等。

一个程序段除程序段号与程序段结束字符外，其余各字的顺序并不严格，可先可后，但为编写、检查程序的方便，习惯上可按 N—G—X—Y—Z—F—S—T—M 的顺序编程。

表 2-1 为 FANUC 系统可用的地址（字母）和它们的含义。

表 2-1　FANUC 主要功能字

功　能	地　　址	含　　义
程序号	O	程序名
顺序号	N	顺序名
准备功能	G	指定一种动作(直线、圆弧等)
尺寸字	X,Y,Z,U,V,W,A,B,C	坐标轴移动指令
	I,J,K	圆弧中心的坐标
	R	圆弧半径
进给功能	F	每分钟进给量,每转进给量
主轴速度功能	S	主轴速度
刀具功能	T	刀具号
辅助功能	M	机床控制开/关
	B	分度工作台
偏移量号	D,H	偏移量量号
暂停	P,X	暂停时间
程序号指定	P	子程序号
重复次数	P	子程序重复次数
参数	P,Q	固定循环参数

（4）主要功能字指令值的范围

地址后所带数据根据功能不同，它的大小范围、是否可以有负号、是否可带小数点都有一定的规则，其中 G 代码和 M 代码的数字是由系统指定。表 2-2 为 FANUC 系统主要地址和指定值的范围。

表 2-2　功能字的指令值范围

功　　能	地　　址	输　　入
程序号	O	1～9999
顺序号	N	1～99999
准备功能	G	0～99
尺寸字	X，Y，Z，U，V，W，A，B，C，I，J，K，R	±99999.999mm
每分钟进给	F	1～240000mm/min
每转进给		0.001～500.00mm/r
主轴速度功能	S	0～20000r/min
刀具功能	T	0～99999999
辅助功能	M	0～99999999
	B	0～99999999
偏移量号	H，D	0～400
暂停	X，P	0～99999.999
指定程序号	P	1～9999
重复次数	P	1～9999

从表 2-2 可以看出，程序名 O、顺序号 N、准备功能代码 G、刀具指令 T、辅助指令 M、指定程序号指令 P 和重复次数指令 P 后所带数字除有一定的数值范围外，要求都必须是整数，且不可以用负号来表示。

凡有计量单位的功能字，例如暂停地址所带数值单位为秒，尺寸字地址所带数值单位为毫米，这些尺寸字、进给、主轴有计量单位地址字都为工艺参数和切削用量，需编程人员计算出精确数字，其他的功能字所带数字都为编号之类的数字，由编程人员任意或对应指定即可。

2.2.2　程序的结构

（1）程序编号

程序编号的结构如图 2-15 所示，程序被保存在存储器中，程序编号被用来区别不同的程序。

4 位（1～9999，0 不能使用）　　　　对程序的注释、说明

图 2-15　程序编号

（2）序号

序号格式：N □□□□□

序号以 N 开始，其取值范围为 1～99999。序号不要求连续，在单段中，它可有可无，作用是对程序进行校对和检索修改时作为标记，或在程序执行转换指令时作为条件转向的目标号，即作为转向目的程序段的名称。

（3）单段跳过

单段跳过格式：/N□□□□

当单段的前端加上一个"/"，该单段被忽略，不被执行。

（4）尺寸字

尺寸字格式：轴的地址+ 移动值。

尺寸字定义了刀具的移动，它由移动轴的地址及移动值组成。$\boxed{\text{X100.0}}$ 表示沿 X 轴方向移动，移动的值的变化取决于是绝对还是相对编程。小数点的位数，与机床的 NC 装置最小取值有关。

（5）准备功能（G）

准备功能格式：G □□ ，功能编号 2 位（0～99）。

准备功能是建立机床或控制数控系统工作方式的一种指令。表 2-3 为 FANUC-0i MA 数控铣削系统的准备功能 G 指令。

表 2-3 G 代码功能

G 代码	组别	功　　　　能	附注
G00		快速定位	模态
G01	01	直线插补	模态
G02		顺时针圆弧插补	模态
G03		逆时针圆弧插补	模态
G04		暂停	非模态
G10	00	数据设置	模态
G11		数据设置取消	模态
G15	17	极坐标指令消除	模态
G16		极坐标指令	模态
G17		XY 平面选择	模态
G18	02	ZX 平面选择	模态
G19		YZ 平面选择	模态
G20	06	英制(in)输入	模态
G21		米制(mm)输入	模态
G22	04	行程检查功能打开	模态
G23		行程检查功能关闭	模态
G27		返回参考点检查	
G28	00	返回参考点	非模态
G31		跳步功能	
G33	01	螺纹切削	模态
G40		刀具半径补偿取消	
G41	07	刀具半径左补偿	模态
G42		刀具半径右补偿	
G43		刀具长度正补偿	
G44	08	刀具长度负补偿	模态
G49		刀具长度补偿取消	
G50	11	比例缩放取消	模态
G51		比例缩放有效	
G52	00	局部坐标系设定	非模态
G53		选择机床坐标系	

G 代码	组别	功　能	附注
G54		选择工件坐标系 1	
G55		选择工件坐标系 2	
G56	14	选择工件坐标系 3	模态
G57		选择工件坐标系 4	
G58		选择工件坐标系 5	
G59		选择工件坐标系 6	
G65	00	宏程序调用	非模态
G66	12	宏程序模态调用	模态
G67		宏程序模态调用取消	
G68	16	坐标旋转有效	模态
G69		坐标旋转取消	
G73		高速深孔往复排屑循环(啄式进给,回退 d,快速退刀)	非模态
G74	09	攻左旋螺纹循环(进给进刀,暂停主轴正转,进给退刀)	非模态
G76		精镗循环(切削进给,主轴定向停止,刀具移位,快速退刀)	非模态
G80		钻孔固定循环取消	模态
G81		钻孔循环(切削进给,无暂停,快速退刀)	模态
G82		镗梯孔(切削进给,有暂停,快速退刀)	模态
G83		深孔往复排屑循环(啄式进给后退回 R 点平面,快速退刀)	模态
G84		攻右旋螺纹循环(进给进刀,暂停主轴反转,进给退刀)	模态
G85	09	镗孔循环(进给进刀,无暂停,进给退刀)	模态
G86		镗孔循环(切削进给,主轴不定向停止,快速退刀)	模态
G87		背镗循环(切削进给,主轴不定向停止,快速退刀)	模态
G88		镗孔循环(切削进给,主轴不定向停止,手动退刀)	模态
G89		镗阶梯孔循环(进给进刀,有暂停,进给退刀) 镗孔循环	模态
G90	03	绝对坐标编程	模态
G91		增量坐标编程	
G92	00	设定工件坐标系统	模态
G94	05	每分钟进给	模态
G95		每转进给	
G96	13	恒周速控制	模态
G97		恒周速控制取消	
G98	10	固定循环返回到初始点	模态
G99		固定循环返回到 R 点	

G 代码可分成两类：单（非）模态和模态，见表 2-4。

表 2-4　单（非）模态和模态的含义

类　型	意　义
单模态 G 代码	G 代码仅在所在的单段有效
模态 G 代码	G 代码一直有效,直到同组的其他 G 代码被使用

模态指令又称续效指令，是指在同一个程序中，在前程序段中出现，对后续程序段保持有效，此时在后程序段中可以省略不写，直到需要改变工作方式时，指令同组其他 G 指令时才失效。另外所有的 F、S、T 指令和部分 M 代码都属模态指令。

例如下列 O3002 与 O3003 两程序功能完全相同，但 O3002 程序清晰明了，避免了大量指令的重复。

```
O3002;
N20G54G00X10.Y-20.Z30.M03S950;
N030  Z2.;
N040  G01Z-5.F200;
N050  G42Y0X0D01;
N060  Y50.;
N070  X-80.;
N080  Y0;
N090  X20.;
N100  G00G40X100.Y150.Z50.;
N150  M05;
N160  M30;
```

等同于

```
O3003;
N010  G40G49G21G17G80;
N20G54G00X10.Y-20.Z30.M03S950;
N030  G00 X10.Y-20.Z2.;
N040  G01 X10.Y-20.Z-5.F200;
N050  G01 G42Y0X0Z-5.D01 F200;
N060  G01 X0 Y50. F200;
N070  G01 X-80.Y50.F200;
N080  G01 X-80.Y0 F200;
N090  G01 X20. Y0 F200;
N100  G00G40X100.Y150.Z50.;
N150  M05;
N160  M30;
```

非模态指令是指只在本程序段中有效，下一程序段需要时必须重写，如表 2-4 中 00 组中的 G04 暂停、G28 参考点、G92 设工件坐标系等指令属非模态指令。

（6）辅助功能

辅助功能格式：M□□，功能编号 2 位（0～99）。M 功能定义了主轴回转的启动、停止，切削液的开、关等辅助功能。表 2-5 为 FANUC-0i-MA 数控系统的常用的辅助功能 M 代码及其功能。

表 2-5　辅助功能 M 代码及其功能

M 代码	功能	附注	M 代码	功能	附注
M00	程序暂停	非模态	M06	换刀（加工中心）	非模态
M01	程序选择停止	非模态	M08	冷却液打开	模态
M02	程序结束	非模态	M09	冷却液关闭	模态
M03	主轴顺时针旋转	模态	M30	程序结束并返回	非模态
M04	主轴逆时针旋转	模态	M98	子程序调用	模态
M05	主轴停止	模态	M99	子程序调用返回	模态

① 程序暂停 M00。

M00 程序自动运行停止，模态信息保持不变。按下机床控制面板上的循环启动键，程序继续向下自动执行。

② 程序选择停止 M01。

M01 与机床控制面板上 M01 选择按钮配合使用。按下此按钮，程序即暂停。如果未按下选择按钮，则 M01 在程序中不起任何作用。

③ 程序结束 M02、M30。

M02：程序结束，主轴运动、切削液供给等都停止，机床复位。若程序再次运行，需要手动将光标移动到程序开始。

M30：程序结束，光标返回到程序的开头。可直接再次运行。

④ 主轴顺时针旋转 M03、主轴逆时针旋转 M04。

该指令使主轴以 S 指令的速度转动。M03 顺时针旋转，M04 逆时针旋转。

⑤ 主轴停止旋转 M05。

⑥ 刀具交换指令 M06。

M06 用于加工中心上的换刀。

⑦ 切削液开、关 M08、M09。

开启切削液 M08，停止切削液供给 M09。

⑧ 调用子程序 M98。

⑨ 子程序返回 M99。

数控系统允许在一个程序段中最多指定三个 M 代码。但是 M00 、M01、M02、M30、M98、M99 不得与其他 M 代码一起指定，这些 M 代码必须在单独的程序段中指定。

（7）切削进给速度 F、主轴回转数 S

切削进给速度格式：F □□□□，切削的进给速度，4 位以内。

F 代码可以用每分钟进给量（mm/min）和每转进给量（mm/r）指令来设定进给单位。准备功能 G94 设定每分钟进给量，G95 设定每转进给量。

例：G94 F01，表示切削进给速度 1mm/min；

G95F0.1，表示切削进给速度 0.1mm/ r。

主轴回转数格式：S □□□□，主轴的回转数，4 位以内。

主轴转速根据加工需有两种转速单位设定，用指令指定为每分钟多少转，单位是 r/min；用 G96 指定为线速度，每分钟多少米，单位是 m/min。

例：G97 S100，表示主轴 100r/min；

G96 S400，表示主轴线速度 400m/min。

用户使用下列公式可求解主轴的回转数：

$$N = 1000V/(\pi D)$$

式中　V——切削速度，m/min；

π——圆周率，3.14；

D——刀具直径，mm；

N——主轴回转数，r/min。

例：用高速钢立铣刀加工中碳钢材料零件时，一般铣削速度取 20～40m/min。现假定用 ϕ16mm 的立铣刀，铣削速度取 30m/min，试计算主轴转速。

$$\begin{aligned} N &= 1000V/(\pi D) \\ &= 1000 \times 30/(3.14 \times 16) \\ &\approx 597 \ (\text{r/min}) \end{aligned}$$

用户使用下列公式可求解切削进给速度：

$$F = f_Z Z N$$

式中　f_Z——每齿进给量，mm/齿；

Z——刀具的齿数；

F——切削进给速度，mm/min。

例：ϕ16mm 的立铣刀为 3 个齿，每齿进给量为 0.07mm，试求切削进给速度。

$$\begin{aligned} F &= f_Z Z N \\ &= 0.07 \times 3 \times 597 \\ &= 126.37 \ (\text{mm/min}) \end{aligned}$$

（8）绝对（G90）和增量（G91）

程序制作有绝对（用 ABS 表示）和增量（用 INC 表示）两种方法。ABS 方式，以移动后主轴位置的坐标来表示，而 INC 方式以主轴相对前一位置移动的距离来表示。

例：如图 2-16 所示。

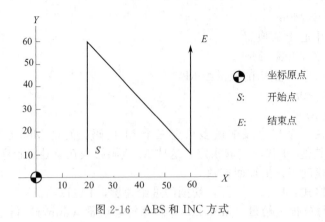

图 2-16　ABS 和 INC 方式

ABS			INC		
O1;			O2;		
G90 G54	(X20.0)	Y60.0;	G91 G54	(X0)	Y50.0;
	X60.0	Y10.0;		X40.0	Y-50.0;
	(X60.0)	Y60.0;		(X0)	Y50.0;
		M30;			M30;

·括号内的指令可以省略。

·增量（INC）值的正、负，取决于运动的距离在各轴上的分量是否与工件坐标系各轴的正方向相同，若相同，增量的值为正，反之为负。

·绝对和相对增量的使用场合。

例：图 2-17，各孔的坐标以原点为基准，用绝对编程很容易实现各孔的加工。图 2-18，各孔以该孔的前一孔为基准，用孔间距离标出各孔的坐标，比较适合用相对增量编程实现各孔的加工。

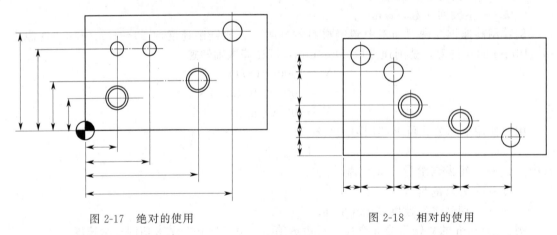

图 2-17　绝对的使用　　　　　图 2-18　相对的使用

提示：程序中绝对和相对的使用，主要根据加工的图纸来确定，以方便编程者和操作者对程序进行检查为原则。

2.2.3　子程序

如果程序包含固定的加工路线或多次重复的图形，这样的加工路线或图形可以编成单独的程序作为子程序。这样在工件上不同的部位实现相同的加工，或在同一部位实现重复加工，大大简化编程。

子程序作为单独的程序存储在系统中时，任何主程序都可调用，最多可达 999 次调用执行子程序。

当主程序调用子程序时，它被认为是一级子程序，在子程序中可再调用下一级的另一个子程序，子程序调用可以嵌套 4 级，如图 2-19 所示。

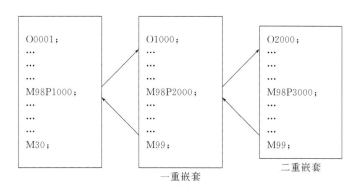

图 2-19　程序嵌套

（1）子程序的结构

子程序与主程序一样，也是由程序名、程序内容和程序结束三部分组成。子程序与主程序唯一的区别是结束符号不同，子程序用 M99，而主程序用 M30 或 M02 结束程序。

例：

O1000　　　　　子程序名

N010　……　　　程序段

……

M99；　　　　　子程序结束

M99 指令为子程序结束，并返回主程序，在开始调用子程序的程序段"M98 P ＿"的下一程序段，继续执行主程序。M99 可不必作为独立的程序段指令，例如"X100.0 Y100.0 M99；"。

（2）子程序调用格式

① M98 P ×××□□□□

×××表示子程序被重复调用的次数，□□□□表示调用的子程序名（数字）。

例如：M98　P51234；表示调用子程序 O1234 重复执行 5 次。

当子程序调用只一次时，调用次数可以省略不写，如 M98 P1010；表示调用程序名为 O1010 的子程序一次。

② 有些系统用以下格式来调用子程序：

M98 P××××L□□

××××表示子程序名，□□表示子程序调用次数。如 P1L2；表示调用程序名为 O0001 的子程序 2 次。

（3）子程序使用中注意的问题

① 在主程序中，如果执行 M99 指令，控制回到主程序的开头。

例如（图 2-20），当单段插入到主程序适当位置时，选择性单段跳跃在 OFF，会执行 M99，控制回到主程序的开头，再度执行主程序。

如果选择性单段跳跃在 ON，"/M99"被省略，控制进入下一个单段。如果插入"/M99P*n*；"控制不回到主程序的开头，而是回到序号"*n*"的单段，回到序号"*n*"的处理时间较回到程序的开头长。

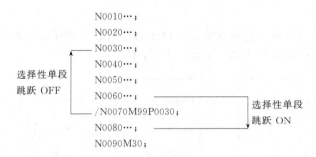

图 2-20　选择性单段跳跃在程序中的应用

思考： 如果在主程序中仅仅使用"M99P*n*；"，程序将会出现死循环，为了避免此种情况的发生，一般使用"/M99P*n*；"，并配合机床操作面板上的"选择性单段跳跃"。

② 在子程序的最后一个单段用 P 指定序号（图 2-21），子程序不回到主程序中呼叫子程序的下一个单段，而是回到 P 指定的序号。返回到指定单段的处理时间较通常回到主程序的时间长。

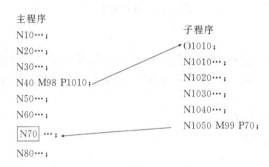

图 2-21　子程序返回到指定的单段

2.3　数控铣床编程指令

2.3.1　基本编程指令

（1）直线运动（G00、G01）

① 快速定位　G00 指令能快速移动刀具到达指定的坐标位置，用于刀具进行加工前的空行程移动或加工完成后的快速退刀，以提高加工效率。

指令格式：**G00 IP ＿；**

在此，IP ＿如同 X ＿ Y ＿ Z ＿，IP ＿可以是 X、Y、Z 三轴中的任意一个、两个或者是三个轴。

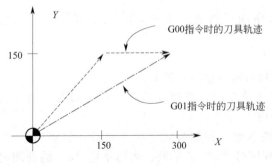

图 2-22　G00、G01 指令时的刀具轨迹

在绝对指令时，刀具以快速进给率移动到加工坐标系的指定位置，或在相对增量指令时，刀具以快速进给率从现在位置移动到指定距离的位置。

G00 快速定位指令在执行时，各轴移动独立执行，移动的速度由机床制造厂设定。当 IP ＿为一个轴时，刀具是直线移动；当为两个或者三个轴时，刀具路径通常不是直线，而是折线。

例： 某数控机床快速定位时，X、Y 轴的移动速度为 9600mm/min 。

　　当使用指令 G00 G90 X300.0 Y150.0；时，X 轴移动的距离为 300，Y 轴移动的距离为 150，Y 轴首先到达终点，刀具移动的轨迹如图 2-22 所示，是一条折线。

　　② G01 进给切削（直线插补）指令　　G01 指令能使刀具按指定的进给速度移动到指定的位置。当主轴转动时，使用 G01 指令可对工件进行切削加工。

　　指令格式：G01 α __ β __ F __；

　　（α、β= X, Y, Z, A, B, C, U, V, W）

　　α __ β __ 可以是 X、Y、Z、A、B、C、U、V、W 轴中的任意一个、两个或者是多个轴。当为两个轴时，即为两轴联动。当为三个轴时，即为三轴联动。当为多个轴时（如为五个轴），即为五轴联动。

　　G01 以编程者指定的进给速度进行直线或斜线运动，运动轨迹始终为直线。α、β 值定义了刀具移动的距离，它与现在状态 G90/G91 有关。F 码是一个模态码，它规定了实际切削的进给率。

　　例：如图 2-22 所示，当使用指令 G01 G90 X300.0 Y150.0 F100；时，刀具运动按照进给速度 100mm/min 移动，轨迹是一条直线。

　　提示：使用 G01 指令，刀具轨迹是一条直线；使用 G00 指令，刀具轨迹路径通常不是直线，而是折线。G01 指令中，需要指定进给速度，而在 G00 指令中，不需要指定速度。

　　例：G01、G00 的使用（如图 2-23 所示）

ABS（G90）指令

O1；

N1 G90 G54 G00 X20.0 Y20.0 S1000 M03；　　　　　【0→1】

N2 G01 Y50.0 F100；　　　　　【1→2】

N3 X50.0；　　　　　【2→3】

N4 Y20.0；　　　　　【3→4】

N5 X20.0；　　　　　【4→1】

N6 G00 X0 Y0 M05；　　　　　【1→0】

N7 M30；

INC（G91）指令

O1；

N1 G91 G54 G00 X20.0 Y20.0 S1000 M03；　　　　　【0→1】

N2 G01 Y30.0 F100；　　　　　【1→2】

N3 X30.0；　　　　　【2→3】

N4 Y-30.0；　　　　　【3→4】

N5 X-30.0；　　　　　【4→1】

N6 G00 X−20.0 Y−20.0 M05；　　　　　【1→0】

N7 M30；

　　（2）圆弧插补（G02、G03）

　　① 平面选择　　由 G 代码选择圆弧插补平面、刀具半径补偿平面及钻孔平面，平面的确定如图 2-24 所示。

　　平面选择指令：

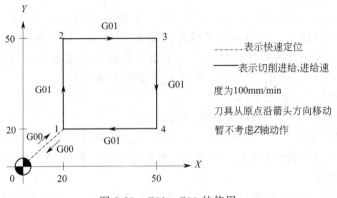

图 2-23   G01、G00 的使用

G17……XY 平面
G18……ZX 平面
G19……YZ 平面

提示： G17、G18、G19 平面，均是从 Z、Y、X 各轴的正方向向负方向观察进行确定。

② 加工圆弧格式：

平面指定	顺时针或逆时针	圆弧终点	半径或圆弧中心	切削进给速率

$$\left\{\begin{matrix}G17\\G18\\G19\end{matrix}\right\} \quad \left\{\begin{matrix}G02\\G03\end{matrix}\right\} \quad \left\{\begin{matrix}X\_\ Y\_\\Z\_\ X\_\\Y\_\ Z\_\end{matrix}\right\} \quad \left\{\begin{matrix}R\_\\I\_\ J\_\\I\_\ K\_\\J\_\ K\_\end{matrix}\right\} \quad \left\{F\_\right\}$$

a. G02、G03：圆弧插补用于加工圆弧，G02 表示顺时针加工圆弧，G03 表示逆时针加工圆弧，如图 2-25、图 2-26 所示。

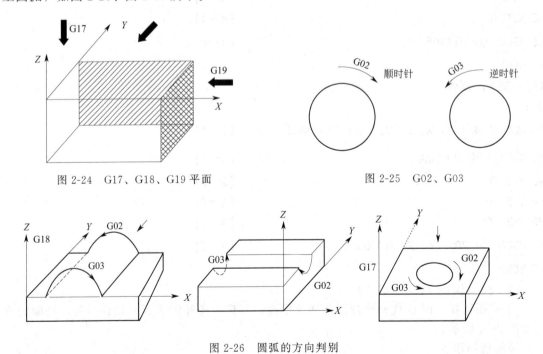

图 2-24   G17、G18、G19 平面   图 2-25   G02、G03

图 2-26   圆弧的方向判别

b. 圆弧的起点、终点如图 2-27 所示。

始点＝加工圆弧的起点
终点＝加工圆弧的终点

圆心和半径需要使用 I、J、K 指令或 R 指令，表示加工圆弧的终点的坐标取决于加工圆弧所在的平面。

c. I、J、K 指令：加工圆弧的圆心和半径可以使用 I、J、K 指令表示，如图 2-28 所示。

I＿是圆弧的始点 A 到圆弧中心矢量在 X 轴上的分量，I＿的大小取决于分量的长度，方向由正或负决定，分量与 X 轴正向相同为正，反之，为负。

同理，J＿是始点 A 到圆弧中心矢量在 Y 轴上的分量，K＿是始点到圆弧中心矢量在 Z 轴方向的分量。

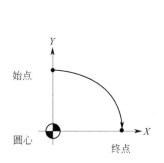

图 2-27 圆弧的起点、终点、中心

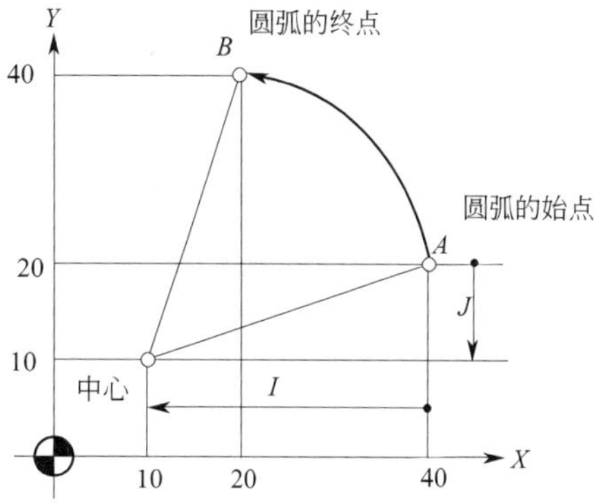

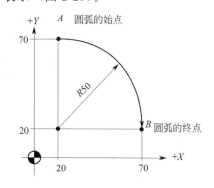

图 2-28 I、J 指令

例：加工图 2-28 中 A—B 圆弧的 ABS 指令：

G90 G03 X20. 0 Y40. 0 I－30. 0 J－10. 0 F100;

其中：

X20. 0 Y40. 0 　　B 点（圆弧的终点）的坐标

I－30. 0 J－10. 0 A 点（圆弧的始点）到圆心的矢量

例：加工图 2-28 中 A—B 圆弧的 INC 指令：

G91 G03 X－20. 0 Y20. 0 I－30. 0 J－10. 0 F100;

其中：

X－20. 0 Y20. 0 　B 点（圆弧的终点）的坐标

I－30. 0 J－10. 0 A 点（圆弧的始点）到圆心的矢量

d. R 指令：加工圆弧的中心和半径可以使用 R 指令表示（图 2-29）。

R＿表示圆弧的半径。

例：加工图 2-29 中 A—B 圆弧的 ABS 指令：

G90 G02 X70. 0 Y20. 0 R50. 0 F100;

其中：

X70. 0 Y20. 0 　B 点（圆弧的终点）的坐标

R50. 0 　圆弧半径

例：加工图 2-29 中 A—B 圆弧的 INC 指令：

G91 G02 X50. 0 Y－50. 0 R50. 0 F100;

其中：

X50. 0 Y－50. 0 　B 点（圆弧的终点）的坐标

图 2-29 R 指令

R50.0　圆弧半径

用半径 R 代替 I、J、K 指定圆的中心，走刀路线有两种情况（如图 2-30 所示），为了使走刀路线唯一，规定如下：

- 圆心角 $\alpha > 180°$ 的圆弧，半径必须用负值指定。
- 圆心角 $\alpha \leqslant 180°$ 的圆弧，半径必须用正值指定。

例： 如图 2-31 所示，加工圆心角 $>180°$ 的圆弧。

- ABS 指令：

G90 G02 X70.0 Y20.0 $\boxed{R-50.0}$ F100;

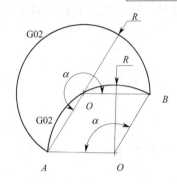

图 2-30　R 的正负

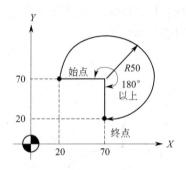

图 2-31　圆心角 $>180°$ 的圆弧加工

- INC 指令：

G91 G02 X50.0 Y-50.0 $\boxed{R-50.0}$ F100;

e. 整圆加工：整圆加工的始点和终点重合，如果使用 R 指令，走刀路线无法确定，如图 2-32 所示。

因此，整圆加工一般使用 I、J、K 指令。

技巧： I、J、K 指令主要用于整圆加工，亦可用于圆弧加工，圆弧在图纸上标注一般为半径，因此，圆弧加工多用 R 指令。如果使用 R 指令加工整圆，需要将整圆进行等分。

例： 加工如图 2-33 所示的圆，A 点为始点，顺时针加工圆。

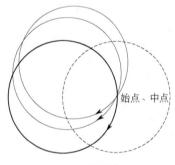

图 2-32　整圆加工

- ABS 指令：

G90 G02（X0 Y40）J-40 F100;

- INC 指令：

G91 G02（X0 Y0）J-40 F100;

例： 如图 2-34 所示，刀具切削深度为 10，Z 轴的零点在工件的上表面。

O1;

N1	G90 G54 G17 G00 X-60.0 Y-40.0 S1000 M03;	
N2	Z100;	刀具的安全位置距工件上表面 100mm
N3	Z5.0;	切削的始点距工件上表面 5mm
N4	G01 Z-10 F100;	
N5	Y0;	
N6	G02 X0 Y60.0 I60.0;	或（R60.0）
N7	G01 X40.0 Y0;	
N8	G02 X0 Y-40.0 I-40.0;	或（R40.0）

N9　　G01 X－60.0（Y－40.0）；
N10　　G00 X0 Y0
N11　　M30；

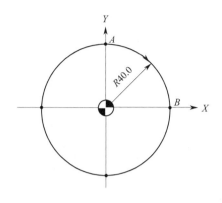

图 2-33　整圆加工实例

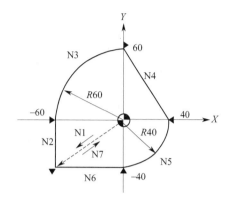

图 2-34　圆弧加工

例：如图 2-35 所示，刀具沿箭头方向移动，最后回到原点。

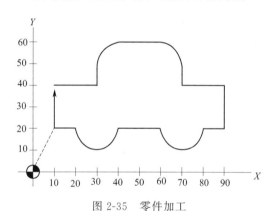

图 2-35　零件加工

O0030（ABS）；
G90 G54 G00 X10.0 Y20.0 S500 M03；
G01（X10.0）Y40.0 F100；
X30.0（Y40.0）；
（X30.0）Y50.0；
G02 X40.0 Y60.0 I10.0（J0）；
G01 X60.0（Y60.0）；
G02 X70.0 Y50.0（I0）J－10.0；
G01（X70.0）Y40.0；
X90.0（Y40.0）；
（X90.0）Y20.0；
X80.0（Y20.0）；
G02 X60.0（Y20.0）I－10.0（J0）；
G01 X40.0（Y20.0）；
G02 X20.0（Y20.0）I－10.0（J0）；
G01 X10.0（Y20.0）；

O0030（INC）；
G91 G00 X10.0 Y20.0 S500 M03；
G01 Y20.0 F100；
X20.0；
Y10.0；
G02 X10.0 Y10.0 I10.0；
G01 X20.0；
G02 X10.0 Y－10.0 J－10.0；
G01 Y－10.0；
X20.0；
Y－20.0；
X－10.0；
G02 X－20.0 I－10.0；
G01 X－20.0；
G02 X－20.0 I－10.0；
G01 X－10.0；

G00 X0 Y0 M05;   G00 X－10. 0 Y－20. 0 M05;

M30;   M30;

提示： 直线、圆弧、二次曲线等几何元素间的连接点称为基点。基点可通过计算求得，亦可通过 CAD/CAM 软件由作图求得。

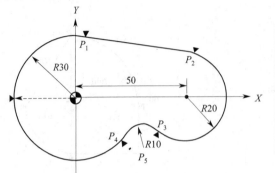

基点	X	Y
P_1	6. 000	29. 394
P_2	54. 000	19. 596
P_3	38. 000	－16. 000
P_4	24. 000	－18. 000
P_5	32. 000	－24. 000

图 2-36　圆弧加工

例： 加工图 2-36 所示轮廓。

O0050 （ABS）;

G90 G54 G00 X－30. 0 （Y0） S500 M03;

G02 X6. 0 Y29. 394 R30. 0 F100;

G01 X54. 0 Y19. 596;

G02 X38. 0 Y－16 R-20;

G03 X24. 0 Y－18. 0 R10. 0;

G02 X－30. 0 Y0 R30. 0;

G00 X0 Y0 M05;

M30;

2.3.2　刀长补的建立和取消 G43、G44、G49

（1）为什么要使用刀长补

在 NC 机床中，Z 轴的坐标是以主轴端面为基准。如果使用多把刀具，刀具长度存在差异，若在程序制作中，Z 轴的坐标以刀具的刀尖进行编程，则需要在程序中加上刀具的长度，这样程序可读性很差。

实际程序制作中为刀具设定轴向（Z 向）长度补偿，Z 轴移动指令的终点位置比程序给定值增加或减少一个补偿量。

在程序中使用刀具长度补偿功能，当刀具长度尺寸变化时（如刀具磨损），可以在不改动程序的情况下，通过改变补偿量达到加工尺寸。此外，利用该功能，可在加工深度方向上进行分层铣削，即通过改变刀具长度补偿值的大小，由多次运行程序而实现。

另外，利用该功能，可以空运行程序，检验程序的正确性。

（2）刀具长度补偿格式

$$
\begin{Bmatrix} G43 \\ G44 \end{Bmatrix} \begin{Bmatrix} G00 \\ G01 \end{Bmatrix} Z\_H\_ \begin{Bmatrix} ; \\ F\_; \end{Bmatrix} \text{或 } G49 \begin{Bmatrix} G00 \\ G01 \end{Bmatrix} Z\_ \begin{Bmatrix} ; \\ F\_; \end{Bmatrix}
$$

① 补偿方向：

G43　＋方向补偿

G44　－方向补偿

不论在绝对或相对指令中，Z 轴移动的终点坐标值，G43 加算，G44 减算。计算结果的坐标值成为终点。Z 轴移动的速度根据 G00、G01 指令来确定。

② 补偿值：其中 Z 为指令终点位置，H 为刀补号的内存地址，用 H00～H99 来指定。在 H00～H99 内存地址所指的内存中，存储着刀具长度补偿的数值，用 H00～H99 来调用内存中刀具长度补偿的数值。

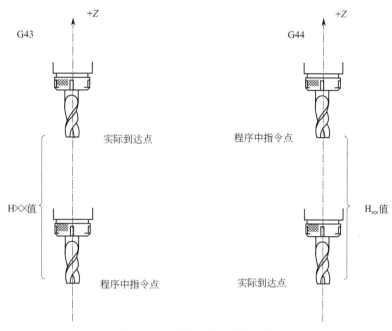

图 2-37　刀具长度补偿的应用

执行 G43 时，控制系统认为刀具加长，刀具远离工件（如图 2-37 所示），Z 实际值为：

$$Z 实际值 = Z 指令值 + (H \times \times)$$

执行 G44 时，控制系统认为刀具缩短，刀具趋近工件（如图 2-37 所示），Z 实际值为：

$$Z 实际值 = Z 指令值 - (H \times \times)$$

其中，H××是指××寄存器中的补偿量，其值可以是正值或者负值。当刀长补偿量取负值时，G43 和 G44 的功效将互换。

（3）刀具长度取消

用 G49 指定补偿取消。刀具长度补偿取消一般在刀具加工完成后执行。Z 轴移动的速度根据 G00、G01 指令来确定。

（4）G43、G44、G49 均为模态指令

例：G43、G49 的使用（如图 2-38 所示）

设 H02＝200mm 时

N1 G92 X0 Y0 Z0;	设定当前点 O 为程序零点
N2 G90 G00 G43 Z10. 0 H02;	指定点 A，实到点 B
N3　　G01 Z0. 0 F200;	实到点 C
N4　　　　Z10. 0;	实际返回点 B
N5　　G00 G49 Z0;	实际返回点

使用 G43、G44 相当于平移了 Z 轴原点。即将坐标原点 O 平移到了 O′点处，后续程序中的 Z 坐标均相对于 O′进行计算。使用 G49 时则又将 Z 轴原点平移回到了 O 点。

在机床上有时可用提高 Z 轴位置的方法来校验运行程序。

例：如图 2-39 所示，工件表面为 Z 轴的零点，程序中，刀长补使用正补偿（G43），第一次加工后的有关参数如下：

深度：$10^{+0.1}_{0}$

程序中的加工深度（按中差设置）：Z－10.05

切削加工后，测量深度：9.9

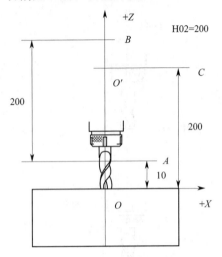

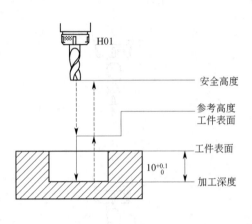

图 2-38　刀具长度补偿的使用　　　　　　图 2-39　刀长补的应用

显然，深度没有达到要求，第二次加工时，应当更改刀长补的值，具体计算如下：

加工深度－测量深度＝10.05－9.9＝0.15

因此，为了达到加工深度，H01＝－0.15。

实际加工时，为了消除对刀误差和加工工艺条件的影响，第一次一般给刀具加上一个补偿值，并不加工到深度，加工后，根据测量深度更改补偿值。第一次加工的参数如下：

H01＝1

程序中的加工深度（按中差设置）：Z－10.05

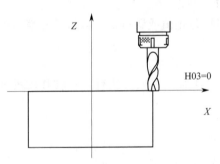

图 2-40　接触法测量刀具长度

切削加工后，测量深度：8.9

第二次加工时，刀长补的值：9.05－8.9＝0.15

H01＝－0.15

提示：

安全高度：刀具在此高度在 G17 平面移动不会发生碰撞。

参考高度：一般作为 Z 轴的进刀点，从安全高度移动到参考高度一般采用快速移动。

工件表面：通常将工件表面作为 Z 轴的原点。从参考高度到加工深度按进给速度移动，返回时可快速移动到参考高度或安全高度，参考高度和工件表面的距离一般为 3～5，可根据工件表面情况而定。

（5）刀具长度补偿的方法

① 数控铣床上的刀具长度补偿的方法　在数控铣床上，主要采用接触法测量刀具长度来进行刀具长度补偿。

使用接触测量法测量刀具长度如图 2-40 所示，设置过程就是使刀具的刀尖运动到程序原点位置（Z0）。在控制系统的刀具长度补偿菜单下相应的 H 补偿号里输入值。

例如，设置刀具长度的补偿值为 0，该刀具的补偿号为 H03，操作人员在补偿显示屏上的 03 号里输入测量长度 0：

02…….

03　0.

04……

② 加工中心刀具长度补偿的方法　加工中心刀具长度补偿常用以下两种方法：预先设定刀具方法，基于外部加工刀具的测量装置（对刀仪）；主刀方法：它基于最长刀具的长度。

a. 预先设定刀具方法（机外对刀仪）。机外对刀仪，主要用于加工中心。加工中心机外对刀仪示意图如图 2-41 所示。机外对刀仪用来测量刀具的长度、直径和刀具形状、角度。刀库中存放的刀具，其主要参数都要有准确的值，这些参数值在编制加工程序时都要加以考虑。使用中因刀具损坏需要更换新刀具时，用机外对刀仪可以测出新刀具的主要参数值，以便掌握与原刀具的偏差，然后通过修改刀补值确保其正常加工。此外，用机外对刀仪还可测量刀具切削刃的角度和形状等参数，有利于提高加工质量。

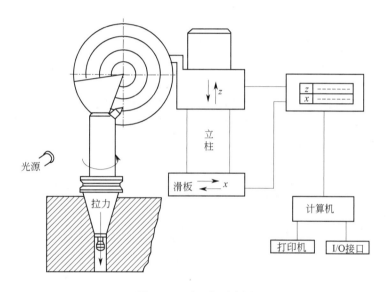

图 2-41　对刀仪示意图

对刀仪由下列三部分组成：

● 刀柄定位机构。对刀仪的刀柄定位机构与标准刀柄相对应，它是测量的基准，所以有很高的精度，并与加工中心的定位基准要求一样，以保证测量与使用的一致性。

● 测头与测量机构。测头有接触式和非接触式两种。接触式测头直接接触刀刃的主要测量点（最高点和最大外径点）；非接触式主要用光学的方法，把刀尖投影到光屏上进行测量。测量机构提供刀刃的切削点处的 Z 轴和 X 轴（半径）尺寸值，即刀具的轴向尺寸和径向尺寸。测量的读数有机械式（如游标刻线尺）的，也有数显或光学的。

● 测量数据处理装置。该装置可以把刀具的测量值自动打印出来，或与上一级管理计算机联网，进行柔性加工，实现自动修正和补偿。

加工中心编程为方便起见，每一刀具指定的刀具长度补偿号通常对应于刀具编号，T01刀具对应的长度补偿号为 H01。工件坐标系设置过程采用测量主轴基准点到工件坐标系原点位置，这一距离通常为负，通过 MDI 方式，建立工件坐标系，操作人员将长度测量值作为补偿值输入到控制系统的刀具长度补偿菜单下相应的 H 补偿号里，补偿值均为正值（图2-42），当加工工件时，不需要在机床上进行刀具长度检测，在刀具调用结束后，使用刀具长度补偿，格式如下：

M06 T1;

G43 Z100 H01（Z100 为安全高度）

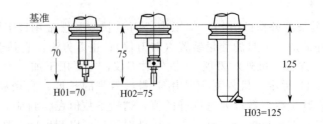

图 2-42　刀具长度补偿

b. 主刀方法：它基于最长刀具的长度。

主刀方法，一般使用特殊的基准刀长度法（通常是最长的刀），可以显著加快使用接触测量法时的刀具测量速度。基准刀，可以是长期安装在刀库中的实际刀具，也可以是长杆。在 Z 轴行程范围内，这一"基准刀"的伸长量通常比任何可能使用的期望刀具都长。

基准刀并不一定是最长的刀。严格来说，最长刀具的概念只是为了安全。它意味着其他所有刀具都比它短。

选择任何其他刀具作为基准刀，逻辑上程序仍然一样。任何比基准刀长的刀具的 H 补偿输入将为正值；任何比它短的刀具的输入则为负值；与基准刀完全一样长短的刀具的补偿输入为 0。主刀设置如图 2-43 所示。

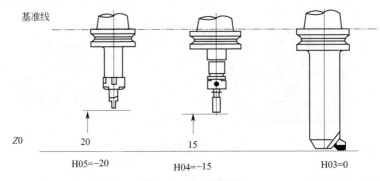

图 2-43　主刀设置法

2.3.3　刀具半径补偿的建立和取消 G41、G42、G40

为了要用半径 R 的刀具切削一个用 A 表示的工件形状，如图 2-44 所示，刀具的中心路径需要离开 A 图形，刀具中心路径为 B，刀具这样离开切削工件形状的一段距离称为半径补偿（径补）。

径补的值是一个矢量，这个值记忆在控制单元中，这个补偿值是为了知道在刀具方向作

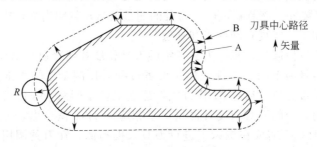

图 2-44　半径补偿及矢量

多少补偿，由控制装置的内部作出，从给予的加工图形，以半径 R 来计算补偿路径。这个矢量在刀具加工时，依附于刀具，在编程时了解矢量的动作是非常重要的，矢量通常与刀具的前进方向成直角，方向是从工件指向刀具中心。

（1）刀具半径补偿的格式

平面指定		刀具补偿	补偿编号

$$\begin{Bmatrix} G17 \\ G18 \\ G19 \end{Bmatrix} \quad \begin{Bmatrix} G00 \\ G01 \end{Bmatrix} \begin{Bmatrix} G41 \\ G42 \end{Bmatrix} \begin{Bmatrix} X\_Y\_ \\ Z\_X\_ \\ Y\_Z\_ \end{Bmatrix} \quad \{D\_;\}$$

X、Y、Z 值是建立补偿的终点坐标值；

如使用 G01 时，须指定进给速度 F＿。

D 为刀补号地址，用 D00～D99 来指定，它用来调用内存中刀具半径补偿的数值。

（2）刀具半径补偿 G41、G42

径补计算是在由 G17、G18、G19 决定的平面上执行，选择的平面称为补偿平面。例如，当选择 XY 平面时，程序中用 X、Y 执行补偿计算，作补偿矢量。在补偿平面外的轴（Z 轴）的坐标值不受补偿影响，用原来程序指令的值移动。

G17（XY 平面）：程序中用 X、Y 执行补偿计算，Z 轴坐标值不受补偿影响。

G18（ZX 平面）：程序中用 Z、X 执行补偿计算，Y 轴坐标值不受补偿影响。

G19（YZ 平面）：程序中用 Y、Z 执行补偿计算，Z 轴坐标值不受补偿影响。

在进行刀径补偿前，必须用 G17 或 G18、G19 指定刀径补偿是在哪个平面上进行。

刀补位置的左右应是在补偿平面上、顺着编程轨迹前进的方向进行判断的。刀具在工件的左侧前进为左补，用 G41 指令表示，如图 2-45 所示。

刀具在工件的右侧前进为右补，用 G42 指令表示，如图 2-46 所示。

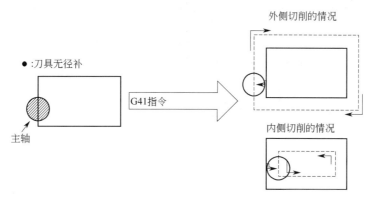

图 2-45　半径补偿 G41

（3）刀具半径补偿的取消格式

$$\begin{Bmatrix} G00 \\ G01 \end{Bmatrix} \quad \{G40\} \quad \begin{Bmatrix} X\_Y\_ \\ Z\_X\_ \\ Y\_Z\_ \end{Bmatrix}$$

刀具半径补偿在使用完成后需要取消，刀具半径补偿的取消通过刀具移动一段距离，使刀具中心偏移半径值。

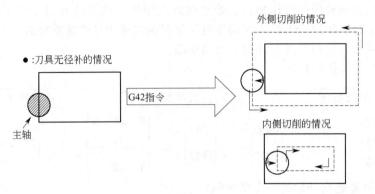

图 2-46　半径补偿 G42

提示：
- 径补的引入和取消要求应在 G00 或 G01 程序段，不要在 G02/G03 程序段上进行。
- 当径补数据为负值时，则 G41、G42 功效互换。
- G41、G42 指令不要重复规定，否则会产生一种特殊的补偿。
- G40、G41、G42 都是模态代码，可相互注销。

（4）刀具半径补偿的应用

下面通过一个应用刀具半径补偿的实例，来讨论刀具半径补偿使用中应当注意的一些问题。

例： 如图 2-47 所示：

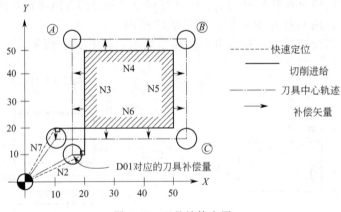

图 2-47　刀具补偿应用

O000;

N1　　G90 G54 G17 G00 X0 Y0 S1000 M03;

N2　　G41 X20.0 Y10.0 D01;　　　　　刀具半径补偿开始

N3　　G01 Y50.0 F100;　　　　　　　从 N3～N6 为形状加工

N4　　X50.0;

N5　　Y20.0;

N6　　X10.0;　　　　　　　　　　　从 N3～N6 为形状加工

N7　　G40 G00 X0 Y0　　　　　　　刀具半径补偿取消

N8　　M05;

N9　M30；

① 刀具半径补偿量　刀具半径补偿量的设定，是在呼出 D 代码后的画面内，手动
（MDI）输入刀具半径补偿值。在本例中，程序中刀具半径补偿的 D 代码为 D01，刀具半径
为 5，可在对应的 01 后（图 2-48），手动（MDI）输入刀具半径补偿量的值，其值设为 5。

图 2-48　刀具补偿量的设置

利用同一个程序、同一把刀具，通过设置不同大小的刀
具半径补偿值，逐步减少切削余量，可达到粗、精加工的目
的（图 2-49）。

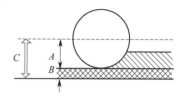

粗加工时的补偿量：$C = A + B$

精加工时的补偿量：$C = B$

式中　A——刀具的半径；

　　　B——精加工余量；

　　　C——补偿量。

图 2-49　刀具半径
补偿值的改变

② 刀具半径补偿开始　在取消模式下，当单段满足全部以下条件时刀具半径补偿开始
执行，装置进入径补模式，称为径补开始单段。

a. G41 或 G42 已指令；或控制进入 G41 或 G42 模式。

b. 刀具补偿量的号码不是 0。

c. 在指令的平面上任何一轴（I、J、K 除外）的移动，指令的移动量不是 0。

d. 在补偿开始单段，不能是圆弧指令（G02、G03），否则会产生报警，刀具会停止。

③ 刀具半径补偿中预读（缓冲）功能的使用　在 CNC 技术发展的过程中，刀具半径偏
置方法也在不断发展，它的发展可分为三个阶段，也就是现在所说的三种刀具偏置类型：A
类、B 类和 C 类。

A 类偏置：最老的方法，灵活性最差，程序中使用特殊向量来确定切削方向（G39、
G40、G41、G42）。

B 类偏置：较老的方法，灵活性中等，程序中只使用
G40、G42 和 G41，但它不能预测刀具走向，因此可能会
导致过切。

C 类偏置：当前使用的方法，灵活性最好。C 类刀具
半径偏置（也称为交叉类半径补偿）是现代 CNC 系统中
使用的类型。用 C 类补偿的程序中只使用 G40、G42
和 G41。

C 类补偿具有预读（缓冲）功能，可以预测刀具的运动
方向，从而避免了过切。具有预读功能的控制器，一般只能
预读几个程序段，有的只能预读一个程序段，有的可以预读
两个或两个以上的程序段，先进的控制系统可以预读 1024 个
程序段。本例中，假设只能预读两个程序段。

刀具补偿指令从 N2 的 G41 开始，控制装置预先读

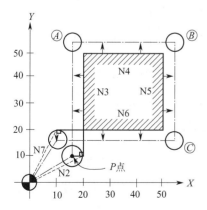

图 2-50　刀具半径偏置中
预读（缓冲）功能的使用

N3、N4 两个单段进入缓冲，N2 中的 X、Y 及 N3 中的 Y 确定了刀具补偿的始点 P（图 2-50），同时也给出了刀具在工件的左侧加工、刀具前进的方向。

N3 中的 Y50.0 对刀具的前进方向及始点 P 确定非常重要。

④ 形状加工　当进入补偿后，可用直线插补（G01）、圆弧插补（G02、G03）、快速定位（G00）指令。在第一个单段 N3 执行时，下两个单段 N4、N5 进入缓冲，当执行 N4 单段时，N5、N6 进入缓冲，依次进行。控制装置通过对单段的计算，可确定刀具中心的路径轨迹及两个单段的交点 A、B、C。图 2-51 给出一些常用的交点演算方式。

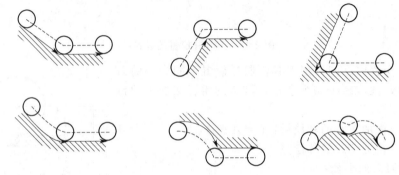

图 2-51　常用的交点演算方式

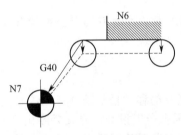

图 2-52　刀具补偿取消

⑤ 刀具半径补偿取消　刀具半径补偿必须在程序结束前指定，使控制系统处于取消模式。在取消模式，矢量一定为 0，刀具中心路径与程序路径相重合。

本例中，N6 中指定了刀具中心终点的位置，N7 中用 G40 指定刀具补偿取消，刀具从 N6 指定的刀具中心终点位置向坐标原点移动，在移动中将刀具补偿取消（图 2-52）。

（5）刀具半径补偿的过切问题

所谓过切，是指相对于编程路径对工件进行了过切（多切）和欠切（少切），它主要是由于刀具半径补偿的建立、应用、取消不当而造成的。编程中要避免此种情况发生。

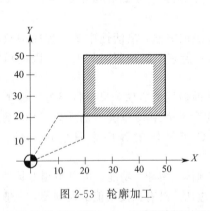

图 2-53　轮廓加工

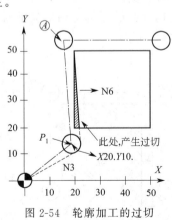

图 2-54　轮廓加工的过切

下面继续通过图 2-53，重新编写程序，编程路径如图 2-54 所示，讨论刀具半径补偿使用中的过切问题。

例：

O0003;

```
N1   G90 G54 G17 G00 X0 Y0 S1000 M03;
N2   G43 Z100 H01;
N3   G41 X20. 0 Y10. 0 D01;
N4   Z2. 0 ;
N5   G01 Z－10. 0  F100;
N6   Y50. 0 F200;
N7   X50. 0;
N8   Y20. 0;
N9   X10. 0;
N10  G00 Z100. 0;
N11  G40 X0 Y0 M05;
N12  G49;
N13  M30;
```

在执行 N3 单段时，后两个单段 N4、N5 已进入缓冲，但是，N4、N5 只确定了刀具的 Z 轴进给，并没有给出刀具 XY 平面的前进方向，N3 单段中的 G41 刀具补偿，使得刀具只能运动到 P_1 点（如图 2-54 所示）。当执行 N4 单段时，N6 单段进入缓冲，给出了 Y50.0，刀具从 P_1 点向 A 点移动，在此过程中会产生过切。

为了避免过切，以上程序亦可作如下修改：

修改 1：

```
O0003;
N1   G90 G54 G17 G00 X0 Y0 S1000 M03;
N2   G43 Z100 H01;
N3   G41 X20. 0 Y10. 0 D01;
N4   Z－10;        从安全高度进到切削深度
N5   G01 Y50. 0 F100;
N6   X50. 0;
...
```

在上面的修改中，执行 N3 程序段时，后两个程序段 N4、N5 也进入缓冲寄存器存储。根据它们之间的关系，执行正确的偏置。

修改 2：

```
O0003;
N1   G90 G54 G17 G00 X0 Y0 S1000 M03;
N2   G43 Z100 H01;
N3   X20. 0;
N4   Z5. 0;
N5   G01 Z－10. 0 F200;
N6   G41 Y10. 0 D01;
N7   Y50. 0 F100;
...
```

在刀具半径偏置前，执行 N3 程序段，刀具运动到绝对不干涉的辅助点，执行 N5 程序段，Z 轴进给到切削深度，然后加刀补。

修改 3：

O0003；

N1　G90 G54 G17 G00 X0 Y0 S1000 M03；

N2　G43 Z100 H01；

N4　Z5.0；　　　　　　　　快速定位到 Z 轴的始点

N5　G41 X20.0 Y10.0 D01；

N6　G01 Z−10.0 F200；　　用 G01 切削到指定的深度

N7　Y50.0 F100；

…

修改 4：

O0003；

N1　G90 G54 G17 G00 X0 Y0 S1000 M03；

N2　G43 Z100 H01；

N3　G41 X20.0 Y10.0 Z−10.0 D01；　三轴同时移动，Z 轴补偿

N4　G01 Y50.0 F100；

…

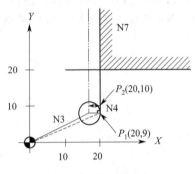

图 2-55　过切的避免

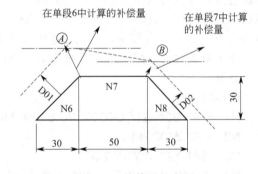

图 2-56　补偿量的变更

修改 5（如图 2-55 所示）：

O0003；

N1　G90 G54 G17 G00 X0 Y0 S1000 M03；

N2　G43 Z100 H01；

N3　G41 X20.0 Y9.0 Z−10.0 D01；首先在进给方向建立刀补，然后 Z 轴进给到指定的深度

N4　Y10.0；

N5　Z2.0；

N6　G01 Z−10.0 F100；

N7　G01 Y50.0 F200；

N8　X50.0

…

当执行 N3 时，可确定刀具的切削点为 $P_1(20,9)$，N4 的坐标点为 $P_2(20,10)$，N4、N7 指令的刀具运动方向相同，刀具在工件的左侧切削。

（6）刀具半径补偿应用的注意事项

① 补偿量的变更　一般补偿量的变更必须在取消模式中进行，如果在补偿模式中变更补偿量，新的补偿量的计算在单段终点进行（如图 2-56 所示）。

G91　G41 D01；

　　…
N6　　X30. 0;
N7　　X50. 0 D02;
N8　　X30. 0 Y－30. 0;
　　…

交点 *A* 由 N6、N7 指令中给出的 D01 补偿量来确定。

交点 *B* 由 N7、N8 指令中给出的 D02 补偿量来确定。

② 补偿量的正负及刀具中心路径　如果补偿量是负（－），在程序上 G41、G42 的图形分配彼此交换。

③ 刀具半径补偿的过切

a. 较刀具半径小的内圆弧加工时（图 2-57）：

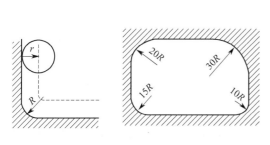

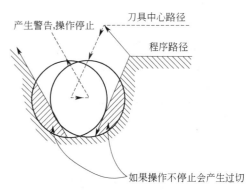

图 2-57　内圆弧加工　　　　　　　　　　图 2-58　沟槽加工

当转角半径小于刀具半径时，刀具的内侧补偿将会产生过切。

为了避免过切，内侧圆弧的半径 *R* 应该大于刀具半径与剩余余量之和。外侧圆弧加工时，不存在过切的问题。内侧圆弧的半径 $R \geqslant$ 刀具半径 *r* ＋剩余余量

如图 2-57 所示，为了避免过切，刀具的半径应小于图中最小的圆弧半径，即小于 10*R*。

b. 较刀具半径小的沟槽加工时：如图 2-58 所示，因为刀具半径补偿强制刀具半中心路径向程序路径反方向移动，会产生过切。

技巧：建立刀具半径补偿，使用 G00 或 G01 指令使得刀具移动，刀具移动的长度一般要大于刀具的半径补偿值。通过移动一定的长度使刀具的中心相对编程路径偏移半径补偿值，否则半径补偿无法建立。

例：加工如图 2-59 所示的内圆，工件表面为 *Z* 轴原点，安全高度为 100，参考高度（*Z* 轴进刀点）2，加工深度为 10。刀具从圆心起刀，采用圆弧切入和切出。程序分别使用绝对和增量。

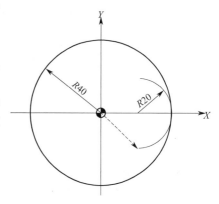

图 2-59　内圆铣削

O0100（ABS）;
G90 G54 G17 G00 X0 Y0 S500 M03;　　　快速移动到原点，主轴正转，转速 500
G43 Z100. 0 H01;　　　　　　　　　　　在安全高度建立刀长补
Z2. 0;　　　　　　　　　　　　　　　　快速移动到 Z 轴进刀点
G01 Z－10. 0 F100;　　　　　　　　　　按进给速度，到达加工深度

```
G41 X20. 0 Y－20. 0 D01;          建立刀具半径补偿
G03 X40. 0 Y0 I120. 0;           圆弧切入
I－40. 0;                        加工整圆
X20. 0 Y20. 0 R20. 0;            圆弧切出
G00 Z100. 0;                     快速移动到安全高度
G49 G40 X0 Y0 M05;               取消刀具半径补偿、刀长补、主轴停转
M30;
```

以上程序亦可使用增量编程。

```
O0100 （INC）;
G90 G54 G17 G00 X0 Y0 S500 M03;
G43 Z100. 0 H01;
G91 Z－98. 0;
G01 Z－12. 0 F100;
G41 X20. 0 Y－20. 0 D01;
G03 X20. 0 Y20. 0 R20. 0;
I－40. 0;
X－20. 0 Y20. 0 R20. 0;
G00 Z110. 0;
G49 G40 X－20. 0 Y－20. 0 M05;
M30;
```

例：加工如图 2-60 所示的矩形内侧，工件表面为 Z 轴原点，安全高度为 100，参考高度（Z 轴进刀点）2，加工深度为 10。刀具从圆心起刀，采用圆弧切入和切出。

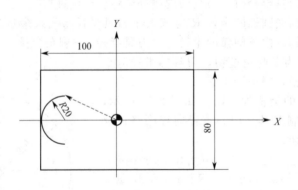

图 2-60   矩形内侧铣削

```
O0090 （ABS）;
G90 G54 G17 G00 X0 Y0 S500 M03;
G43 Z100. 0 H01;
Z2. 0;                          刀具半径补偿使用前，快速移动到 Z 轴进刀点
G41 X－30. 0 Y20. 0 D01;
G01 Z－5. 0 F100;
G03 X－50. 0 Y0 R20. 0;
G01 Y－40. 0;
X50. 0;
```

```
Y40. 0;
X-50. 0;
Y0;
G03 X-30. 0 Y-20. 0 R20. 0;
G00 Z100. 0;
G49 G40 X0 Y0 M05;
M30;
O0090 （ABS）;
G90 G54 G17 G00 X0 Y0 S500 M03;
G43 Z100. 0 H01;
X-30. 0;
Z2. 0;                            在辅助点，快速移动到 Z 轴进刀点
G01 Z-5. 0 F100;
G41 Y20. 0 D01;                   从辅助点开始建立刀具半径补偿
G03 X-50. 0 Y0 R20. 0;
G01 Y-40. 0;
X50. 0;
Y40. 0;
X-50. 0;
Y0;
G03 X-30. 0 Y-20. 0;
G00 Z100. 0;
G49G40 X0 Y0 M05;
M30;
```

技巧：精加工时，轮廓内侧一般采用逆时针方向铣削，半径补偿使用 G41，轮廓外侧一般采用顺时针方向铣削，半径补偿使用 G41，保证加工面为顺铣，提高工件表面的加工质量。

对于封闭的内轮廓，一般采用圆弧切入、切出，保证接刀点（进刀点）光滑，对于外轮廓，可采用切线切入、切出，切线可以是直线或者圆弧。

本例中，轮廓尺寸 100×80，设刀具半径为 10。如果单边余量为 5，加工时粗、精加工量分别为 3、2，使用程序进行粗加工时，刀具的半径补偿值为 D01＝12。具体计算如下：

$$D01＝刀具半径＋单边余量 ＝10+2=12$$

当运行程序，设 D01＝12 时，刀具偏离最终面 12，但刀具实际尺寸为 10，剩余加工量 2，如图 2-61 所示。

当精加工时，D01＝10，剩余的 2 加工余量将被切除。

例：使用子程序调用，加工图 2-62 所示的图形外侧，工件表面为 Z 轴原点，安全高度为 100，参考高度（Z 轴进刀点）5，加工深度为 20。

主程序：

```
O0111 （MAIN ）;
G90 G54 G17 G00 X0 Y0 S500 M03;      定位到工件坐标系原点
G43 Z100. 0 H01;
M98P111;                             调用子程序，加工左下工件外形
G90 G00 X130. 0 Y0;                  定位于右下工件外形的起点
```

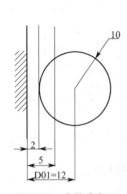

图 2-61　内轮廓加工

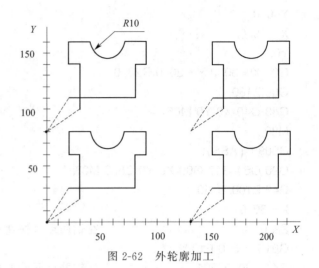

图 2-62　外轮廓加工

M98P111;	调用子程序，加工右下工件外形
G90 G00 X0 Y80. 0;	定位于左上工件外形的起点
M98P111;	调用子程序，加工左上工件外形
G90 G00 X130. 0 Y80. 0;	定位于右上工件外形的起点
M98P111;	调用子程序，加工右上工件外形
G90 G49 G00 X0 Y0 M05;	
M30;	
子程序：	
O0111（SUB）;	
G91 G00 Z－98. 0;	使用增量坐标编程
G41 X30. 0 Y20. 0 D01;	使用左补，保证顺铣
G01 Z－22. 0 F100;	
Y40. 0;	
X－10. 0;	
Y20. 0;	
X20. 0;	
G03 X20. 0 R10. 0;	
G01 X20. 0;	
Y－20. 0;	
X－10. 0;	
Y－30. 0;	
X－50. 0;	
G00 Z120. 0;	
G40 X－20. 0 Y－30. 0;	快速定位到图形的起点
M99;	返回主程序

　　技巧：多件相同图形的加工通常采用子程序调用，子程序中一般采用增量坐标。多件相同图形的加工亦可建立多个工件坐标系进行编程。

　　本例中，采用直线作为切线，进行切入和切出。

　　例：使用子程序调用，加工图 2-63 所示的图形外侧，工件表面为 Z 轴原点，安全高度为100，参考高度（Z 轴进刀点）2，加工深度为5。顺时针加工工件外形。

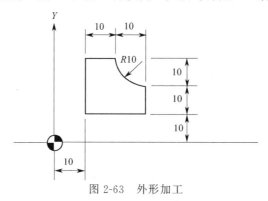

图 2-63　外形加工

主程序：
O0130（MAIN）;
G90 G54 G17 G00 X0 Y0 S500 M03;
G43 Z100. 0 H01;
Z2. 0;
G01 Z0 F100;
M98 P131;　　　　　　调用子程序
G90 G49 G00 Z100. 0 M05;
M30;

O0131（SUB）;
G91Z－5. 0;
G01G41. 0Y5. 0D01;　　从 X10，Y5. 0处开始建立刀具半径补偿
Y25. 0;
X10. 0;
G03X10. 0Y－10. 0R10. 0;
G01Y－10. 0;
X－25. 0;
G40X－5. 0Y－10. 0;
M99;

2.3.4　孔加工固定循环

固定循环用于孔加工，是一个简化的程序，用一个 G 代码的单段，可表示通常在几个单段的加工操作。

（1）固定循环的指令格式

$$\begin{Bmatrix} G90 \\ G91 \end{Bmatrix} \begin{Bmatrix} G98 \\ G99 \end{Bmatrix} G\square\square\ X\_\ Y\_\ Z\_\ R\_\ P\_\ Q\_\ F\_\ K\_;$$

G98：刀具回到起始点。
G99：刀具回到 R 点。
G□□：孔加工模式。
X＿Y＿：孔的 X、Y 位置。
R＿：R 点位置。

Z ＿：孔底位置。

P ＿：孔底停留时间。

Q ＿：在 G73 及 G83 模式中，指定每次切削深度，在 G76 及 G87 中指定偏移量。

F ＿：切削进给速度。

K ＿：操作重复次数。未指定 K 时，K= 1。当指定 K= 0 时只记忆钻孔资料而不执行钻孔。

（2）固定循环的动作

在固定循环中，循环的动作如图 2-64 所示。G98、G99、R、Z 的含义为：

G98：刀具回到起始点（如图 2-64、图 2-65 所示，起始点一般为安全高度）。

G99：刀具回到 R 点（如图 2-64、图 2-65 所示，R 点一般距工件表面 3～5）。

起始点：固定循环开始的 Z 轴位置。

R 点：刀具从起始点快速移动到此点。

Z 点：孔底位置。

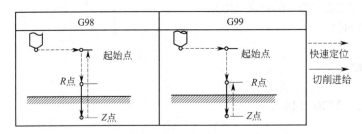

图 2-64　固定循环的动作

一个固定循环由 6 个动作顺序组成（如图 2-66 所示）：

动作 1：X、Y 轴定位（也包含其他轴）。

动作 2：快速移动到 R 点。

动作 3：孔加工。

动作 4：孔底位置动作。

动作 5：逃离至 R 点。

动作 6：快速移动到起始点。

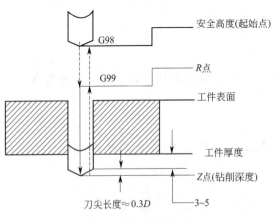

图 2-65　钻孔循环动作

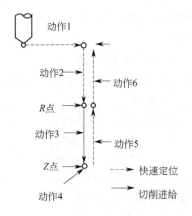

图 2-66　固定循环的动作顺序

表 2-6 列出了一些常见的固定循环。

表 2-6　固定循环说明

固定循环代码	CNC 加工应用	主轴操作说明	Z 轴进给操作说明	Z 轴回缩操作说明
G73	高速啄式钻孔（断屑）	连续旋转	啄式进给到 Z 深度	快速返回到 R 值
G74	攻牙（左旋）	逆时针旋转到 Z 深度，然后顺时针旋转到 R 值	进给到 Z 深度，然后主轴反向旋转	用进给速度返回到 R 值
G76	加工中心精镗孔，不留刀痕	旋转到 Z 深度，然后移动 X 轴，到 R 值时停止	进给到 Z 深度，主轴停止，然后确定方向	快速返回到 R 值
G81	钻一般深度的孔	连续旋转	进给到 Z 深度	快速返回到 R 值
G82	镗（锪）孔	连续旋转	进给到 Z 深度，然后暂停	快速返回到 R 值
G83	钻深孔	连续旋转	啄式进给到 Z 深度	快速返回到 R 值
G84	攻牙（右旋）	顺时针旋转到 Z 深度，然后逆时针旋转到 R 值	进给到 Z 深度，然后主轴反向旋转	用进给速度返回到 R 值
G85	精镗孔，不留刀痕	连续旋转	进给到 Z 深度	用进给速度返回到 R 值
G86	粗镗孔	旋转到 Z 深度，到 R 值时停止	进给到 Z 深度，然后主轴停止	快速返回到 R 值
G87	反向镗孔	旋转到 Z 深度，到 R 值时停止	进给到 Z 深度，然后主轴停止	手动/快速返回到 R 值
G88	数控铣镗孔，不留刀痕	旋转到 Z 深度，到 R 值时停止	进给到 Z 深度，然后暂停	手动/快速返回到 R 值
G89	镗孔	连续旋转	进给到 Z 深度，然后暂停	用进给速度返回到 R 值

（3）固定循环分类

钻孔（如图 2-67 所示）　　G73，G81，G83

攻牙　　　　　　　　　　　G74，G84

镗孔　　　　　　　　　　　G76，G82，G85，G86，G87，G88，G89

取消　　　　　　　　　　　G80

例：如图 2-68 所示。

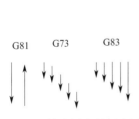

图 2-67　钻孔固定循环略图

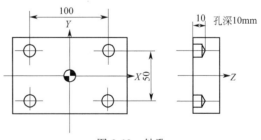

图 2-68　钻孔

```
O11;
G90 G54 G00 X0 Y0 S1000 M03;
G43 Z100.0 H01; ···························起始点
G98 G81 X50.0 Y25.0 R5.0 Z—10.0 F100; ········孔加工开始
X—50.0 (Y25.0);
```

(X—50. 0) Y—25. 0;

X50. 0 (Y—25. 0); ------------------------------ 孔加工结束

G80 G49 X0 Y0 M05; ------------------------------ 固定循环取消

M30;

注：① 孔加工模式（如 G81）一般保持不变，直到其他孔加工模式使用或用 G80 取消固定循环。当继续进行相同孔加工模式时，不需要在每个单段指定。

② 在固定循环中，移动到各孔的位置（X，Y）用 G00 快速定位实现。

③ （）内的值，可省略。

（4）G98、G99 的使用

每个孔加工后，刀具是回到 Z 点还是回到 R 点，与 G98、G99 有关，如图 2-69 所示。在孔加工模式中，G98、G99 可共用。

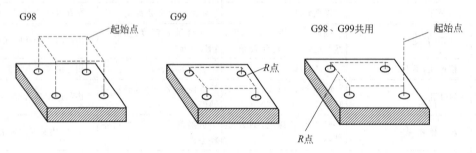

图 2-69   G98、G99 的使用

（5）R 点、Z 点的使用

刀具从起始点（安全位置）快速移动到 R 点，从 R 点开始，刀具以给出的切削速度切削工件。Z 点为孔底位置。R 点、Z 点可分别用绝对（ABS）、相对（INC）指令实现（如图 2-70 所示）。

G90 G□□ R5. 0 Z—10. 0 …;

G91 G□□ R—95. 0 Z—15. 0…;

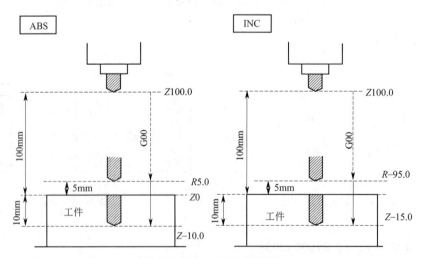

图 2-70   G90、G91 的使用

（6）G80 注销固定循环

固定循环代码均为模态代码，各代码在用 G80 代码注销之前，在其后续代码行中一直

保持激活状态。因此，在 CNC 程序的后续行中出现的任何轴运动（X、Y 或 Z）均会执行已激活的固定循环，与后续行中是否有固定循环代码无关。

2.3.5　孔固定循环指令

（1）钻孔固定循环

数控机床经常使用的钻孔固定循环代码包括 G81、G73 和 G83。

① G73（高速啄式钻孔循环）如图 2-71 所示。

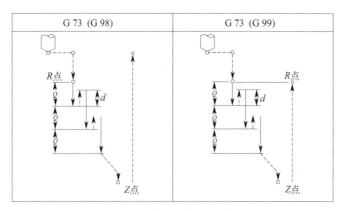

图 2-71　高速啄式钻孔循环

格式：

$$\begin{Bmatrix} \text{G98} \\ \text{G99} \end{Bmatrix} \text{G73 X \_\_ Y \_\_ R \_\_ Z \_\_ Q \_\_ F \_\_;}$$

Q __ 为每次切削进给量。

d 为逃离量，由机床参数设定，标准设定值为 $d=0.1\text{mm}$，可使得断屑容易。

② G81（钻孔循环）如图 2-72 所示。

格式：

$$\begin{Bmatrix} \text{G98} \\ \text{G99} \end{Bmatrix} \text{G81 X \_\_ Y \_\_ R \_\_ Z \_\_ F \_\_;}$$

③ G83（深孔钻）如图 2-73 所示。

格式：

$$\begin{Bmatrix} \text{G98} \\ \text{G99} \end{Bmatrix} \text{G83 X \_\_ Y \_\_ Z \_\_ Q \_\_ R \_\_ F \_\_;}$$

Q 为每次切削进给量，用 INC 表示。

在第二次及以后切削时，在切入前的 d（mm 或 in）位置处，由快速进给转换成切削进给。Q 值一定是正值，如果是负值，负号无效。

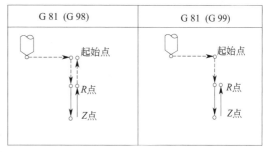

图 2-72　G81 钻孔循环

d 为逃离量，由机床参数设定，标准设定值为 $d=0.1\text{mm}$。

例：钻孔固定循环 G81 使用 G99（如图 2-74 所示）。

...

G90 G99 G81 X30 Y−52 Z−35 R3 F100；钻孔，参考高度为 3，深度为 35，返回到 R 点

X55 Y−26；

X80 Y−52；

X105 Y−26；

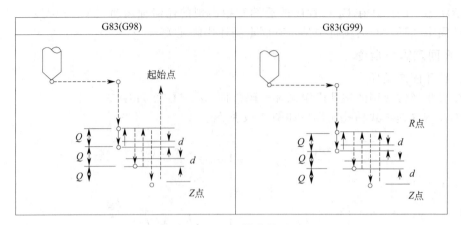

图 2-73　G83 钻孔循环

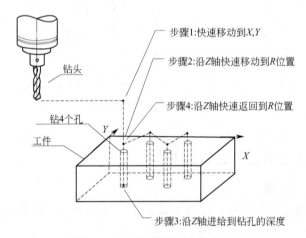

图 2-74　G81 钻孔循环中使用 G99

　　G80;
　　…
　　注：

G90	G99	G81	X32 Y−52	Z−35	R3	F100
绝对模式	刀具沿 Z 轴返回到 R 位置	钻孔固定循环	坐标(快速移动到的孔位置)	钻孔深度(进给模式)	进给到 Z 深度后返回到 3mm 位置(R 位置)	钻孔的进给速度

　　X55 Y−26;
　　X80 Y−52;
　　X105 Y−26;

为其他 3 个孔的坐标，每当控制器读到孔的一个新的 X 和（或）Y 坐标时，重复执行步骤 1～4。本例之所以使用 G99，是因为刀具路径不存在干涉和障碍。

　　例：钻孔固定循环 G81 使用 G98（如图 2-75 所示）。
　　…

G00 Z50;	快速移动到 Z 位置（参考高度）
G98 G81 X−30 Y0. 0 Z−30 R3 F100;	钻孔完成后，返回到起始点
X30;	下一个孔的坐标
G80;	取消固定循环

...

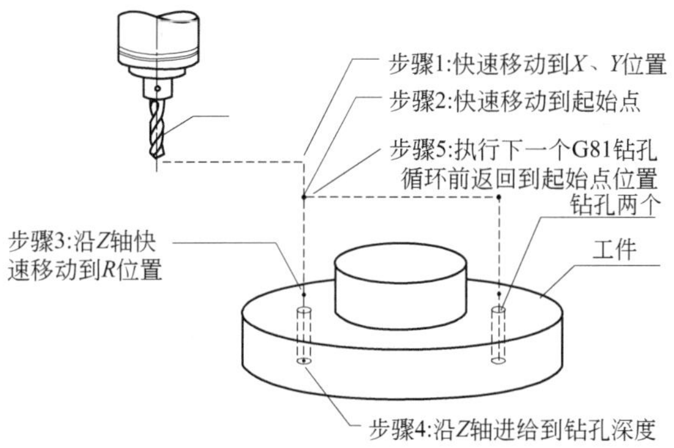

图 2-75　G81 钻孔循环中使用 G98

例： 啄式钻深孔固定循环（如图 2-76 所示）。

...

G90 G99 G83 X0 Y0 Z－120 R3 Q3 F60;

G80;

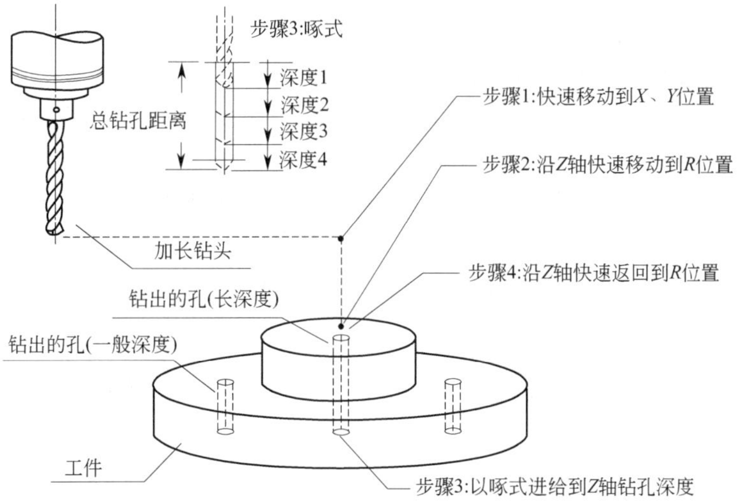

...

图 2-76　G83 钻孔循环

注：

G90	G99	G83	X0 Y0	Z－120	R3	Q3	F60
绝对模式	刀具沿 Z 轴返回到 R 点位置	啄式钻深孔固定循环	孔坐标（快速移动到的位置）	钻孔深度	R 位置	沿 Z 轴进给快速定位，进给到 Z 深度后返回到 R 位置	钻孔的进给速度

技巧： G83 钻深孔时，使用的刀具类型为加长钻头。为补偿刀具刚性的降低，可以采用小切削速度和小进给速度。

G83 钻深孔时，机床应使用高压冷却液及允许冷却液流动的钻头。

G73 钻孔循环，主要适用于加工不易断屑的韧性材料。

（2）攻牙固定循环

数控机床经常使用的攻牙固定循环代码包括 G74（左牙）、G84（右牙）。攻牙分刚性攻牙和柔性攻牙。在柔性攻牙中，丝锥夹头可以伸缩，因此主轴的转速与进给速度并不需要进行非常严格的匹配，一般用在主轴电机为非伺服的数控机床上。在刚性功牙中，丝锥夹头不可以伸缩，因此主轴的转速与进给速度需要进行非常严格的匹配。即主轴每转一圈，进给一个螺距，主轴电机一般为伺服电机。攻牙时，由于丝锥的刚性比较差，Z 轴速度很快，主轴一般选用比较低的转速。

① G74（攻左牙循环）动作顺序如图 2-77 所示。

格式：

$\begin{Bmatrix} G98 \\ G99 \end{Bmatrix}$ G74 X __ Y __ R __ Z __ F __;

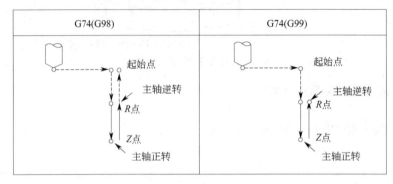

图 2-77　攻左牙

② G84（攻牙循环）动作顺序如图 2-78 所示。

格式：

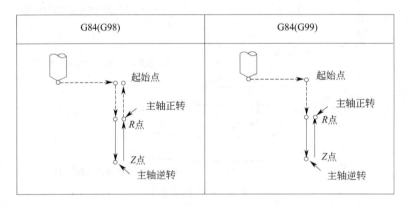

图 2-78　攻右牙

$\begin{Bmatrix} G98 \\ G99 \end{Bmatrix}$ G84 X __ Y __ Z __ P __ R __ P __ F __;

柔性攻牙中，R 点的位置距工件表面应大于丝锥夹头的伸缩量。

攻牙循环的进给速度计算如下：

$$F = 主轴回转数(r/min) \times 螺距(mm)$$

P __ 指令表示在孔底暂停时间单位为 0.001s。

P __ 在孔底暂停的时间与丝锥夹头的伸缩量有关。

例： 如图 2-79 所示，加工 M12 的螺孔（柔性攻牙）。

编程如下：

N1 G90 G54 G00 X150.0 Y70.0 S200;

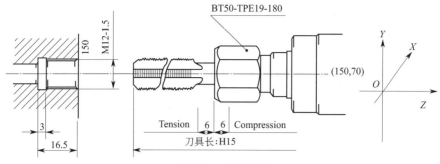

图 2-79　柔性攻牙

N2 G43 Z200. H15 M03;

N3 G99 G84 R161. 0 Z140. 0 P1200 F300;

N7 M05;

N8 G49 ;

N9 M30;

$$进给速度＝主轴转速×螺距＝200×1.5＝300（mm/min）$$

在 N3 程序段的暂停时间与进给速度和图示的拉伸长度 6mm 有关：

$$P（暂停）＝\frac{拉伸长度（mm）}{进给速度（mm/min）}×60$$

$$P＝(6/300)×60＝1.2（s）$$

R 点距工件表面的距离，考虑到丝锥夹头的伸缩量 6mm，R 为 Z161.0。

提示： 一般来说，数控铣床的主轴电机不采用伺服电机，无法保证主轴旋转速度与进给速度严格的匹配关系，因此一般采用柔性攻牙，或只加工螺纹底孔，攻牙在普通机床上完成。加工中心采用伺服电机，可以保证主轴旋转速度与进给速度严格的匹配关系，容易实现刚性攻牙。

（3）有精度孔的加工循环

有精度孔的加工包括孔的粗、精加工和台阶孔、盲孔底面的精加工，保证粗糙度和尺寸精度。

镗（锪）孔固定循环代码 G82，用于对孔进行锪平面，也可用于需要进行镗、铰孔的半精加工。通常可以使用锪孔钻、立铣刀、双刃镗刀或倒角刀具（倒角）。

粗镗孔固定循环代码 G86，用于对已有孔的粗加工，或者精度要求不是很高的孔的精加工。已有孔一般是指钻出的孔或铸造孔。粗镗孔通常使用双刃刀具，如图 2-80 所示。

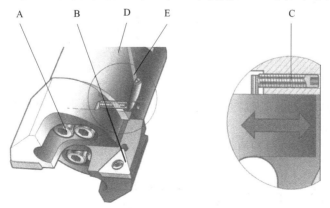

图 2-80　双刃镗孔刀结构

A—锁紧螺钉；B—粗镗刀片；C—调整螺钉；D—粗镗刀杆；E—冷却液孔

① G82 镗（锪）孔固定循环代码（循环动作顺序如图 2-81 所示）。

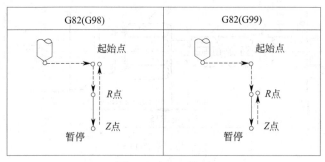

图 2-81　G82 循环

格式：

$$\begin{Bmatrix} G98 \\ G99 \end{Bmatrix} G82\ X \underline{\quad} Y \underline{\quad} R \underline{\quad} Z \underline{\quad} P \underline{\quad} F \underline{\quad} ;$$

执行 G82 模式时在孔底有暂停时间，不进给，但主轴回转。用于提高孔深精度和降低孔底粗糙度。

P ＿ 指令表示在孔底暂停时间，单位为 0.001s。

P500 指令表示在孔底暂停时间为 0.5s。

P 的计算方法如下：

$$P = (60n \times 1000)/N$$

式中　N——主轴转速；

　　　n——孔底暂停时，主轴回转数（2～3 转）。

② G86 粗镗孔循环（循环动作顺序如图 2-82 所示）。

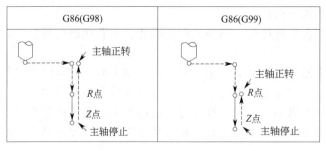

图 2-82　G86 循环

格式：

$$\begin{Bmatrix} G98 \\ G99 \end{Bmatrix} G86\ X \underline{\quad} Y \underline{\quad} Z \underline{\quad} R \underline{\quad} F \underline{\quad} ;$$

与 G81 相同，但是在孔底位置主轴停止，并以快速进给逃离。粗镗孔刀刃（双刃）在孔壁划出两道痕，影响孔的表面质量。

③ G76 加工中心精镗孔循环（循环动作顺序如图 2-83 所示）。

格式：

$$\begin{Bmatrix} G98 \\ G99 \end{Bmatrix} G76\ X \underline{\quad} Y \underline{\quad} R \underline{\quad} P \underline{\quad} Z \underline{\quad} \begin{cases} Q \underline{\quad} F \underline{\quad} ; \\ I \underline{\quad} J \underline{\quad} F \underline{\quad} ; \end{cases}$$

主轴在孔底位置执行准停（圆周定位、停止），主轴向切削刃方向的反方向平移，快速逃离

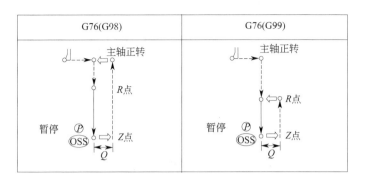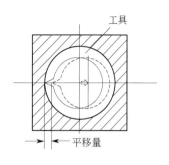

图 2-83　G76 加工中心精镗孔循环

孔底,完成高精度及高效率的精镗孔而不会划伤工件表面。

精镗孔一般使用可微调单刃刀具,如图 2-84 所示。使用 G76 指令,机床主轴必须有准停功能。一般只有加工中心才有此功能。

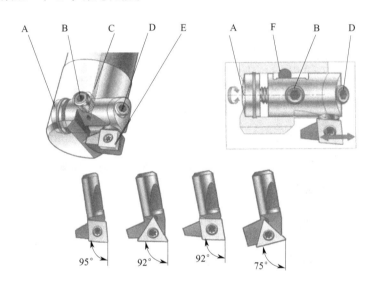

图 2-84　单刃镗刀结构

A—调整螺钉;B—锁紧螺钉;C—冷却液孔;D—刀头锁紧螺钉;E—刀头

平移量用 Q 指定。Q 值一定是正值。如果指定负号,则无效。平移方向可用参数设定,选择+X、-X、+Y、-Y 中的任何一个。

在固定循环中的 Q 值是状态值。Q 值也用于 G73、G83 中,指定时必须特别注意。

刀具在孔底的 X 或 Y 轴平移也可用 I、J 指定。I、J 哪一个被指定,在机床参数中设置,平移速度与 F 给定的值一致。

④ G88 数控铣精镗孔循环(循环动作顺序如图 2-85 所示)。

格式:

$\begin{Bmatrix} G98 \\ G99 \end{Bmatrix}$ G88 X __ Y __ Z __ R __ P __ F __;

由于数控铣没有主轴准停功能,无法实现主轴的定位,在孔底暂停后,使主轴停止转动,需要手动操作使刀刃离开工件表面,将刀具从孔中移出,然后手动使程序自动运行。

例:镗(锪)孔固定循环(如图 2-86 所示)。

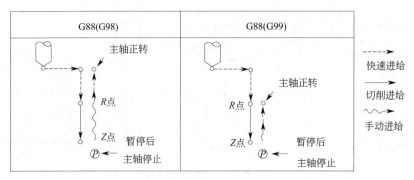

图 2-85　数控铣 G76 精镗孔循环

…

G90 G98 G82 X－30 Y0. 0 Z－2 R3 P500 F80;

X30;　　　　　　　　　　　　　　　　下一个孔的坐标

G80;

…

注:

G90	G98	G82	X－30 Y0.0	Z－2	R3	P500	F80
绝对模式	刀具沿 Z 轴返回到起始点位置	镗孔固定循环	孔坐标（快速移动到的位置）	镗孔深度（进给模式）	R 位置	暂停时间为 0.5s	镗孔的进给速度

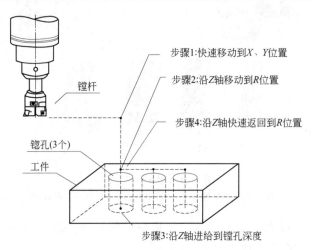

图 2-86　G82 镗孔固定循环

本例之所以采用 G98 代码，是因为刀具路径干涉。

例：G86 镗孔固定循环

…

G90 G99 G86 X50 Y－50 Z－50 R3 F100;

X100;

X150;

G80;

…

注:

G90	G99	G86	X50 Y−50	Z−50	R3	F100
绝对模式	刀具沿 Z 轴返回到 R 点位置	镗孔固定循环	孔坐标（快速移动到的位置）	镗孔深度（进给模式）	R 位置	进给速度

X100、X150 为其他 2 个孔的坐标。

例： 精镗孔固定循环 G76（图 2-87）。

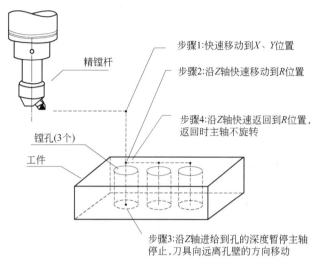

精镗杆

步骤1:快速移动到X、Y位置
步骤2:沿Z轴快速移动到R位置
步骤4:沿Z轴快速返回到R位置，返回时主轴不旋转

镗孔(3个)
工件

步骤3:沿Z轴进给到孔的深度暂停主轴停止,刀具向远离孔壁的方向移动

图 2-87　G76 精镗孔固定循环

…

G90 G99 G76 X100 Y−50 Z−40 R3 P1000 Q0. 1 F100;

X200;

X300;

G80;

…

注：

G90	G99	G76	X100 Y−50	Z−40	R3	P1000	Q0.1	F100
绝对模式	刀具沿 Z 轴返回到 R 点位置	镗孔固定循环	孔坐标（快速移动到的位置）	镗孔深度（进给模式）	R 位置	暂停时间（无小数点）1s	移动量	进给速度

X100、X150 为其他 2 个孔的坐标。

提示： 不同的孔加工固定循环适合加工不同精度、不同结构的孔，因此在孔加工时，应当根据孔、机床、刀具的情况选择固定循环。

⑤ 孔位确定及其坐标值的计算。一般在零件图上孔位尺寸都已给出，但有时孔距尺寸的公差或对基准尺寸距离的公差是非对称性尺寸公差，应将其转换为对称性公差。如果某零件图上两孔间距尺寸 $L = 90^{+0.055}_{+0.027}$ mm，对称性基本尺寸计算为：

$$(0.055 - 0.027)/2 = 0.014$$
$$90 + 0.014 = 90.041$$

对称性公差为：

$$\pm 0.014$$

转换成对称性尺寸 $L = (90.041 \pm 0.014)$ mm，编程时按基本尺寸 90.041mm 进行，其

实这就是工艺学中讲的中间公差的尺寸。

例：多孔加工（图 2-88）。

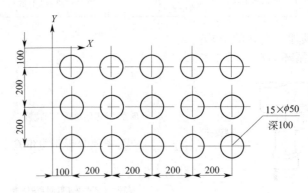

图 2-88　镗孔

O0160;

G90 G54 G17 G00 X0 Y0 S500 M03;

G43 Z100. 0 H01;

G91 G99 G76 X100. 0 Y−100. 0 Z−102. 0 R−98. 0 Q0. 1 F100; 加工第 1 行第 1 列孔

X200. 0 K4;　　　　　　　　　　孔加工循环 4 次，加工第 1 行其他孔

Y−200. 0;　　　　　　　　　　加工第 2 行第 1 列孔

X−200. 0 K4;　　　　　　　　　孔加工循环 4 次，加工第 2 行其他孔

Y−200. 0;　　　　　　　　　　加工第 3 行第 1 列孔

X200. 0 K4;　　　　　　　　　　孔加工循环 4 次，加工第 3 行其他孔

G80 Z98. 0;　　　　　　　　　　返回到 R 点，取消固定循环

G49 G90 X0 Y0 M05;

M30;

例：使用子程序调用加工图 2-89 所示的孔。

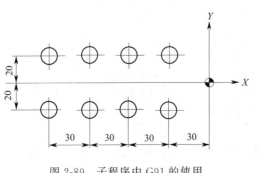

图 2-89　子程序中 G91 的使用

主程序：

O1;

G90 G54 G00 X0 Y0 S1000 M03;

G43 Z100. 0 H01;

G98 G73 R2. 0 Z−30. 0 Q2. 0 F100 K0;

M98 P2;

G90 G80 G49 X0 Y0 M05;

M30;

子程序：

O2;

G91 X−30. 0 Y20. 0;

X−30. 0 K3;

X90. 0 Y−40. 0;

X−30. 0 K3;

M99;

在钻孔循环中，当指定 K＝0 时只记忆钻孔资料而不执行钻孔。

例：高精度尺寸孔的试切（如图 2-90 所示）。

M99; O1;

N1　G90 G54G00 X0 Y0 S1000 M03　　主轴正转，转速为 1000r/min，快速定位到 X0 Y0

/N2　G90 G43 Z100. 0 H01;　　快速定位到安全高度，加刀长补

/N3　G76 Z－6. 0 R2. 0 Q0. 2 F72;　　用 G76 精镗孔循环试切孔，起始点距工件表面 2mm，孔深 6mm，以备测量

/N4　G91 G80 G28 Z0;　　主轴回到机床参考点

/N5　M00;　　机床暂停，进行孔径测量及刀具调整

/N6　M99 P2;　　程序返回到 N2

N7　G90 G43 Z100. 0 H01;

N8　G76 Z－18. 0 R2. 0 Q0. 2 F72;　　用 G76 精镗孔循环精镗孔

N9　G80;

N10　G91 G28 Z0;

N11　M30

在主程序中插入 N2～N6 段程序。当进行试切时，通过按下机床操作面板上的 Skip 键，Skip 键的控制灯 On，程序中单句前有 "/" 的语句可执行，此时可进行试切、孔径的测量、刀头的微调，待试切孔的尺寸精度达到要求时，按下机床操作面板上的 Skip 键，Skip 键的控制灯 Off，按下 "循环启动" 按钮，程序中单句前有 "/" 的语句 N2～N6 跳过不执行，执行正常的主程序。

在主程序中插入采用跳过任选程序段（/…）、程序停止（M00）程序段，可进行精镗孔加工、孔径的测量以及镗刀的调整。

技巧： 孔尺寸公差要求高时，需要通过多次试切、测量、刀头尺寸调整才能加工出合格的孔，使用本例中提供的方法，可提高加工效率。

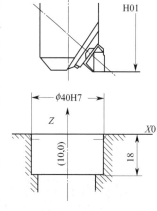

图 2-90　高精度尺寸孔的试切

2.4　加工中心换刀编程指令

2.4.1　加工中心的组成

加工中心由数控机床和自动换刀装置（automatic tool changer，简称 ATC）组成。ATC 由存放刀具的刀库和换刀机构组成。

（1）刀库种类

刀库种类很多，常见的有盘式和链式两类。与盘式相比，链式刀库存放刀具的容量较大。

（2）换刀形式

换刀机构在机床主轴与刀库之间交换刀具。按照有无机械手分为机械手换刀和无机械手换刀两种形式。

常见的换刀机构为机械手。机械手主要分直抓式（图 2-91）、旋转式（图 2-92）两类。换刀也有不带机械手而由主轴直接与刀库交换刀具的，称无臂式换刀装置。

提示： 无机械手换刀方式结构较简单，但主轴换刀的时间与刀库的刀具准备辅助工艺时间不相重合，机床的效率低。

2.4.2　加工中心的刀库类型

根据刀库所需要的容量、选刀及取刀方式，可以将刀库设计成多种形式，刀库的类型主

图 2-91　直抓式机械手
1—可活动手指；2—手爪；3—键

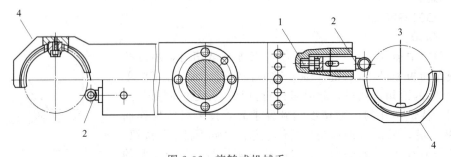

图 2-92　旋转式机械手
1—弹簧；2—活动销；3—键；4—手爪

要有盘式、鼓式和链式等，容量从几把到几百把，最常见的是盘式和链式刀库。

图 2-93　盘式刀库

（1）盘式刀库

盘式刀库（图 2-93）为最常用的一种刀库类型，结构紧凑，一般安装在机床立柱的顶面或侧面。刀库中的每一刀座均可存放一把刀具。盘式刀库的储存量一般为 15～60 把。

（2）链式刀库

链式刀库是在环形链条上装许多刀座，其结构有较大的灵活性，存放刀具的数量也较多，选刀和取刀动作十分简单。当链条较长时，可以增加支撑链轮数目，使链条折叠回绕，提高空间利用率。一般刀具数量在 30～120 把。如图 2-94 所示为链式刀库的结构。

2.4.3　刀具在主轴上的固定方式

（1）刀具在机床主轴上的固定方式

加工中心的刀具主要由拉钉、刀柄、连接杆和刀头四部分组成，连接杆和刀头可以为一个整体（如图 2-95 所示）。刀具与主轴的连接通过刀柄和键槽进行定位，通过拉钉将刀具拉紧在主轴孔内。

刀具通过刀柄与主轴相连，刀柄通过拉钉和主轴内的拉刀装置，将刀柄固定在主轴上，通过刀柄上的端面键槽与主轴上的键配合，传递速度、转矩。

注：数控铣床的换刀是手工完成的，刀柄不需要有 V 形槽。加工中心由于使用机械手进行换刀，刀柄上的 V 形槽和刀柄上的键槽在换刀时，可与机械手上的键进行圆周定位；另外刀柄 V 形槽和键槽也可在刀库中的刀座上完成定位。

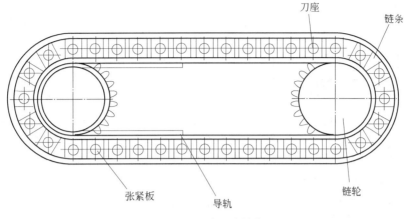

图 2-94　链式刀库结构

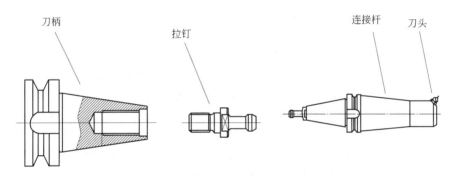

图 2-95　刀具的组成

（2）刀具自动夹紧机构

在加工中心上，通过主轴孔内的自动夹紧机构将刀具夹紧（如图 2-96 所示），当处于夹紧状态时，自动夹紧机构通过拉杆及夹头，拉住刀柄的拉钉，使刀具锥柄和主轴锥孔紧密配合，防止切削过程中刀具从主轴孔中掉下；松刀时，自动夹紧机构的夹头松开，夹头与刀柄上的拉钉脱离，即可拔出刀具，进行刀具的交换，下一把刀装入后，自动夹紧机构的夹头将刀具拉紧。不同的机床，其刀具自动夹紧机构结构不同，与之适应的刀柄及拉钉规格亦不同。

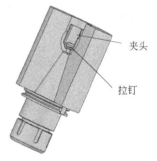

图 2-96　刀具的主轴

（3）端面键槽

端面键槽带动铣刀旋转，传递运动、动力和圆周定位（数控铣床一般无圆周定位功能）。刀柄的端面键槽可实现刀具在加工时的圆周定位以及换刀时与机械手的圆周定位，也可实现刀柄在刀库中刀座的圆周定位。

（4）自动切屑清除装置

自动清除主轴孔内的灰尘和切屑是换刀过程中的一个不容忽视的问题。如果主轴锥孔中落入了切屑、灰尘或其他污物，在拉紧刀杆时，锥孔表面和刀杆的锥柄就会被划伤，甚至会使刀杆发生偏斜，破坏刀杆的正确定位，影响零件的加工精度，甚至会使零件超差报废。为了保持主轴锥孔的清洁，常采用的方法是使用压缩空气经主轴内部通道吹屑，清除主轴孔内的污物。

2.4.4　刀具在刀库中的固定方式

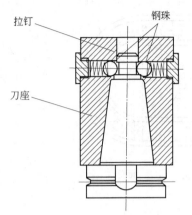

拉钉　　　钢珠

刀座

图 2-97　炮筒式刀座结构简图

刀具在刀库中的固定方式取决于机械手在刀库中的取刀方式、刀座上刀库的形式、刀具的大小等因素。一般刀具固定在刀库的刀座中。刀座普遍采用炮筒式结构，也有其他的形式，例如改进的炮筒式、直抓式和新型的结构。

炮筒式结构如图 2-97 所示，刀具的刀柄定位在刀座的锥孔内，圆周定位通过刀柄上的键槽与刀座上的键来实现。刀座内的 2 个弹簧将钢珠与刀柄的拉钉压紧，来实现对刀具的固定和锁紧。钢珠对刀柄的拉钉压紧的固定力可防止刀具从刀座上掉下。

2.4.5　机械手的换刀形式

换刀机械手不仅仅要完成刀库取刀、装刀，也要完成与主轴刀具的交换，常用机械手的换刀形式主要有旋转式换刀和直抓式换刀两种。

（1）主轴上的刀具交换

直抓式机械手和旋转式机械手与主轴的换刀共有五个动作，分别是：① 机械手的主轴抓刀；② 机械手的拔刀；③ 机械手旋转 180°换刀；④ 机械手的装刀；⑤ 机械手的复位。

例如某卧式加工中心旋转式换刀机械手换刀的动作顺序如图 2-98 所示。换刀时机械手首先顺时针旋转抓刀（同时抓主轴换刀点和主轴上的刀具）。第二步，机械手臂向外移动，将主轴和主轴换刀点上的刀具拔出（拔刀）。第三步，使机械手主臂旋转 180°（换刀）。第四步，机械手臂向内移动，将下一把刀具装入主轴（装刀），将原主轴上的刀具装入主轴换刀点上的刀座中。第五步，机械手主臂旋转，返回至换刀前的初始位置（复位）。

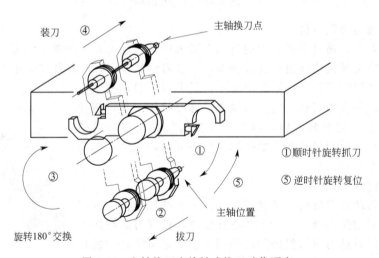

装刀　④　　　　　　　主轴换刀点

①顺时针旋转抓刀

⑤逆时针旋转复位

③

⑤　　主轴位置

②

旋转180°交换　　　拔刀

图 2-98　主轴换刀点旋转式换刀动作顺序

直抓式机械手与旋转式机械手的换刀不同的是：在动作一和动作五中，旋转式机械手的动作为旋转，而直抓式机械手的动作为直线移动，另外，待加工的刀具已安装在机械手远离主轴一侧，为换刀做好准备。

（2）刀库的取刀和装刀

直抓式机械手在机床中停留的位置比较灵活，可完成将刀具装入刀库的刀座中（装刀），把待加工的刀具从刀库的刀座中取出（图 2-99）。使用旋转式机械手将刀具装入刀库，机械手需要旋转，刀库中两相邻刀具的距离要求比较大，使得刀库占用的空间比较大。所以，一般不使用旋转式机械手完成从刀库取刀和将刀具送入刀库的工作，而采用其他的机构（图2-100）。旋转式机械手仅仅完成主轴与主轴换刀点的刀具交换工作。它的位置一般固定在主轴的旁边。

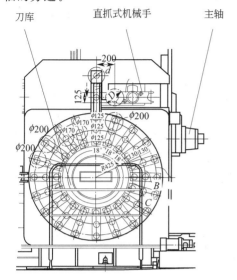

图 2-99　直抓式机械手在刀库换刀点取刀

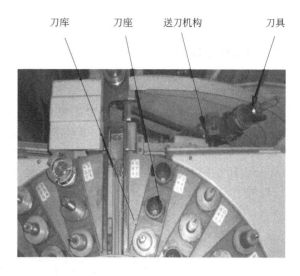

图 2-100　送刀机构刀库换刀点取刀

（3）选刀方式

在加工中心加工工件前，首先要把加工过程中所使用的全部刀具分别安装在刀柄上，在机床外进行尺寸调整后，插入刀库的刀座中。换刀时根据选刀指令在刀库中选刀。在刀库中选择刀具通常有顺序选择和任意选择两种方式。

① 顺序选择方式　刀具的顺序选择方式是将刀具按加工的顺序，依次插入刀库的每一个刀座内。每次换刀时，刀库按顺序转动一个刀座的位置，机械手取出所需要的刀具。已经使用过的刀具可以放回原来的刀座内，也可以按顺序放入下一个刀座内。采用这种方式不需要刀具识别装置，而且驱动控制也较简单，刀库选刀可以直接由刀库的分度来实现。因此，刀具的顺序选择方式具有结构简单、工作可靠等优点。但由于更换不同工件时，必须重新排列刀库中的刀具顺序，刀库中的刀具在不同的工序中不能重复使用，因而必须相应地增加刀具的数量和刀具的容量，这样就降低了刀具和刀库的利用率。此外，装刀时必须十分谨慎，如果刀具不按加工顺序装在刀库中，将会造成严重事故，所以这种方式已很少使用。

② 任意选择方式　采用任意选择方式的自动换刀系统中必须有刀具识别装置。这种方式是根据程序指令的要求来选择所需要的刀具，刀具在刀库中不必按照工件的加工顺序排列，可任意存放。每把刀具（或刀座）都编上代码，自动换刀时，刀库旋转，每把刀具（或刀座）都经过"刀具识别装置"接受识别。当某把刀具的代码与数控指令的代码相符合时，该把刀具被选中，并将刀具送到主轴换刀点，等待机械手换刀。任意选择刀具法的优点是刀库中刀具的排列顺序与工件加工顺序无关，相同的刀具可重复使用。因此，刀具数量比顺序选择法的刀具可少一些，刀库也相应地小一些。

2.4.6　换刀时间

加工中心的换刀时间有两种定量方法：刀对刀换刀时间（机械手在主轴上换刀所需的时间）和加工对加工换刀时间（从上一把刀加工结束到刀具交换后下一把刀进入加工所需的时间）。通常加工中心的技术参数中给出的换刀时间是刀对刀换刀时间（或称净换刀时间）。目前最快为 0.45s，一般为 5s 左右。

换刀时间取决于换刀机构［如机械式快于机-液（气）式］、刀柄规格（如小规格刀柄换刀速度快）、刀具重量（刀具轻、换刀速度快）、机床规格、机械手尺寸和惯量等。通常刀柄号越大，换刀时间越短，换刀速度就越高，刀柄运动时的线加速度大，反之线加速度小。在换刀过程中，由于刀具离心力的存在，机械手与刀具的锁紧问题在换刀过程中需要认真考虑。

2.4.7 加工中心换刀实例

例： 台湾高明精机 KM-3000SD 龙门式加工中心换刀系统。

台湾高明精机 KM-3000SD 龙门式加工中心，刀具的刀柄为 BT50，刀库的刀具容量为 30 把，刀库采用链式结构，刀库的刀座采用传统的炮筒式结构。机床的示意图如图 2-101 所示。换刀机械手为直抓式机械手，机械手需要完成刀库取刀、装刀和主轴换刀整个动作。图中 C 位置为主轴换刀点。机床对应的换刀过程可以归纳为如图 2-102 所示的过程。

从图 2-101 中可以看到，它的换刀过程可分为机械手刀库取刀（A）、机械手主轴换刀（B）、机械手刀库装刀（C）三个部分。

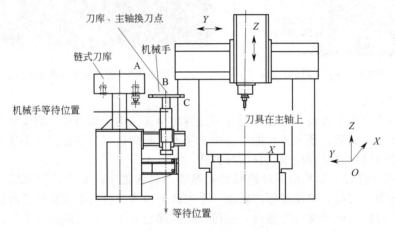

图 2-101 机械手直抓式换刀系统

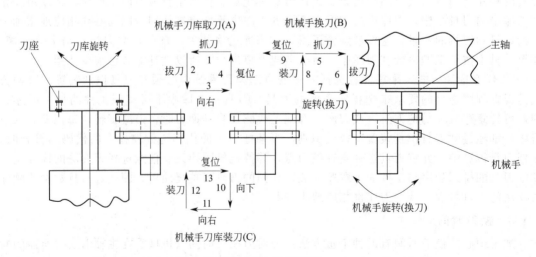

图 2-102 换刀过程

机械手刀库取刀（A）：主轴工作时，机械手将程序中所使用的下一把刀从刀库中取出，作好换刀准备。它共需要 4 个动作（1—2—3—4）。

机械手换刀（B）：当需要换刀时，主轴回到换刀点，圆周定位。机械手抓刀、拔刀。在拔刀时，被拉紧的刀具拉钉松开，主轴孔内吹气。机械手旋转 180°（换刀），机械手装刀，刀具的拉钉被拉紧，机械手复位，防止机械手与主轴干涉。它共需要 5 个动作（5—6—7—8—9）。

机械手刀库装刀（C）：在主轴工作时，机械手将刀具装到刀库中。刀库旋转准备下一把加工刀具。它共需要 4 个动作（10—11—12—13）。

机械手主轴换刀（B）：当需要换刀时，主轴回到换刀点，圆周定位。机械手抓刀、拔刀。在拔刀时，被拉紧的刀具拉钉松开，主轴孔内吹气。机械手旋转 180°（换刀），机械手装刀，刀具的拉钉被拉紧，机械手复位，防止机械手与主轴干涉。它共需要 5 个动作（5—6—7—8—9）。

机械手刀库装刀（C）：在主轴工作时，机械手将刀具装到刀库中。刀库旋转准备下一把加工刀具。它共需要 4 个动作（10—11—12—13）。

例： 日本牧野公司 MAKINO-1210B 卧式加工中心。

如图 2-103 所示为日本牧野公司 MAKINO-1210B 卧式加工中心机床，刀具的刀柄为 BT50，刀库的刀具容量为 60 把。刀库采用盘式结构，刀库的刀座采用传统的炮筒式结构。机械手采用旋转式结构。盘式刀库处于机床主轴的侧面，主轴上刀具的交换由旋转式机械手完成。

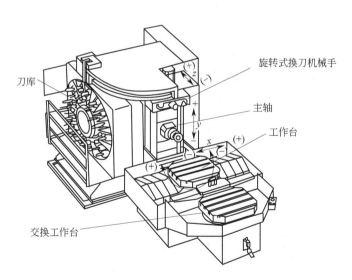

图 2-103　日本牧野公司 MAKINO-1210B 卧式加工中心

换刀示意图如图 2-104 所示，刀具从刀库换刀点移动到主轴换刀点的导轨位于机床的顶部。刀座固定在刀库的滑板上，滑板可以上、下滑动，刀座在送刀机构的推动作用下可以离开滑板，在 P_1 点（刀库换刀点）～P_2 点（主轴换刀点）之间移动。送刀机构的示意图如图 2-105 所示。刀座结构示意图如图 2-106 所示，刀座设置成完全独立，并可移动。材料为工程塑料。

下面介绍 MAKINO-1210B 卧式加工中心换刀过程的流程。

一般来说，一个完整的换刀循环需要 3 把刀具。假设主轴上的刀具为 T03，加工的下两把刀具分别为 T06、T09。

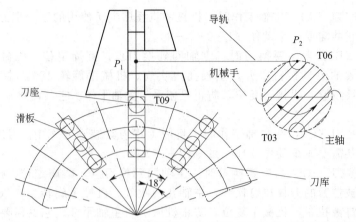

图 2-104　日本牧野公司 MAKINO-1210B 卧式加工中心换刀示意图

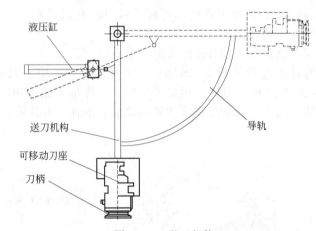

图 2-105　送刀机构

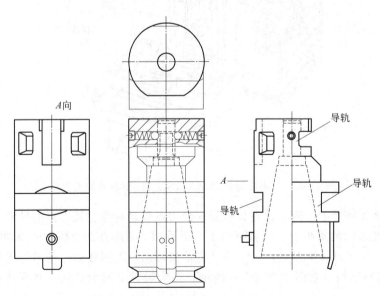

图 2-106　MAKINO-1210B 卧式加工中心可移动刀座结构示意图

（1）刀库取刀

换刀过程示意图如图 2-107 所示，当主轴加工时，刀库旋转，T06 所在的滑板上移，移

动到 P_1 位置,在送刀机构的推动作用下,由 P_1 点移动到 P_2 点。T06 所在的滑板下滑,回到刀库。刀库旋转,T03 所在的滑板上移,以备 T03 所在的刀座重新返回到滑板中。

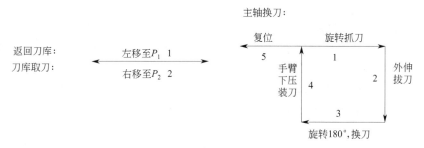

图 2-107 日本牧野公司 MAKINO-1210B 卧式加工中心换刀过程示意图

（2）主轴换刀

当主轴完成加工时,主轴快速移动到换刀点,并圆周定位。机械手完成主轴 T03 与 T06 的换刀过程。它共需要 5 个动作（如图 2-107 所示）。

（3）刀库装刀

当主轴加工时,送刀机构将 T03 由 P_2 点移动到 P_1 点,然后 T03 所在的滑板下移,回到刀库中,刀库将 T09 旋转至滑板的上移位置,滑板上移。送刀机构将 T03 由 P_1 点移动到 P_2 点,完成刀库取刀过程。

整个换刀循环流程如图 2-108 所示。

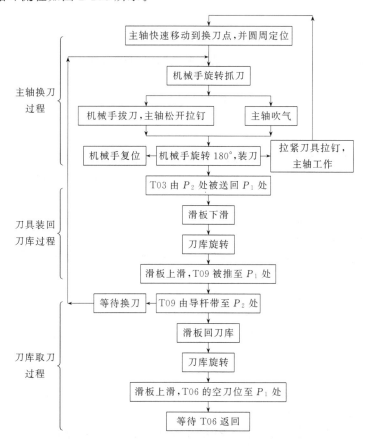

图 2-108 日本牧野公司 MAKINO-1210B 卧式加工中心换刀过程

2.4.8　加工中心刀具交换的相关指令

加工中心刀具交换的相关指令主要有以下几个。

（1）自动原点复归

机床参考点（R）是机床上一个特殊的固定点，该点一般位于机床原点的位置，可用 G28 指令很容易地移动刀具到这个位置。在加工中心上，机床参考点一般为主轴换刀点，使用自动原点复归主要用来进行刀具交换准备。

格式：G91/（G90）G28 X ＿ Y ＿ Z ＿；

X ＿ Y ＿ Z ＿是一个用绝对或增量值指定的中间点坐标。

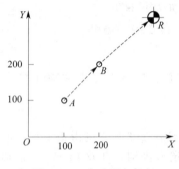

图 2-109　自动原点复归

G28 指令的动作过程如下（图 2-109）：

首先在指令轴上将刀具快速移动向中间点（X ＿ Y ＿ Z ＿）定位，然后从中间点快速移动到原点。如果没有设定机械锁定，原点复归后灯会亮。

① 增量指令（ABS）：

A→B→R

G91 G28 X100.0 Y100.0；

② 绝对指令：

A→B→R

G90 G28 X200.0 Y200.0；

例：

O0012；

……

G91 G28 X0 Y0;　　　　　　X、Y 轴原点复归（机械原点）

……

G91 G29 X0 Y0;　　　　　　从原点复归到 G28 开始执行时的位置

……

M30；

自动原点复归中的 Z0 表示了中间点，在 G91、G90 的情况下意义为：

G91 G28 Z0；表示主轴由当前 Z 坐标（中间点，X、Y 坐标保持不变）快速移动到原点。

G90 G28 Z0；表示主轴快速移动到工件坐标系的 Z 轴零点（中间点，X、Y 坐标保持不变），然后快速移动到原点。

使用相对当前坐标移动量为"0"（G91 G28 X0 Y0 Z0）的场合比较多。G91 G28 X0 Y0 Z0；可使三轴同动。

在 G28 中指定的坐标值（中间点）会被记忆，如果在其他的 G28 指令中，没有指定坐标值，就以前 G28 指令中指定的坐标值为中间点。

提示：G28 指令用于自动换刀，所以为了安全，刀具半径补偿、刀具长度补偿在执行 G28 指令前必须取消。

（2）刀具交换条件

加工中心在进行刀具交换之前，必须将主轴回到换刀点（由 G28 指令执行）；另外下一把刀应当处在主轴换刀点位置。

例：卧式加工中心主轴可做 Y、Z 轴方向移动，刀具交换的条件是：

Y 轴与 Z 轴完成机械原点的返回，X 轴与 B 轴可以是任意位置。

编程：G91 G28 Y0 Z0;

例：立式加工中心主轴可做 Z 轴移动，刀具交换的条件是：

Z 轴完成机械原点的返回，X 轴与 Y 轴可以是任意位置。

编程：G91 G28 Z0;

（3）刀具交换指令

刀具交换主要由两条指令完成，分别为刀具准备指令 T 和换刀指令 M06。

① 刀具准备 T□□：

格式：T□□

□□表示刀具号，取值为 00～99。

T□□表示需要交换的下一把刀具移动到机床的主轴换刀点，准备换刀。

加工中心常常需要没有任何刀具的空主轴，为此，就要指定一个空刀位，需要用一个唯一的编号指定它。如果刀位或主轴上没有刀具，那么就必须使用一个空刀具号。

空刀的编号必须选择一个比所有最大刀具号还大的数。例如，如果一个加工中心有 24个刀具刀位，那么空刀应该定为 T25 或者更大的数。一般将空刀号定为 T 功能格式内最大的值。例如，在两位数格式下，空刀应定为 T99，三位数格式则定为 T999，这样的编号便于记忆，并且在程序中也很显眼。

空刀编号使用 T00 需要注意。在加工中心上，所有尚未编号的刀具都被登记为 T00。一般在不会造成任何歧义的情况下才使用 T00。

② 换刀指令 M06：

M06 表示将主轴换刀点的刀具和主轴上的刀具进行交换。在使用 M06 指令前首先需要使用 T□□指令和自动原点复归。

加工中心的刀具交换主要有手动和自动两种方式。在手动模式下进行刀具的交换，首先是进行主轴返回至换刀点的操作；其次，移动其他坐标轴，使工作台及其工件与换刀动作不发生干涉；即可采用 M06 及 T 代码换刀。在加工过程中，由于加工工艺的要求需要换刀时，一般采用自动换刀方式。

例：在卧式加工中心上加工一个零件，需要换三把刀具 T01～T03，其编程如下：

O××××;	开始时，主轴上为任意刀具
T01;	确定主轴刀具是 T01，当主轴刀具不是 T01 时，T01 刀具准备
G91 G28 Y0 Z0;	主轴快速返回 Y、Z 机械原点
M06;	主轴刀具为 T01 时，刀具交换指令不执行，主轴刀具不是 T01 时，T01 换刀
（…T01 刀工作…）	
T02;	T02 准备，移送到主轴换刀点，准备换刀
G91 G28 G00 Y0 Z0;	主轴快速返回 Y、Z 原点，主轴回到换刀位置
M06;	刀具交换，T02 安装到主轴上
（…T02 刀工作…）	
T03;	T03 准备，移送到主轴换刀点，准备换刀
G91 G28 G00 Y0 Z0;	
M06;	执行刀具交换指令，T03 安装到主轴上
（…T03 刀工作…）	
G91 G28 Y0 Z0;	
G28 B0;	
M30;	加工结束

技巧：当加工中心停止工作时，为了保护主轴，主轴上不需要有刀具。可使用空刀进行换刀。

2.5　数控铣和加工中心高级编程指令

FANUC控制系统的功能分为标准和选择功能，机床的标准配置中一般不包含选择功能。在购置机床时，选择功能需要用户特别要求，不同的选择功能价格也不同。因此用户应当根据自己的需要进行选择。本章主要介绍与坐标和图形变换有关的一些指令，这些指令中有些为标准功能，有些为选择功能，用户在使用这些功能时，需要了解机床技术合同，清楚哪些功能在你的机床上能够使用，哪些功能在你的机床上不能够使用。但一般来说，低版本中的选择功能，在高版本中可能就成为标准功能。

2.5.1　机床坐标系选择 G53

机床坐标系选择 G53 的格式：

（G90）G53 IP __ ；

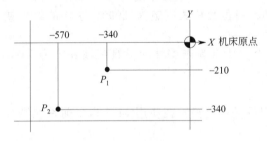

图 2-110　使用 G53 移动到机床指定的位置

当这个指令被指定在机床坐标系中，刀具移动到 IP __ 坐标值位置。G53 仅在 G53 指定的单段和绝对模式（G90）下有效，在增量模式（G91）下无效。由于机床坐标系必须在指定 G53 指令前设定，在电源 ON 后至少一次用手动或 G28 指令自动原点复归。

当刀具移动到机床特别指定位置，如换刀位置，可用 G53 来指定。

例：如图 2-110 所示，使用 G53 移动到机床指定的位置。

P_1：G90 G53 G00 X－340.0 Y－210.0；

P_2：G90 G53 G00 X－570.0 Y－340.0；

例：在自动原点复归（G28）中，可使用 G53 指定中间点。

G90 G53 G28 X0 Y0；

2.5.2　子坐标系（G52）

在工件坐标系中制作程序，有时为了制作程序方便，需要在工件坐标系中建立子坐标系，这个子坐标系也称为局部坐标系。

格式：G52　IP __ ；（IP __ = X __ Y __ Z __ ）。

G52 指令指定的子坐标系，即是所有工件坐标系（G54～G59）的子坐标系。每个子坐标系原点在对应的工件坐标系的坐标与 IP __ 相等。

当子坐标系用绝对（G90）模式设定时，该模式保持继续，在工件坐标系中移动的坐标值为子坐标系中的坐标值。

当需要取消子坐标系时，设置子坐标系的原点与工件坐标系的原点重合，即 G52 IP0；

数控机床的坐标系的关系如图 2-111 所示。

数控机床坐标系统 { 机床坐标系—G53（机床坐标系）
工件坐标系 { G92（工件坐标系的设定、变更）
G54～G59（工件坐标系）—G52 子坐标系

图 2-111　数控机床的坐标系的关系

例：刀具轨迹如图 2-112 所示。

O1;

G90 G54 G00 X0 Y0;

N1 X50. 0 Y150. 0;

N2 G52 X100. 0 Y50. 0;　　　子坐标系设定

N3 G90 G54 X50. 0 Y50. 0;

N4 G55 X50. 0 Y100. 0;

N5 G52 X0 Y0;　　子坐标系原点移动

N6 G54 X0 Y0;

M30;

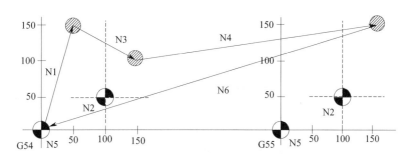

图 2-112　子坐标系使用

例：加工四角的四个孔（如图 2-113 所示）。程序原点位于左下点 A，4 个孔的位置以 B 点为基准，使用 G52 指令在 B 点建立子坐标系，使得编程变得容易。

O1;

G90 G54 G00 X0 Y0;　　　移动到 A 点

……

G52 X200. 0 Y100. 0;　　　B 点建立子坐标系

G90 G54 G00 X0 Y0;　　　移动到 B 点

……

加工四角的四个孔

……

G52 X0 Y0;　　　子坐标系原点移动到 A 点

G90 G54 G00 X0 Y0;　　　移动到 A 点

……

M30;

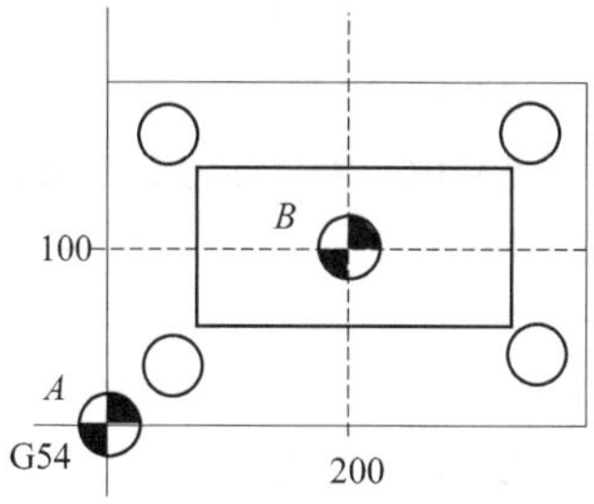

图 2-113　加工四角的四个孔

例：如图 2-114 所示，刀具从 G54 原点开始，加工孔，最后回到 G54 原点。刀具安全位置距工件表面 100mm，切削深度 10mm。

主程序：

O0190（MAIN）;

G90 G54 G17 G00 X0 Y0 S500 M03;

G43 Z100. 0 H01;

G52 X40. 0 Y65. 0;　　　建立子坐标系

M98P191;　　　调用子程序加工①位置处 4×φ8孔

G52 X60. 0 Y20. 0;　　　建立子坐标系

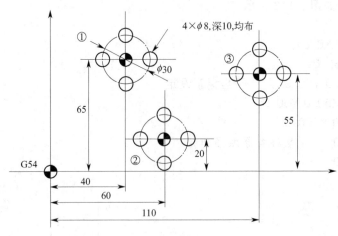

图 2-114　加工孔

M98P191;	调用子程序加工②位置处 4×φ8 孔
G52 X110. 0 Y55. 0;	建立子坐标系
M98P191;	调用子程序加工③位置处 4×φ8 孔
G52 X0 Y0;	取消子坐标系
G49 G00 X0 Y0 M05;	
M30;	

子程序（加工 4×φ8 孔）

O0191（SUB）;	
G90 X0 Y0;	
G99 G73 X15. 0 Z—10. 0 R2. 0 Q2. 0 F100;	使用啄式钻孔循环，返回到 R 点
X0 Y15. 0;	
X—15. 0 Y0:	
G98 X0 Y—15. 0;	最后一个孔加工完成后，返回到 Z 点
G80 X0 Y0;	取消钻孔固定循环
M99;	

2.5.3　极坐标（G15、G16）

在数控机床上，除了可以使用直角坐标以外，还可使用极坐标。对于圆周分布孔的加工，如果使用直角坐标编程，需要进行坐标计算，效率很低。实际上可以使用极坐标编程方法。极坐标通常作为控制器可选功能。

极坐标的格式：

当使用极坐标时，需要使用准备功能 G16 使极坐标模式有效（开）。当程序中不再需要它时，必须使用 G15 指令来终止（关）它。

G15：极坐标系统取消（关）

G16：极坐标系统（开）

极坐标设定要用 G17、G18、G19 选择极坐标所在平面。在选定平面的第一轴上确定极径，第二轴上确定角度。如用 G17，极坐标系所在平面为 XY 平面。X 地址 Δx 表示极径，Y 地址 Δy 表示极角。极径与极角可用绝对值（G90）或增量值（G91）确定。极坐标中心为工件坐标系的原点。

表 2-7 列出了所有三种平面选择。如果程序中没有选择平面，控制系统默认为 G17，即

XY 平面。

表 2-7　不同平面的极轴和极径

G 代码	选择平面	第一根轴	第二根轴
G17	XY	X＝半径	Y＝角度
G18	ZX	Z＝半径	X＝角度
G19	YZ	Y＝半径	Z＝角度

例：使用极坐标加工孔的一般模式为：

G17 G90 G16;　　　　　　　　　　　选择加工平面、绝对编程、极坐标开

G9 ＿ G8 ＿ X ＿ Y ＿ R ＿ Z ＿ F ＿;　孔加工循环，X ＿表示极径，Y ＿表示极角，工件坐标系的原点为极坐标中心

…;

G15 G80;　　　　　　　　　　　　极坐标关，取消钻孔固定循环

…;

例：如图 2-115 所示，钻 $4 \times \phi 7$ 通孔，深 13。

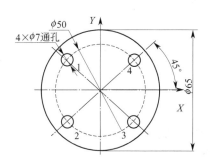

图 2-115　用极坐标加工螺栓圆周分布孔

方法 1：使用极坐标编程。

O0002

N102 G0 G17 G40 G49 G80 G90

N103 G43 Z30 H01

N106 G0 G90 G54 X0 Y0 S500 M3

N108 G16　　　　　　　　　　　　极坐标开

N109 G43 H1 Z30

N110 G99 G81 X25 Y135 Z－13 R3. F180.　加工与 X 轴夹角为 135°、半径为 25 的孔

N112 X25 Y225　　　　　　　　　加工与 X 轴夹角为 225°、半径为 25 的孔

N114 X25 Y－45　　　　　　　　　加工与 X 轴夹角为－45°、半径为 25 的孔

N116 G98X25 Y45　　　　　　　　加工与 X 轴夹角为 45°、半径为 25 的孔

N118 G80 G49

N119 G15　　　　　　　　　　　　极坐标关

N120 M5

N122 G91 G28 Z0.

N123 M30

方法 2：使用直角坐标，各孔中心的坐标如表 2-8 所示。

表 2-8　孔的坐标

孔序号	X	Y
1	−17.678	17.678
2	−17.678	−17.678
3	17.678	−17.678
4	17.678	17.678

```
O 0002;
N102 G0 G17 G40 G49 G80 G90;
N103 G43 Z30 H01;
N106 G0 G90 G54 X0 Y0 S500 M3;
N109 G43 H1 Z30;
N110 G99 G81 X−17.678 Y17.678 Z−13 R3. F180; .        加工 1 孔，返回 R 点
N112 X−17.678Y−17.678;                               加工 2 孔
N114 X 17.678Y−17.678;                               加工 3 孔
N116 G98X 17.678Y17.678;                             加工 4 孔，返回起始点
N118 G80 G49;
N120 M5;
N122 G91 G28 Z0.
N123 M30;
```

方法 3：使用宏程序。

```
O0002;
N102 G0 G17 G40 G49 G80 G90;
N106 G0 G90 G54 X0 Y0 S500 M3;
N109 G43 H1 Z30;
G65 P9100 X0.0 Y0.0 R30.0 Z−13.0 F180 I25.0 A0.0 B45.0 H4;
N120 M5;
N122 G91 G28 Z0.
N123 M30;
```

被调用的宏程序：

```
O9100;
#3= #4003;                                储存 03 组 G 代码
G81 Z#26 R#18 F#9 K0;                     钻孔循环
IF ［#3 EQ 90］ GOTO 1;                    在 G90 方式转移到 N1
#24= #5001+ #24;                          计算圆心的 X 坐标
#25= #5002+ #25;                          计算圆心的 Y 坐标
N1 WHILE ［#11 GT O］ DO 1;                直到剩余孔数为 0
#5= #24+ #4* COS ［#1］;                   计算 X 轴上的孔位
#6= #25+ #4* SIN ［#1］;                   计算 Y 轴上的孔位
G90 X#5 Y#6;                              移动到目标位置之后，执行钻孔
#1= #1+ #2;                               更新角度
#11= #11−1;                               孔数−1
END 1;
```

G# 3 G80;　　　　　　　　　　返回原始状态的 G 代码

M99;

技巧：由于加工中心比较适合箱体零件的加工，箱体上主要以孔加工为主，因此在加工圆周均布的通孔和螺纹底孔时，经常使用宏程序或极坐标编程。而使用直角坐标编程，由于经常需要进行计算，因此应当尽量少使用。

2.5.4　坐标系旋转（G68、G69）

当工件置于工作台上与坐标系形成一个角度时，可用旋转坐标系来实现（如图 2-116 所示）。这样，程序制作的时间及程序的长度都可以减少。G68 用于建立坐标系旋转，G69 用于取消坐标系旋转。

坐标系旋转格式：

G68 X ＿ Y ＿ R ＿;

X、Y：旋转中心坐标值（G90/G91 有效）。

R ：旋转角度。CCW 方向是正向，用绝对指令。角度的最小值为 $0.001°$，旋转范围为 $-360.000° \leqslant R \leqslant 360.000°$

当使用 G68 时，旋转平面取决于所选的平面（G17、G18、G19），G17、G18、G19 不需要与 G68 在同一段中。当使用 G18、G19 时，坐标系旋转的指令是：

G18　G68 X ＿ Y ＿ R ＿;

G19　G68 X ＿ Y ＿ R ＿;

当 X、Y 坐标省略时，G68 指令所在的位置为旋转中心。

当 R 省略时，参数被视为旋转角度。

坐标系旋转取消格式：G69;

G69 可与其他指令在同一段中使用。

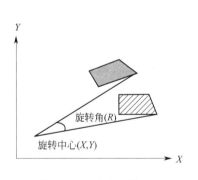

图 2-116　坐标系旋转

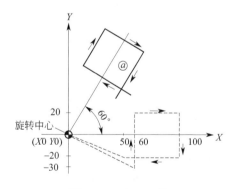

图 2-117　加工工件

例：如图 2-117 所示，刀具刀尖距工件表面 100mm（安全位置），切削深度 5mm。

O10;

G90 G54 G00 X0 Y0 S1000 M03;

G43 Z100. 0 H01;

G68 (X0 Y0) R60. 0;　　　　　以 G68 指令所在的位置为旋转中心

G01 G41 X60. 0 Y－30. 0 D01 F80;　左补，顺铣

Z－5. 0;

G01 Y20. 0 F100;

X100. 0;

Y-20. 0;
X50. 0;
G00 Z100. 0;
G40 X0 Y0;
G49;
G69;
M30;

例： 利用坐标系旋转，对图 2-118 所示的外形进行加工，为了简化程序，Z 轴方向的进刀等程序段省略。

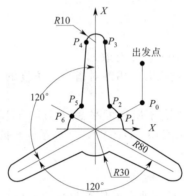

图 2-118   坐标旋转加工

图中的基点坐标如下：

点	X	Y
出发点	40	50
P_0	40	23. 094
P_1	25. 981	15
P_2	14. 752	26. 122
P_3	9. 962	80. 872
P_4	-9. 962	80. 872

主程序：

O1000;

N10 G92 X40. 0 Y50. 0;   建立工件坐标系

N20 G00 G90 X40. 0 Y23. 094; P_0

N30 G42 G01 X25. 981 Y15. 0 D __ F __;   右补，P_1

N40 M98 P2000;   调用子程序

N50 G68 X0. 0 Y0. 0 G91 R120;   坐标系旋转，旋转角度采用增量

N60 M98 P2000;   子程序调用

N70 G68 X0. 0 Y0. 0 G91 R120;

N80 M98 P2000;

N90 G69;   坐标系旋转取消

N100 G40 G01 X40. 0 Y50. 0;   取消刀径补，返回 P_0

N110 M30;

子程序：

O2000;

G03 X14.752 Y26.122 I-25.981 J-15.0;　　*P*₂

G01 X9.962 Y80.872;　　　　　　　　　　*P*₃

G03 X-9.962 Y80.872 R10.0;　　　　　　*P*₄

G01 X-14.752 Y26.122;　　　　　　　　*P*₅

G03 X-25.981 Y15.0 R30.0;　　　　　　*P*₆

M99;

提示： 在坐标系被旋转前使用的刀具补偿，在坐标系旋转后，刀具的长度、半径补偿或刀具位置仍然被使用。坐标系旋转平面必须与刀具补偿平面一致。

思考题与习题

（1）G00、G01 的区别是什么？

（2）简要说明 G92 与 G54～G59 设定工件坐标系的区别，主要适用的加工场合。

（3）卧式加工中心主要适合加工那些类型的零件，为什么？

（4）圆弧加工的 R 格式中，R 的取值为什么有正、负区分？

（5）整圆加工为什么不能使用一条 R 指令实现？

（6）一条模态指令在何种情况下，被其他指令替代？

（7）一个完整程序，应当包含哪些内容？请通过编制铣削整圆程序，说明程序的结构。

（8）请说明以下几种孔加工所使用的 G 代码：普通钻孔、断屑钻孔、深孔钻孔、扩孔、铰孔、粗镗孔、精镗孔、镗台阶孔、攻右螺纹。

（9）刀具半径补偿建立的条件。

（10）下列说法是否正确？

① G43 正补偿相当于工件坐标系沿 Z 轴平移一个刀具补偿值。

② 通过改变刀具半径补偿值，可以使用一把铣刀，完成粗、半精、精铣。

③ 刀具半径补偿建立可以在圆弧运动中实现。

④ 孔加工固定循环可以使用其他指令编写程序实现。

⑤ 子程序调用的次数不受限制。

⑥ 为了方便子程序调用，子程序一般采用相对坐标编写。

⑦ 为了使刀柄在主轴中固定牢靠，防止加工中掉刀，刀柄的锥度在主轴孔中需要自锁。

⑧ 精镗孔必须使用单刃镗刀。

⑨ 加工中心的刀具使用 G43 时，刀具补偿值均为负值。

（11）简要说明 G53、G54-G59、G52 的区别，适用的场合。

（12）简单编程

使用 G00、G01、G02、G03 编写绘制图 1～图 3 所示形状的程序，起刀点：X-10/Y-10，不考虑 Z 向尺寸。

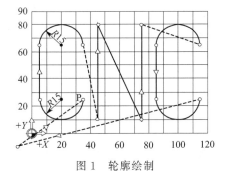

图 1　轮廓绘制

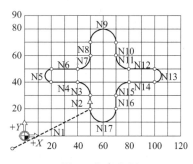

图 2　轮廓绘制

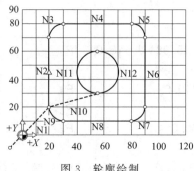

图 3　轮廓绘制

（13）编程

使用 $\phi20$ 立铣刀铣削图 4、图 5 零件外形，铣削深度分别为 10、5，要求：使用刀具长度、半径补偿，图 5 零件 110h7 尺寸公差采用中差编程。

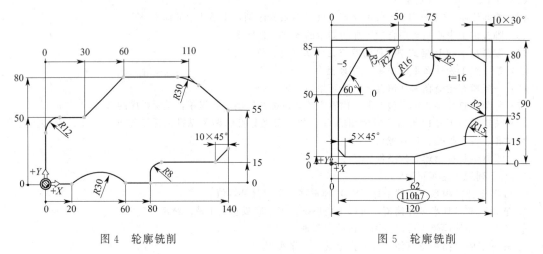

图 4　轮廓铣削　　　　　　　　　　　　　图 5　轮廓铣削

（14）编程

图 6 使用 $\phi8$ 钻头钻孔，钻孔深度 10；图 7 使用 $\phi10$ 立铣刀铣槽，要求：使用刀具长度补偿、子程序调用。

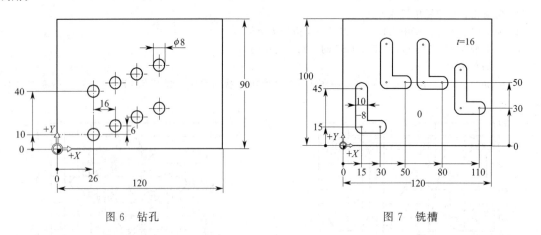

图 6　钻孔　　　　　　　　　　　　　　　图 7　铣槽

（15）加工中心编程

使用 $\phi25$mm 铣刀、$\phi12$mm 定心钻、$\phi8$mm 钻头加工图 8 所示零件的深 3、7mm 台阶面和 $6\times\phi8$ 孔并孔口倒角。（提示：$\phi12$mm 定心钻可同时完成定心孔和孔口倒角加工）

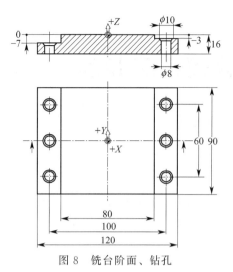

图 8　铣台阶面、钻孔

（16）加工中心编程

使用 $\phi 12\text{mm}$ 键槽铣刀、$\phi 12\text{mm}$ 钻头加工图 9 所示的零件。

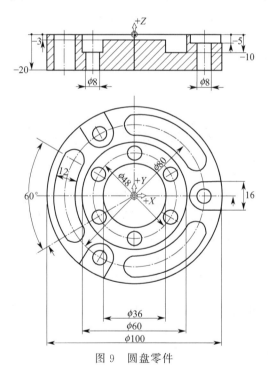

图 9　圆盘零件

第3章　数控铣床和加工中心编程应用

本章主要从刀具的选择、工件的装夹、加工的方法来介绍二维加工，主要的内容有平面铣削，内、外轮廓加工，孔、槽的加工。

3.1　平面铣削

零件的平面有非加工平面和加工平面两种。加工平面就是有一定的精度要求和粗糙度要求的平面，需通过机械加工途径来获得。平面类零件是数控铣削加工对象中最主要、也是较简单的一类，一般只需用三轴数控铣床的两轴联动（即两轴半坐标加工）就可以加工。

3.1.1　常用的装夹装置和方法

在数控铣床和加工中心上加工平面时，安装工件常用精密虎钳和压板螺栓。对于一些复杂、精密虎钳和压板螺栓无法安装的工件，可以使用组合夹具和专用夹具。

（1）精密虎钳

精密虎钳安装工件如图 3-1 所示，它主要由固定钳口、活动钳口等组成。精密机床虎钳在数控机床上的设置过程如下。

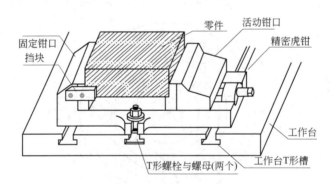

图 3-1　精密虎钳安装工件

精密机床虎钳底座下镶有定位键。安装时，将定位键放在工作台的 T 形槽内即可在铣床上获得正确位置。或安装时人工对正（对于卧式加工中心，应使用 90°弯板，并使虎钳的活动钳口位于上方）。用 T 形螺栓和螺母将虎钳紧固。调节定位、夹紧挡块，然后将零件放在虎钳两钳口之间并夹紧。

精密虎钳是数控铣床的主要附件，适宜安装形状简单、形状规则、尺寸较小的工件。

（2）压板螺栓安装工件

对于大型工件或精密虎钳难以安装的工件，可用压板螺栓将工件直接固定在工作台上进行加工，如图 3-2 所示。压板和螺栓的设置过程如下。

将定位销固定到机床的 T 形槽中，并将垫板放到工作台上。选择合适的压板、台阶形垫块和 T 形螺栓，并将它们安放到对应的位置，将零件夹紧（如果夹紧面是精加工后的面，要用垫片保护该面）。

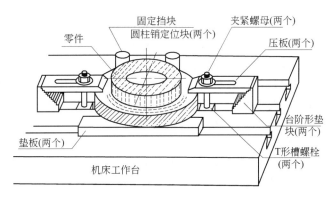

图 3-2　压板螺栓安装工件

3.1.2　平面和台阶面铣削加工

（1）铣削刀具

铣刀是一种多刃刀具。铣削时有几个刀齿同时参加工作，生产率比较高。在每一转中，刀齿只参加一次切削，大部分时间处于停歇状态，因此散热较好。铣刀切削时，每个刀齿的切削厚度是变化的，刀齿切入或切出时产生冲击，所以，铣削过程不平稳，容易产生振动。

（2）铣刀主要参数的选择

数控铣床上铣削平面时，使用最多的是可转位面铣刀和立铣刀（如图 3-3 所示），有时也可使用键槽铣刀，但由于键槽铣刀刀齿数比较少，铣削平面时振动比较大，铣削进给速度比较低，一般很少使用。因此，这里重点介绍面铣刀和立铣刀参数的选择。

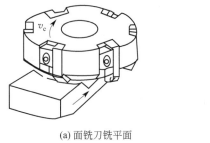
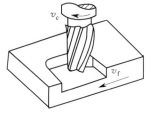

(a) 面铣刀铣平面　　　　　　　　　　　　　(b) 立铣刀铣凹槽平面

图 3-3　平面铣削加工

① 面铣刀主要参数的选择。

a. 刀具的材料：刀具的材料（刀具本身的物质）是刀具的主要特性，不论刀具是否具有涂层或刀具成本有多少，对于铣削操作，它都起到至关重要的作用。

b. 铣刀直径：标准可转位面铣刀直径为 $\phi16\sim630$mm，应根据径向吃刀量 a_e 选择适当的铣刀直径，尽量包容工件整个加工宽度，以提高加工精度和效率，减小相邻两次进给之间的接刀痕迹和保证铣刀的耐用度。

c. 齿数：可转位面铣刀有粗齿、细齿和密齿三种。粗齿铣刀容屑空间较大，常用于粗铣钢件，粗铣带断续表面的铸件和在平稳条件下铣削钢件时，可选用细齿铣刀。密齿铣刀的每齿进给量较小，主要用于加工薄壁铸件。

d. 面铣刀几何角度：前角的选择原则与车刀基本相同，只是由于铣削时有冲击，故前角数值一般比车刀略小，尤其是硬质合金面铣刀，前角数值减小得更多些。铣削强度和硬度都高的材料可选用负前角。

② 立铣刀主要参数的选择。

a. 刀具的材料：刀具的材料（刀具本身的物质）是刀具的主要特性，不论刀具是否具有涂层或刀具成本有多少，对于铣削操作，它都起到至关重要的作用。

b. 前角、后角：立铣刀前、后角都为正值，分别根据工件材料和铣刀直径选取，加工钢等韧性材料，前角比较大，加工铸铁等脆性材料，前角比较小，前角一般在 $10°\sim25°$，后角与铣刀直径有关，直径小时后角大，直径大时后角小，后角一般在 $15°\sim25°$。

c. 刀具总长：如果操作允许，尽量使用较短的端铣刀，以减小铣削过程中的偏差，所以尽可能选用短型端铣刀以节约刀具成本。

d. 刀槽的数目：刀具刀槽数目的增多会使切屑不易排出，但能在进给程度不变的情况下提高加工表面的质量。两槽和四槽刀具较为常见。不同的材料所适用的刀具的槽数是不同的，应针对加工的材料选择适当的槽数。

两槽：具有最大的排屑空间。多用于普通的铣削操作和较软材料的铣削操作。

三槽：非常适用于开孔操作，也适用于普通的铣削操作。排屑性能和加工质量介于中间。

四槽：适用于较硬的铁金属操作，加工质量较高。

六槽和八槽：大数目刀槽的刀具排屑能力减小，而成品的表面质量有了提高，这样的刀具特别适合做最终成品的加工。

（3）顺铣和逆铣

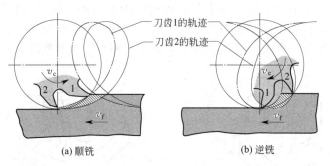

图 3-4　顺铣和逆铣

顺铣和逆铣如图 3-4 所示。

① 顺铣的特点

a. 切削厚度由大到小。

b. 刀齿在工件上走过的路程短。

c. 普通铣床工作台会产生窜动（数控机床采用滚珠丝杠，很好地解决了丝杠螺母副的背隙，不存在工作台窜动问题）。

d. 不宜加工有硬皮的工件。

e. 平均切削厚度大，切削变形较小。

f. 功率消耗要少些（铣削碳钢时，功率消耗可减少 5%，铣削难加工材料时可减少 14%）。

② 逆铣的特点

a. 切削厚度由小到大。

b. 刀齿在工件上走过的路程长。

c. 刀具易磨损，已加工表面的冷硬现象较严重。

由于逆铣刀具对已加工表面的摩擦和挤压，容易破坏工件表面的粗糙度，工件表面冷硬现象较严重，存在应力。逆铣表面质量比顺铣差。

3.1.3　平面铣削的进刀方式

平面铣削进刀方式可分为五种，分别为一刀式铣削、双向多次切削、单侧顺铣、单侧逆铣、顺铣法。

对于大平面，如果铣刀的直径大于工件的宽度，铣刀能够一次切除整个大平面，因此在同一深度不需要多次走刀，一般采用一刀式铣削。

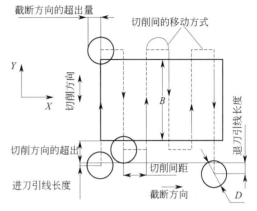

图 3-5　大平面铣削参数

如果铣刀的直径相对比较小，不能一次切除整个大平面，因此在同一深度需要多次走刀。走刀常见的几种方法为双向多次切削、单侧顺铣、单侧逆铣、顺铣法，且每一种方法在特定环境下具有不同的加工条件。

（1）大平面铣削参数

最典型的大平面铣削为图 3-5 所示的大平面双向多次切削，其中的铣削参数共有八个，它们分别为：切削方向，截断方向，切削间距，切削间的移动方式，截断方向的超出量，切削方向的超出，进刀、退刀引线长度。这八个参数中包含了其他的几种大平面铣削方法的所有参数。一般为了编程方便，取截断方向工件两侧的超出量相同，切削间距平均分配。

（2）一刀式铣削

一刀式铣削平面，它实际上是对称铣削平面。一刀式铣削的切削参数主要有：切削方向，截断方向，切削方向的超出，进刀、退刀引线长度。一刀式铣削分为粗铣和精铣，粗、精铣的切削参数有所不同，刀具走刀路线也不同，如图 3-6（a）所示。粗铣，铣刀不需要完全铣出工件，图 3-6（b）为精铣，铣刀需要完全铣出工件。

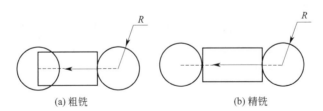

(a) 粗铣　　　　　　　　　　　　　(b) 精铣

图 3-6　一刀式铣削

粗铣时的主要参数要求如下：

进刀引线长度＋切削方向的超出＞R，一般取 R＋（3～5），退刀引线长度＋切削方向的超出≥0，一般取 0。

精铣时的主要参数要求如下：

进刀引线长度＋切削方向的超出＞R，退刀引线长度＋切削方向的超出＞R，一般取 R＋（3～5）。

例：如图 3-7 所示，铣削 100×50 平面，采用一刀式铣削。粗铣深度 3，精铣深度 2。

O0001

N100 G21　　　　　　　　　　　　　　　　公制

N102 G0 G17 G40 G49 G80 G90　　　　　　系统初始化，设定工作环境

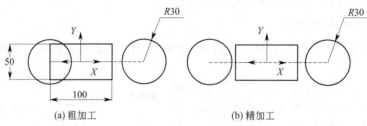

(a) 粗加工　　　　　　　　　　　(b) 精加工

图 3-7　一刀式铣削平面

N106 G0 G90 G54 X83. Y0. S350 M3	粗铣：进刀引线长度+ 切削方向的超出= 33
N108 G43 H01 Z50.	安全高度加刀长补
N110 Z3.	Z 轴参考高度（Z 轴进刀点）
N112 G1 Z—3. F200.	
N114 X—50. F80	粗铣，退刀引线长度= 0，粗铣加工完成
N118 G0 Z50.	
N120 X83.	精铣，进刀引线长度+ 切削方向的超出= 33
N122 Z3.	
N124 G1 Z—5. F200.	
N126 X—83. F80	精铣，退刀引线长度+ 切削方向的超出= 33
N130 G0 Z50.	
N132 M5	
N134 G49	
N136 G91 G28 Z0.	
N138 M30	

提示： 粗、精铣退刀引线长度＋切削方向的超出值不同，主要由粗、精加工的特点决定，粗加工主要考虑加工效率，为精加工做好技术准备；精加工主要保证零件的加工质量。

（3）双向多次切削

双向多次切削也称 Z 或弓形切削，它的应用也很频繁。切削时顺序为顺铣改为逆铣，或者逆铣改为顺铣，顺铣和逆铣交替进行，如图 3-8 所示。切削平面时，通常并不推荐使用它。图 3-8(a) 为粗铣，铣刀不需要完全铣出工件，图 3-8(b) 为精铣，铣刀需要完全铣出工件。

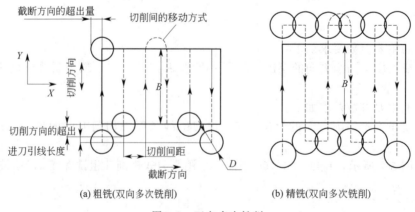

(a) 粗铣(双向多次铣削)　　　　　　(b) 精铣(双向多次铣削)

图 3-8　双向多次铣削

切削方向可以沿 X 轴或 Y 轴方向，它们的原理完全一样。

双向多次切削除了与一刀式铣削的主要参数相同以外，还包括以下几个主要参数：切削间距，切削间的移动方式，截断方向的超出量。粗、精铣时，切削间距<D（刀具直径）。为了编程方便，切削间的移动方式一般为直线，截断方向的超出量一般取50%D。

例：如图 3-9 所示，铣削 100×50 平面，立铣刀直径为 $\phi20$，采用双向多次切削。粗铣深度 3，精铣深度 2。

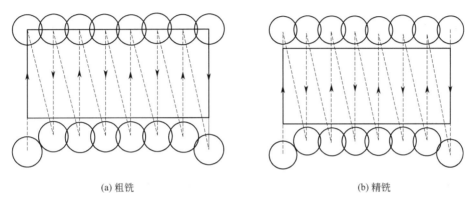

(a) 粗铣　　　　　　　　　　　　　　(b) 精铣

图 3-9　双向多次切削

O0001

N102 G0 G17 G40 G49 G80 G90

N106 G0 G90 G54 X－50. 0 Y－38. S800 M3　　粗铣：进刀引线长度+ 切削方向的超出= 13

N108 G43 H1 Z50.

N110 Z3.

N112 G1 Z－3. F200.

N114 Y25. F80.

N116 X－35. 713　　　　　　　　　　　切削间距= 100/7= 14. 287

N118 Y－25.

N120 X－21. 426

N122 Y25.

N124 X－7. 139

N126 Y－25.

N128 X7. 139

N130 Y25.

N132 X21. 426

N134 Y－25.

N136 X35. 713

N138 Y25.

N140 X50. 0

N142 Y－38.　　　　　　　　　　　　　粗铣完成

N144 G0 Z50.

N148 X－50. Y－38.　　　　　　　　　　开始精铣加工

N150 Z3.

N152 G1 Z－5. F200.

N154 Y28. F100

N156 X－35.713

N158 Y－28.

N160 X－21.426

N162 Y28.

N164 X－7.139

N166 Y－28.

N168 X7.139

N170 Y28.

N172 X21.426

N174 Y－28.

N176 X35.713

N178 Y28.

N180 X50.

N182 Y－38.

N186 G0 Z50.　　　　　　　　　　　　　　精铣加工完成

N188 M5

N190 G91 G28 Z0.

N194 M30

切削方向超出＝3

切削间距＝100/7＝14.287

技巧：切削间距一般可按总长度/间隔次数来计算。

（4）单侧顺铣、逆铣

单侧顺铣、逆铣的进刀点在一根轴的同一位置上，切削到长度后，刀具抬刀，在工件上方移动改变另一根轴的位置。这是平面铣削最为常见的方法，单侧铣削分为顺铣和逆铣，图3-10为单侧顺铣，单侧逆铣只需要将进刀位置移到工件的另一侧。单侧铣削需要频繁的快速返回运动，导致效率很低。

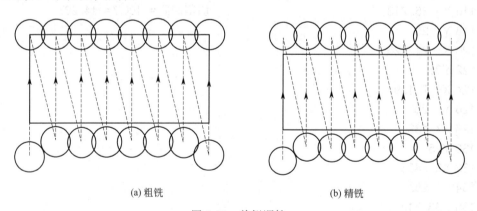

(a) 粗铣　　　　　　　　　　　　　　　(b) 精铣

图 3-10　单侧顺铣

单侧顺铣与双向多次切削考虑的参数基本相同，只需要考虑粗、精加工时铣削的切削方向的超出。

例：如图3-11所示，铣削100×50平面，立铣刀直径为φ20，采用单侧逆铣。铣削深度3。

O0001

N102 G0 G17 G40 G49 G80 G90

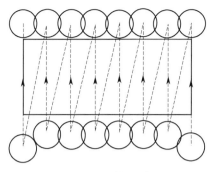

图 3-11　单侧逆铣

N106 G0 G90 G54 X50. Y－50. S800 M3　　　移动到开始位置
N108 G43 H1 Z50.
N110 Z3.
N112 G1 Z－3. F200.
N114 Y38. F80.
N116 G0 Z50.
N118 X35. 713 Y－38.　　　　　　　　从 N106～N118 完成第一次逆铣
N120 Z3.
N122 G1 Z－3. F200.
N124 Y38. F80.
N126 G0 Z50.
N128 X21. 426 Y－38.　　　　　　　　从 N118～N128 完成第二次逆铣
N130 Z3.
N132 G1 Z－3. F200.
N134 Y38. F80.
N136 G0 Z50.
N138 X7. 139 Y－38.
N140 Z3.
N142 G1 Z－3. F200.
N144 Y38. F80.
N146 G0 Z50.
N148 X－7. 139 Y－38.
N150 Z3.
N152 G1 Z－3. F200.
N154 Y38. F80.
N156 G0 Z50.
N158 X－21. 426 Y－38.
N160 Z3.
N162 G1 Z－3. F200.
N164 Y38. F80.
N166 G0 Z50.
N168 X－35. 713 Y－38.
N170 Z3.

N172 G1 Z−3. F200.

N174 Y38. F80.

N176 G0 Z50.

N178 X−50. 0 Y−50.

N182 G1 Z−3. F200.

N184 Z3.

N184 Y38. F80.

N186 G0 Z50.

N188 M5

N190 G91 G28 Z0.

N194 M30

（5）顺铣法

另外有一种效率较高的方法可以只在一种模式（通常为顺铣方式）下切削。使用这种方法时，它融合了前面的双向铣削和单侧顺铣两种方法，如图 3-12 所示。

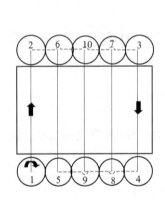

图 3-12　顺铣法

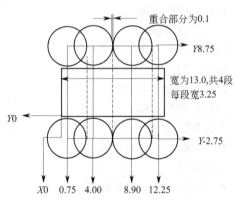

图 3-13　走刀路线

图 3-12 中表示了所有刀具运动的顺序和方法，这种方法的理念是让每次切削的宽度大概相同，任何时刻都只有大约 2/3 的直径参与切削，并且始终为顺铣方式。

例：根据图 3-13，编写程序。

O2802

N1 G20　　　　　　　　　　　　　　　　　　（英制）

N2 G17 G40 G80

N3 G90 G54 G00 X0. 75 Y−2. 75 S344 M03　　（位置 1）

N4 G43 Z1. 0 H01

N5 G01 Z−0. 2 F50. 0 M08　　　　　　　　　（铣削深度 0. 2）

N6 Y8. 75 F21. 0　　　　　　　　　　　　　（位置 2）

N7 G00 X12. 25　　　　　　　　　　　　　　（位置 3）

N8 G01 Y−2. 75　　　　　　　　　　　　　　（位置 4）

N9 G00 X4. 0　　　　　　　　　　　　　　　（位置 5）

N10 G01 Y8. 75　　　　　　　　　　　　　　（位置 6）

N11 G00 X8. 9　　　　　　　　　　　　　　　（位置 7，工件两侧超出 0. 1）

N12 G01 Y−2. 75　　　　　　　　　　　　　　（位置 8，结束）

N13 G00 Z1. 0 M09

N14 G91 G28 X0 Y0 Z0

N15 M05

N16 M30

上面的例子可以选择沿 X 轴方向加工,这样可以缩短程序,但是为了举例说明,选择 Y 轴比较方便。

3.1.4　加工实例

如图 3-14 所示,零件为 45 钢,毛坯为圆钢料,无热处理和硬度要求。

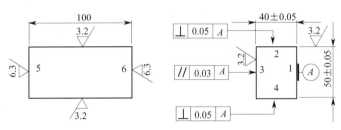

图 3-14　平面零件

(1) 工艺分析

平面零件的工艺分析如下:

① 基准　1 平面为设计基准,2、4 平面与 1 平面有垂直度要求,3 平面与 1 平面有平行度要求。为了保证垂直度、平行度要求,在用虎钳装夹工件时,始终以 1 平面为主要定位基准。同时,1 平面也作为垂直度、平行度测量的基准,使得设计基准与加工基准和测量基准重合。

由于 1 平面即是设计基准、加工基准和测量基准,1 平面的平面度尽管在图纸中没有要求,但根据形状误差小于位置公差的原则,1 平面应当有平面度要求,平面度误差值应当小于 3 平面与 1 平面有平行度 0.03 的要求。

② 选用毛坯圆钢料的直径　根据"勾股定理",如图 3-15 所示,圆钢料的直径 ϕD 可以进行计算,并根据计算结果,选择圆钢料的直径。圆钢料的直径:

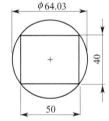

$$\phi D = \sqrt{50^2 + 40^2}$$
$$\phi D = 64.03$$

根据计算结果,查材料手册,最靠近 ϕD (64.03) 的尺寸为 $\phi 65$,因此,毛坯圆钢料的直径选用 $\phi 65$。

图 3-15　圆钢料
直径的计算

③ 加工工艺过程　图 3-14 所示平面零件的加工工艺如表 3-1 所示。

表 3-1　工艺规程

工序	工序内容	机器设备	夹具	刀具	量具	备　　注
1	锯工件长度为 100	普通锯床	略	略	普通游标卡尺	
2	粗、半精铣、精铣 1 平面,保证平面度 0.015(工艺要求)	数控铣床	精密虎钳	$\phi 60$ 面铣刀	普通游标卡尺	在检验平台上,用塞尺检查平面度,用直角尺的尺口检查直线度
3	粗、半精铣、精铣 2 平面,保证垂直度 0.05	数控铣床	精密虎钳	$\phi 60$ 面铣刀	普通游标卡尺	在检验平台上,用直角尺配合塞尺检查垂直度
4	粗、半精铣、精铣 4 平面,保证垂直度 0.05 和 50 尺寸公差	数控铣床	精密虎钳	$\phi 60$ 面铣刀	25~50 外径千分尺	在检验平台上,用直角尺配合塞尺检查垂直度
5	粗、半精铣、精铣 3 平面,保证平行度 0.03 和 40 尺寸公差	数控车床	精密虎钳	$\phi 60$ 面铣刀	25~50 内径千分尺	在检验平台上,用固定在高度尺上的千分表检查平行度

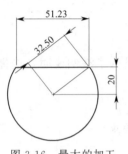

图 3-16 最大的加工
平面宽度

④ 刀具及切削用量的选择　　刀具的类型选择根据加工零件的特征来确定，由于加工的平面比较宽，采用面铣刀。加工零件的材质为 45 钢，可转位刀片的材料选用 YT 系列，加工中连续加冷却液。面铣刀的直径通过计算被加工面的最大宽度来确定。加工的最大宽度在 1、3 加工面上确定，如图 3-16 所示，最大宽度可用勾股定理来确定，计算结果为 51.23。平面采用一刀式铣削，铣削宽度应为铣刀直径的 2/3 左右，面铣刀的直径选用 $\phi60$。

加工 1 平面时铣削的加工余量比较多，厚度为 32.5−20＝12.5，需要进行分层铣削，根据切削用量的选择原则，首先选用背吃刀量，然后选用进给速度，最后考虑刀具的切削速度。最终的切削用量见表 3-2。表 3-2 仅仅列出了加工 1 平面的切削用量，其他平面的切削用量与 1 平面基本相同，在此，就不一一列出。

表 3-2　切削用量

刀具类型	铣削类型	刀齿数	主轴转速 /(r/min)＜	背吃刀量/mm	进给速度 /(mm/min)＜
面铣刀	粗铣	4	500	6.5	160
面铣刀	半精铣	4	500	5.5	160
面铣刀	精铣	4	800	0.5	160

（2）装夹方法和定位基准

工件以定钳口和垫块为定位面，动钳口将工件夹紧，垫块的厚度应保证，加工后的表面距钳口的距离为 3mm，如图 3-17 所示。虎钳的定钳口需要进行检测，如图 3-18 所示，确保定钳口与工作台的垂直度、平行度。虎钳的底平面与工作台的平行度也要进行检测。垫块应经过平行度检验，使用时，应尽量减少垫块的数量。

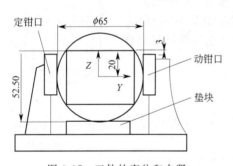

图 3-17　工件的定位和夹紧

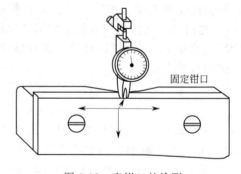

图 3-18　定钳口的检测

（3）走刀路线

该零件为单件生产，工件坐标系的原点设在工件的中心，X 轴设在轴心线上，如图 3-17 所示。加工共分为两次粗加工和一次精加工，为了提高加工效率，从工件两侧下刀；为了缩短加工程序，采用子程序调用。

（4）编程

O0001
N100 G21
N102 G0 G17 G40 G49 G80 G90
N104 M8　　　　　　　　　　　　　　切削液开
N108 G0 G90 G54 X−85. Y0. S350 M3　进刀引线长度+ 切削方向的超出= 35

N110 G43 H1 Z100.　　　　　　　安全高度

N112 Z35. 5　　　　　　　　　　距毛坯表面 3

N114 G1 Z26. F200.　　　　　　铣削深度为 6. 5

N116 M98 P1001　　　　　　　　调用子程序

N118 G90 Z20. 5 F200.

N120 M98 P1002

N122 G90 Z20. F200.

N124 M98 P1001

N142 G0 G90 Z100.

N144 M9

N146 M5

N148 G91 G28 Z0.

N150 G28 X0. Y0.

N152 M30

子程序（从 $-X$ 方向向 $+X$ 方向铣削）：

O1001

N100 G91

N102 X170. F120.　　　　　　退刀引线长度+ 切削方向的超出= 35

N104 M99

子程序（从 $+X$ 方向向 $-X$ 方向铣削）：

O1002

N100 G91

N102 X$-$170. F120.

N104 M99

技巧：为了减少走刀路线，从工件的两侧下刀，粗、精铣时，铣刀需要完全铣出工件。

（5）2、3、4 面的铣削

2、4 面的铣削装夹如图 3-19 所示，与 1 面的装夹方法基本相同，由于已经有加工过的面，定位时需要特别注意确定哪一个面为主定位面，哪一个是次定位面。

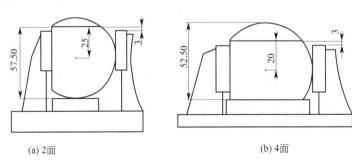

(a) 2面　　　　　　　　　　　　　　(b) 4面

图 3-19　2、4 面的装夹

3. 2　轮廓铣削加工

　　轮廓铣削加工主要指内轮廓、外轮廓的铣削加工，所涉及的加工知识要求比较高，编程难度大，编程时需要注意以下几方面。

3.2.1　刀具的走刀路线

如图 3-20 所示，当铣削平面零件外轮廓时，一般采用立铣刀侧刃切削。刀具切入工件时，应避免沿零件外廓的法向切入，而应沿外廓曲线延长线的切向切入，以避免在切入处产生刀具的刻痕而影响表面质量，保证零件外轮廓曲线平滑过渡。同理，在切离工件时，也应避免在工件的轮廓处直接退刀，而应该沿零件轮廓延长线的切向逐渐切离工件。

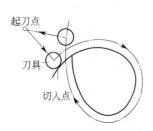

图 3-20　外轮廓加工刀具的切入和切出

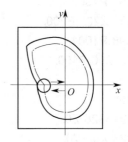

图 3-21　内轮廓加工刀具的切入和切出

铣削封闭的内轮廓表面时，若内轮廓曲线允许外延，则应沿切线方向切入切出。如内轮廓曲线不允许外延（见图 3-21），则刀具只能沿内轮廓曲线的法向切入切出，此时刀具的切入切出点应尽量选在内轮廓曲线两极和元素的交点处。当内部几何元素相切无交点时，如图 3-22(a) 所示，取消刀补会在轮廓拐角处留下凹口，应使刀具切入切出点远离拐角，如图 3-22(b) 所示。

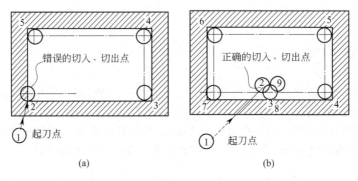

(a)　　　　　　　　　　　　　　　(b)

图 3-22　内轮廓加工刀具的切入和切出

图 3-23 所示为圆弧插补方式铣削外整圆时的走刀路线。采用直线切入、切出。切入、切出时让刀具沿切入点的切线方向运动一段距离。主要用来建立和取消刀径补。铣削内圆弧时也要遵循从切向切入的原则，采用圆弧切入、切出（见图 3-24），由于刀具半径补偿不能在圆弧运动中启动，也不能在圆弧运动中取消，因此必须添加直线到切入和切出运动，在该直线运动中实现刀具半径补偿的启动和取消，这样可以提高接刀点的表面质量。

圆弧切入、切出需要特别注意以下两点：

① 刀具半径应该小于切入切出直线运动的距离，才可以保证刀具半径补偿的建立和取消。

② 切入圆弧和切出圆弧的半径与刀具半径的关系为：

$$R_t < R_a$$

式中　R_a——趋近圆弧的半径；

　　　R_t——刀具半径。

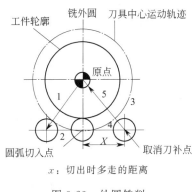

x：切出时多走的距离

图 3-23 外圆铣削

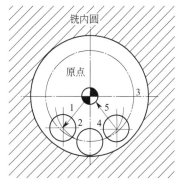

图 3-24 内圆铣削

技巧：一般来说，轮廓的切入、切出，可采用直线、圆弧、法向。但由于外轮廓受加工空间的限制相对于内轮廓比较少，使用起来比较灵活。

轮廓加工的刀具半径补偿建立、取消的两个条件为：使用 G00 或 G01；移动的长度大于刀具的半径值。

3.2.2 轮廓粗加工新型刀具——波形立铣刀

轮廓粗加工新型刀具——波形立铣刀如图 3-25 所示，波形立铣刀具有以下几个特点：

① 切削平稳，减振性好。切屑断成细小的碎片，提高了抑制颤振能力，大大地减小了振动和噪声。

② 切削中所需的切削力小。切削过程中刀刃各点是逐渐切入工件的，所以切削力是逐渐增加的（而普通立铣刀的切削力则是瞬间达到峰值）。

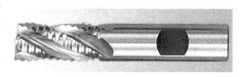

图 3-25 波形立铣刀

③ 刀具耐用度高。波形刃的表面积增大，散热条件好；同时冷却液沿着波形刃的波峰与波谷各表面很容易进入切削区域，冷却和润滑的效果好。

④ 切削效率高。波形切削刃切削加工后产生的切屑被断成细小的碎片，故改善了排屑性能，使切削平稳，切削变形力小，产生的切削热少，磨损也轻。

3.2.3 轮廓精加工采用顺铣

对于轮廓精加工，采用顺铣表面的质量比较高，应当尽量使用。数控机床采用滚珠丝杠（如图 3-26 所示），消除了丝杠与螺母的配合间隙，精铣时普遍采用顺铣。

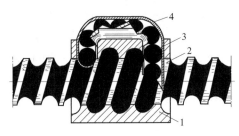

图 3-26 滚珠丝杠副

1—螺母；2—丝杠；3—滚珠；4—滚珠循环装置

提示：需要记忆

外轮廓、刀具走刀路线顺时针、顺铣、刀具补偿 G41；

内轮廓、刀具走刀路线逆时针、顺铣、刀具补偿 G41。

3.2.4 铣刀螺旋槽的数量

选择立铣刀时，尤其是加工中等硬度材料时，首先应该考虑螺旋槽的数量。小直径或中等直径的立铣刀最值得注意，在该尺寸范围内，立铣刀有两个、三个和四个螺旋槽结构，这几种结构的优点是什么呢？这里材料类型是决定因素。

一方面，立铣刀螺旋槽越少，越可避免在切削量较大时产生积屑瘤。原因很简单，因为螺旋槽之间的空间较大。另一方面，螺旋槽越少，编程的进给率就越小。在加工软的非铁材料，如铝、镁甚至铜时，避免产生积屑瘤很重要，所以两螺旋槽的立铣刀可能是唯一的选择，尽管这样会降低进给率。

对较硬的材料刚好相反，因为它需要考虑另外两个因素——刀具颤振和刀具偏移。毫无疑问，在加工含铁材料时，选择多螺旋槽立铣刀会减小刀具的颤振和偏移。

不管螺旋槽数量的多少，通常大直径刀具比小直径刀具刚性好，加工时，刀具偏斜要小。此外，立铣刀的有效长度（夹具表面以外的长度）也很重要，刀具越长，偏移越大。对所有的刀具都是如此。

3.2.5 圆弧插补的进给率

在程序中，选择刀具的切削进给率一般并不考虑加工半径，圆弧插补和直线插补的进给率是一样的。当表面加工质量要求比较高时，必须考虑零件图中每个半径的尺寸。

在铣削加工中，铣刀半径通常都较大。如果使用大径刀具加工小半径的外圆，此时刀具中心轨迹形成的圆弧将比图纸中的圆弧长很多，进给率可以上调；同样，如果使用大的刀具直径加工内圆弧，那么刀具中心轨迹形成的圆弧比图纸中的圆弧小很多，切削进给率需要下调。

这样一来，就要改变此前直线运动和圆弧运动使用同一编程进给率的做法，即切削进给率可以上调，也可以下调。

在标准的编程中，进给率的公式为：

$$F_1 = SF_tN$$

式中　F_1——直线插补进给率，mm/min；

　　　S——主轴转速，r/min；

　　　F_t——每齿进给率；

　　　N——切削刃的数量。

圆弧进给率调整的基本规则是：外圆弧增大，内圆弧减小，如图 3-27 所示。

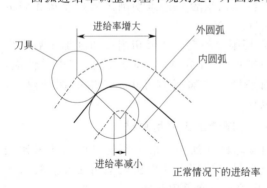

图 3-27　圆弧插补进给率

可以使用下面两个公式计算调整后的进给率，从数学上说，等同于直线进给率。两个公式分别适用于外圆弧和内圆弧加工，但不适用于实体材料的粗加工。

（1）外圆加工的进给率

加工外圆时需要提高进给率：

$$F_o = F_1(R+r)/R$$

式中　F_o——外圆弧的进给率；

　　　F_1——直线插补进给率；

　　　R——工件外半径；

　　　r——刀具半径。

例：如果直线插补进给率为 350mm/min，外半径为 10，那么 $\phi20$ 的刀具上调的进给率为：

$$F_o = 350 \times (10+10)/10 = 700$$

结果的增幅是很大的，提高到 700，整整是原来的两倍。

（2）内圆加工的进给率

对于内圆弧，调整后的进给率要比直线运动的进给率低，它根据以下公式计算：

$$F_i = F_1(R-r)/R$$

式中　F_i——内圆弧的进给率；

　　　F_1——直线插补进给率；

　　　R——工件内半径；

　　　r——刀具半径。

例：如果直线插补进给率为 350mm/min，内半径为 20，那么 $\phi10$ 的刀具下调后的进给率为：

$$F_i=350\times(20-5)/20=262$$

因此程序中地址 F 的值为 F262。

3.2.6　加工实例

例：如图 3-28 所示，加工外轮廓，分别采用直线切入、切出，圆弧切入、切出，法向切入、切出三种方法编制程序。

方法 1：如图 3-28 所示，直线切入、切出，保证接点（P_1）光滑，采用顺铣，保证加工面的粗糙度。

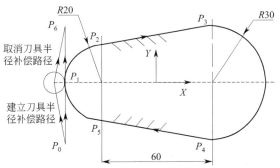

图 3-28　直线切入、切出

点	X	Y
P_0	-50	-30.0
P_1	-50	0
P_2	-33.333	19.720
P_3	25.0	29.58
P_4	25.0	-29.580
P_5	-33.333	-19.720
P_6	-50	30.0

程序：

O0001

G21

G0 G17 G40 G49 G80 G90

G0 Z50.　　　　　　　　　　　　安全位置

G0 G90 G54 X－50. Y－30. S300 M3　　P_0 点

G43 H01 Z50.　　　　　　　　　　建立刀长补

Z3.　　　　　　　　　　　　　　参考高度（Z 轴进刀点）

G1 Z-5. F100

G41 D01 Y0.　　　　　　　　　　建立刀径补，P_1 点

G2 X-33. 333 Y19. 72 R20. F120　　P_2 点

G1 X25. Y29. 58 F100　　　　　　P_3 点

G2 X25. Y－29. 58 R－30. F120　　圆心角＞180°，半径为负值，P_4 点

G1 X－33. 333 Y－19. 72 F100　　P_5 点

G2 X－50. Y0. R20. F120　　　　P_1 点

G1 G40 Y30. F100　　　　　　　取消刀径补，P_6 点

G0 Z50.

G49. M05　　　　　　　　　　　取消刀长补

G91 G28 Z0.

M30

方法 2：如图 3-29 所示，圆弧切入、切出，为了使用刀具半径补偿，在圆弧的端点引入

了一段直线。

点	X	Y
P_0	−9.167	−54.231
P_1	8.124	−41.941
P_2	−4.167	−24.650
	...	
P_7	−21.457	−36.941

程序：

O0001
G21
G0 G17 G40 G49 G80 G90
G0 G90 G54 X−9.167 Y−54.231 S500 M3 　　　　　　　P_0 点
G43 H1 Z50.
Z3.
G1 Z−5. F100.
G41 D1 X8.124 Y−41.941 F100. 　　　　　　　　　　P_1 点
G3 X−4.167 Y−24.65 R15. F80 　　　　　　　　　　　P_2 点
G1 X−33.333 Y−19.72 F100 　　　　　　　　　　　　P_3 点
G2 Y19.72 R20. F120 　　　　　　　　　　　　　　　P_4 点
G1 X25. Y29.58 F100 　　　　　　　　　　　　　　　P_5 点
G2 X25. Y−29.58 R−30. F120 　　　　　　　　　　　P_6 点
G1 X−4.167 Y−24.65 F100 　　　　　　　　　　　　P_2 点
G3 X−21.457 Y−36.941 R15. F80 　　　　　　　　　P_7 点
G1 G40 X−9.167 Y−54.231 F100
G0 Z50.
G49 M5
G91 G28 Z0.
M30

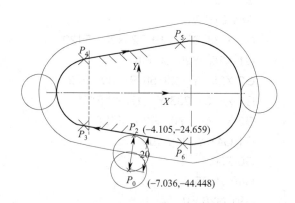

图 3-29　圆弧切入、切出　　　　　　　　图 3-30　法向切入、切出

方法 3：如图 3-30 所示，法向切入、切出。

```
O0001
G21
G0 G17 G40 G49 G80 G90
G0 Z50.                                  安全位置
G0 G90 G54 X－7. 036. Y－44. 448 S300 M3   P₀ 点
G43 H01 Z50.                             建立刀长补
Z3.                                      参考高度（Z 轴进刀点）
G1 Z－5. F100
G41 D01 X－4. 105 Y－24. 659              建立刀径补，P₂ 点
G1 X－33. 333 Y－19. 72 F100              P₃ 点
G2 X－33. 333 Y19. 72 R20. F120          P₄ 点
G1 25. 0 Y 29. 58 F100                   P₅ 点
G2 25. 0 Y－29. 58 R－30. F120            P₆ 点
G1 X－4. 105 Y－24. 659 F100             P₂ 点
G1 G40 X－7. 036. Y－44. 448             取消刀径补，P₀ 点
G0 Z50.
G49. M05                                 取消刀长补
G91 G28 Z0.
M30
```

例：如图 3-31 所示，加工内轮廓，可采用法向切入、切出，圆弧切入、切出。

方法 1：圆弧切入、切出，顺铣。

程序：

```
O0001
G0 G17 G40 G49 G80 G90
G0 G90 G54 X0. Y0. S500 M3
G43 H1 Z50.
Z3.
G1 Z－5. F100.
G41 D1 X25. 0 Y－25. 0                    P₁ 点
G3 X50. Y0. R25. 080                     P₂ 点
I－50. 0 J0                               整圆加工使用 I、J
X25. 0 Y25. 0 R25. 0                     P₄ 点
G1 G40 X0. Y0.
G0 Z50.
G49 M5
G91 G28 Z0.
M30
```

提示：采用从 $P_1 \sim P_2$ 的圆弧切入方式，使切削过程产生的抵抗力慢慢增大，从而减小了因吃刀而产生的震动。

方法 2：法向切入、切出，顺铣，如图 3-32 所示。

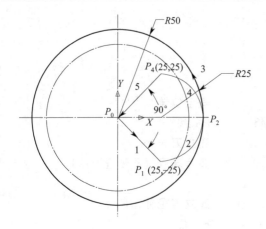

图 3-31　圆弧切入、切出

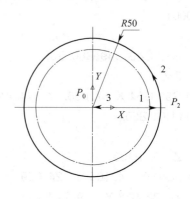

图 3-32　法向切入、切出

程序：
O0001
G21
G0 G17 G40 G49 G80 G90
G0 G90 G54 X0. Y0. S500 M3 　　　　　　P_0 点
G43 H1 Z50.
Z3.
G1 Z－5. F80.
G41 D1 X50. F100. 　　　　　　　　P_2 点
G3 I－50. J0. F80. 　　　　　　　　整圆加工
G1 G40 X0. F100. 　　　　　　　　P_0 点
G0 Z50.
G49 M5
G91 G28 Z0.
M30

3.3　键槽加工编程

3.3.1　键槽的技术要求

图 3-33 为带有键槽的传动轴，从图中可知，键槽的技术要求主要为：尺寸精度、键槽

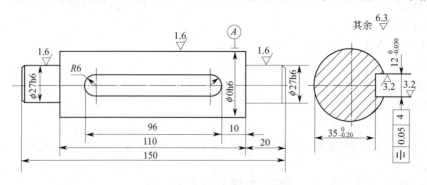

图 3-33　带有键槽的传动轴

两侧面的表面粗糙度、键槽与轴线的对称度。键槽深度的尺寸一般要求较低。

3.3.2 键槽的铣削方法

键槽加工属于窄槽加工，轴上键槽一般用键槽铣刀和立铣刀加工，键槽铣刀有两个刀齿，圆柱面和端面都有切削刃，端面刃延至中心，既像立铣刀，又像钻头。立铣刀端部切削刃不过中心刃，立铣刀不像键槽铣刀，立铣刀不可直接轴向进刀，立铣刀圆柱表面的切削刃为主切削刃，端面上的切削刃为副切削刃。立铣刀加工槽时，一般采用斜插式和螺旋进刀，也可采用预钻孔的方法。

由于键槽铣刀的刀齿数比同直径立铣刀的刀齿数少，铣削时，振动大，加工的侧面表面质量比立铣刀的差。

在普通铣床上加工键槽，根据键槽宽度及极限偏差和公差，以及加工方法选择铣刀，为定尺寸刀具加工。键槽宽度尺寸精度的保证比较困难，需要经过多次反复试切，才能确定铣刀的尺寸公差。

键槽加工属于对称铣削，两侧面一边为顺铣，另一边为逆铣。逆铣一侧的表面粗糙度比较差，另外两侧面的粗糙度差别也很大。

键槽加工时，铣刀的直径比较小，强度低，刚性差。铣削过程中，切削厚度由小变大，铣刀两侧的受力不平衡，加工的键槽产生倾斜。键槽相对于轴的对称度比较差。

键槽加工时，如果铣刀一次铣到深度，铣削部分的长径比较小，进刀速度比较快时，铣刀容易折断；由于键槽加工为窄槽加工，排屑不畅，切削液的压力要求比较大，否则，铣刀容易夹屑，铣刀也容易折断。

数控机床加工键槽分为粗加工和精加工，如图 3-34 所示。当用立铣刀粗加工键槽时，采用斜插式进刀，如图 3-34(a) 所示，在斜插式的两端，使用圆弧进刀，键槽两侧面留余量，直到键槽槽底。

精加工键槽时，普遍采用轮廓铣削法，如图 3-34(b) 所示，顺铣，切向切入、切出，加工键槽侧面，保证键槽侧面的粗糙度和键槽的宽度公差。图 3-34(c) 为粗、精加工两把刀具的走刀路线。

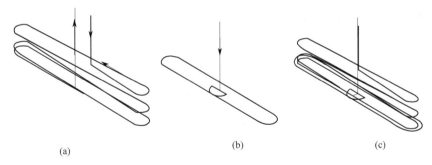

(a)   (b)   (c)

图 3-34 轮廓铣削法加工键槽

在斜插式的两端，使用圆弧进刀编程比较困难，实际中选择比键槽宽度尺寸小的立铣刀斜插式进刀，在斜插式的两端，不使用圆弧进刀，如图 3-35 所示。

当用键槽铣刀粗加工键槽时，键槽铣刀可直接轴向进刀，走刀路线如图 3-36 所示。

3.3.3 工件的装夹

轴类零件的装夹方法很多，按工件的数量和条件，常用装夹方法有下面两种。

① 用 V 形架装夹（图 3-37）：把圆柱形工件放在 V 形架内，并用压板紧固的装夹方法来铣削键槽是常用的方法之一。当键槽铣刀的中心对准 V 形的角平分线时，能保证一批工

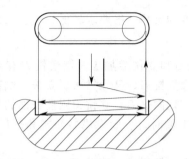

图 3-35　立铣刀粗加工走刀路线

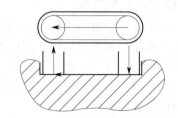

图 3-36　键槽铣刀粗加工走刀路线

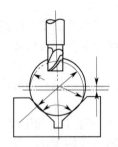

图 3-37　用 V 形架装夹工件铣削键槽

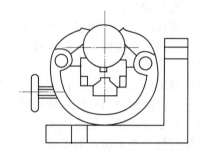

图 3-38　用抱虎钳装夹轴类零件

件上键槽的对称度。铣削时虽对铣削深度有改变，但变化量一般不会超过槽深的尺寸公差。

　　② 用抱虎钳装夹（图 3-38）：用抱虎钳装夹轴类零件时，具有用普通虎钳装夹和 V 形架装夹的优点，所以装夹简便迅速。抱虎钳的 V 形槽能两面使用，夹角大小不同，以适应直径的变化。

3.3.4　加工实例

　　加工图 3-39 所示的键槽，工件坐标系如图所示。键槽加工采用两种方法。

　　方法 1：使用立铣刀斜插式下刀（图 3-40）进行粗铣，立铣刀精铣。铣刀直径（ϕ10）小于键槽宽度，粗铣时键槽侧壁留加工余量。精铣采用圆弧切入、切出，使用刀具半径补偿，顺铣，具体的刀具路径如图 3-41 所示。

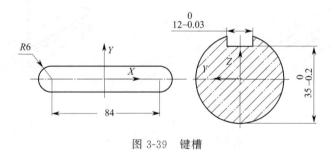

图 3-39　键槽

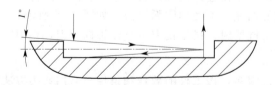

图 3-40　粗加工刀具路径示意图

粗加工程序：

```
%
O0001
N100 G21
N110 G0 G17 G40 G49 G80 G90          系统环境设定
N120 T1                              φ10 铣刀准备
N125 M6                              换刀
N130 G0 G90 X－42. Y0. S400 M3
N140 G43 H1 Z30.                     加刀长补
N150 Z3.
N160 G1 Z0. F100.
N170 X42. Z－1.466 F200.             斜插下刀开始
N180 X－42. Z－2.932
N190 X42. Z－4.399
N200 X7.55 Z－5.                     斜插下刀结束
N210 X－42.
N220 X42.
N230 Z3. F500.
N240 G0 Z30.
N250 M5                              主轴停止
N260 G91 G28 Z0.                     返回 Z 轴参考点
N280 M30                             程序结束
%
```

精加工刀具路径如图 3-41 所示，下刀点在 X、Y 的零点。程序如下：

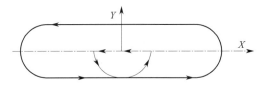

图 3-41   精加工刀具路径

```
%
O0002
N100 G21
N110 G0 G17 G40 G49 G80 G90
N120 T2                              φ10 立铣刀准备
N125 M06                             换刀
N130 G0 G90 X0. Y0. S400 M3
N140 G43 H1 Z30.                     加刀长补
N150 Z3.
N160 G1 Z－5. F100.
N170 G41 D1 X－6. F200.              加刀径补
N180 G3 X0. Y－6. R6.                圆弧切入
```

N190 G1 X42.

N200 G3 X48. Y0. R6.

N210 X42. Y6. R6.

N220 G1 X－42.

N230 G3 X－48. Y0. R6.

N240 X－42. Y－6. R6.

N250 G1 X0.

N260 G3 X5. Y0. R6.   圆弧切出

N270 G1 G40 X0.   取消刀长补

N280 Z3. F500.

N290 G0 Z30.

N300 M5

N310 G91 G28 Z0.   返回 Z 轴参考点

N330 M30   程序结束

%

方法 2：使用键槽铣刀粗铣，走刀路线如图 3-42 所示，立铣刀精铣。铣刀直径 φ10。精铣采用立铣刀加工，走刀路线如图 3-41 所示。

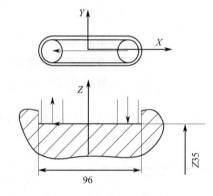

图 3-42　粗加工刀具路径

粗加工程序：

%

O0003

N100 G21

N110 G0 G17 G40 G49 G80 G90

N120 T2   φ10 键槽铣刀准备

N125 M06   换刀

N130 G0 G54 G90 X－42. Y0. S400 M3

N140 G43 H1 Z30.   加刀长补

N150 Z3.

N160 G1 Z－5 F100.

N170 X42. F200.

N180 X－42.

N220 G0 Z30.

N230 M5	主轴停止
N240 G91 G28 Z0.	返回 Z 轴参考点
N260 M30	程序结束
%	

精加工程序和方法一相同，略。

3.4　孔加工

3.4.1　孔位确定及其坐标值的计算

一般在零件图上孔位尺寸都已给出，但有时孔距尺寸的公差或对基准尺寸距离的公差是非对称性尺寸公差，应将其转换为对称性公差。如某零件图上两孔间距尺寸 $L = 90^{+0.055}_{+0.027}$ mm，对称性基本尺寸计算为：

$$(0.055 - 0.027)/2 = 0.014$$

$$90 + 0.014 = 90.041$$

对称性公差为：

$$\pm 0.014$$

转换成对称性尺寸 $L = (90.041 \pm 0.014)$ mm，编程时按基本尺寸 90.041mm 进行，其实这就是工艺学中讲的中间公差的尺寸。

3.4.2　多孔加工的刀具走刀路线

多孔加工时，孔的位置精度与机床的定位精度有关，机床的定位精度与控制系统的类型有关。

开环控制系统不具有反馈装置，不能进行误差校正，因此系统精度较低（±0.02mm）。开环控制系统不适合加工位置精度要求高的孔。

闭环控制系统在机床移动部件位置上装有反馈装置，定位精度高（一般可达±0.01mm，最高可达 0.001mm），在机床定位精度能够保证孔加工位置的情况下，主要考虑走刀路线最短。考虑到工艺条件的限制，箱体零件孔的位置经济精度为±0.05mm，特殊情况下也可达到±0.02mm。

半闭环控制系统介于开环、闭环控制系统之间，反馈装置处在伺服机构中，通过检测伺服机构的滚珠丝杠转角，间接检测移动部件的位移。

由于半闭环控制系统将移动部件的传动丝杠螺母机构不包括在闭环之内，所以传动丝杠螺母机构的误差仍然会影响移动部件的位移精度。因此，加工位置精度要求较高的孔系时，应特别注意安排孔的加工顺序，消除坐标轴的反向间隙。

刀具路线可有两种计算方法：一种为距离最近法，另一种为配对法。距离最近法是从起始对象开始，搜寻与该对象距离最近的下一个对象，直到所有对象全部优化为止。如图3-43（a）所示为用距离最近法优化的走刀路线。配对法是以相邻距离最近的两个对象一一配对，然后对已配对好的对象再次进行两两配对，直至优化结束。配对法所消耗时间较长，但能获得更好的优化效果。

 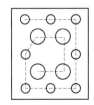

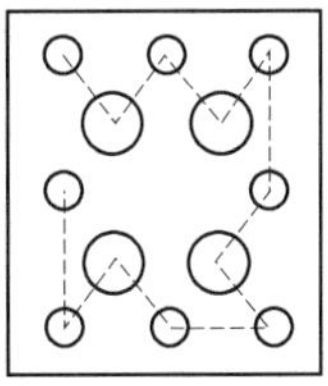

（a）仅考虑路径最近　　　　（b）综合考虑

图 3-43　走刀路径的优化

如果在加工中需要使用不同的刀具，这时在路径优化的同时还要考虑刀具的更换分类，否则可能引起加工过程中的多次换刀，反而影响整个加工过程的效率，如图 3-43(b) 所示。

提示： 孔加工考虑的顺序是：孔的加工方法，机床的定位精度、刀具、量具，走刀路线、编程指令。

3.4.3 加工实例一（简单钻孔加工）

钻图 3-44 中 $5 \times \phi 6$ 孔。

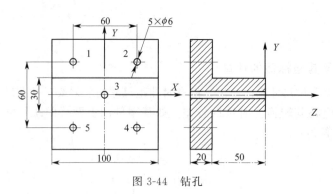

图 3-44　钻孔

（1）工艺分析

① $5 \times \phi 6$ 孔位置精度要求不高，加工时主要考虑加工效率，应选择刀具最短路线，刀具最短路线不仅需要考虑加工平面，还应考虑 Z 向。钻 $5 \times \phi 6$ 孔顺序为 1—2—3—4—5。

② $\phi 6$ 孔加工工艺为：a. 打中心孔；b. 钻 $5 \times \phi 6$ 孔；c. 孔口倒角；d. 倒背面孔口角。其中 a、b、c 加工在数控铣床上完成，d 加工可在普通钻床上完成。c 加工亦可在 a 打中心孔时完成，只需中心钻柄部直径大于 $\phi 6$，打中心孔时完成孔口倒角。

③ 3 孔深度为 70，长径比为 70∶6＞10，钻孔循环指令使用 G83 排屑循环指令，1、2、4、5 孔长径比小于 5，钻孔循环指令使用 G81 普通钻孔指令。为了缩短走刀路线，1、3、4 钻孔指令中使用 G99，2、5 孔钻孔指令中使用 G98。

（2）加工程序

```
O0001;
G21;
G40G49G69G80;
G00G90G17G54Z50M03S500;          Z50 为安全高度
G43Z50H01;
G99G81X－30Y30R－47Z－76F100;      加工 1 孔，Z－76 由三部分组成，刀尖长度取 0.3D
                                  （D 为钻头直径），约为 2；刀具穿透距离 3～5，取
                                  4；孔底尺寸为 Z－70。R 点取距工件表面 3
G98X30;                           加工 2 孔，返回到 Z50
G99G83X0Y0R3Z－76Q2F80;           加工 3 孔，每次钻孔深度为 2
G99G81X30Y－30R－47Z－76F100;      加工 4 孔，返回到 Z－47
G98Y－30;                         加工 5 孔，返回到 Z3
G80;
G00Z50;
G49;
M05;
M30;
```

3.4.4　加工实例二（多孔零件的加工）

（1）零件工艺分析

如图 3-45 所示，零件材质为铸铝，4×ϕ40H7 孔铸造为实心。零件的工艺应注意以下几点：

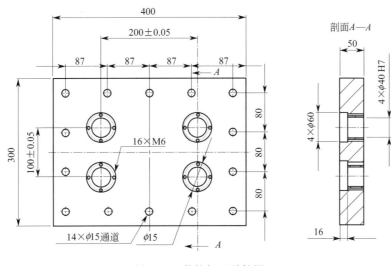

图 3-45　数控加工零件图

① 零件的加工应当遵守"先主要、后次要"的原则，孔加工的先后次序为 ϕ40H7→ϕ60→ϕ15→M6 孔。数控加工工艺见表 3-3。

表 3-3　数控加工工艺

刀　号	循环代码	长度偏置	刀具半径	说明和工序
T01	G81	H01	中心钻	钻 14×ϕ15、4×ϕ40H7 中心孔
T02	G81	H02	ϕ38	钻 4×ϕ40H7 孔为 ϕ38
T03	G86	H03	ϕ39.7	粗镗 4×ϕ40H7 孔为 ϕ39.7
T04	G86	H04	ϕ39.9	半精镗 4×ϕ40H7 孔为 ϕ39.9
T05	G76	H04	ϕ40	精镗 4×ϕ40H7
T06	G82	H05	ϕ60	锪 4×ϕ60 沉孔
T07	G81	H07	ϕ15	钻 14×ϕ15 通孔
T01	G81	H01	中心钻	钻 16×M6 中心孔
T08	G83	H06	ϕ5	钻 16×M6 底孔
T09	G84	H08	M6 丝锥	攻 16×M6 螺孔

② ϕ40H7 孔的加工。结合零件材质，ϕ40H7 孔的加工工艺为：打中心孔→钻孔 ϕ38→粗镗为 ϕ39→半精镗为 ϕ39.9→精镗 ϕ40H7。ϕ40H7 孔的公差为 $\phi40^{+0.025}_{0}$，公差带 0.025，精镗 ϕ40H7 时，镗刀头的尺寸应调节到孔公差的中差，即为 ϕ40.013。

③ 所有孔都必须首先打中心孔，保证钻孔时，孔不会产生歪斜现象。

④ 攻螺纹前的底孔，根据经验公式一般为螺纹公称尺寸的 0.8～0.85。M6 的底孔取为 ϕ5，M6 的底孔的长径比大于 5，钻孔应当采用深孔啄式钻。

⑤ 4×ϕ40H7 孔的位置精度比较高（±0.05），若控制系统为半闭环系统，镗孔时要注意走刀路径，消除丝杠背隙（如图 3-46 所示）。

⑥ 14×ϕ15 孔、16×M6 螺孔的位置精度要求比较低，加工时主要考虑最短走刀路径

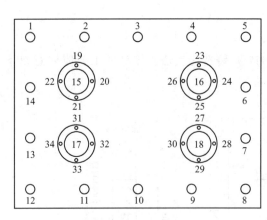

图 3-46　走刀路线

（如图 3-46 所示）。

⑦ 为了缩短程序，将 14×φ15，4×φ40H7 和 4×φ60、16×M6 作成 3 个子程序，通过子程序调用可以大大缩短程序的长度。图纸上孔之间的尺寸采用相对标注，为了方便程序检查，子程序亦采用相对编程的方法。

（2）零件的装夹

零件在加工中心上的装夹、工件坐标系如图 3-47 所示，Z 轴的零点为工件的上表面。工件采用螺栓、压板方式进行装夹。

（3）零件的加工程序

零件加工的主程序为 O0001，14×φ15 孔子程序为 O1001，4×φ40H7、φ60 孔子程序为 O1002，6×M6 通孔子程序为 O1003。

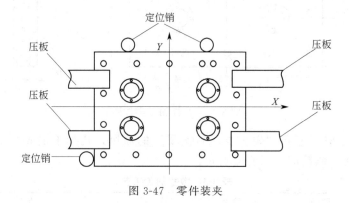

图 3-47　零件装夹

主程序：
```
%
O0001
N100 G21                                      公制
N102 G0 G17 G40 G49 G80 G90                   设定工作环境
（钻 14×φ15、4×φ40H7 中心孔）
N104 T1 M6                                     换刀
N106 G0 G90 G54 X－174. Y120. S3000 M3
N108 G43 H1 Z3.
N110 G99 G81 Z－15. R3. F200.
N112 M98 P1001                                 调用子程序
N114 G80
N116 G90 X－100. Y50.
N118 G99 G81 Z－15. R3. F200.
N120 M98 P1002                                 调用子程序
N122 G80
N124 M5
N126 G91 G28 Z0.
N128 M01                                       选择性停止
```

(钻 4×φ40H7 孔为 φ38)
N130 T2 M6
N132 G0 G90 G54 X－100. Y50. S400 M3
N134 G43 H2 Z3.
N136 G99 G81 Z－66. 416 R3. F100.
N138 M98 P1002　　　　　　　　　调用子程序
N140 G80
N142 M5
N144 G91 G28 Z0.
N146 M01
(粗镗 4×φ40H7 孔为 φ39. 7)
N148 T3 M6
N150 G0 G90 G54 X－100. Y50. S1000 M3
N152 G43 H3 Z3.
N154 G99 G86 Z－51. R3. F100.
N156 M98 P1002　　　　　　　　　调用子程序
N158 G80
N160 M5
N162 G91 G28 Z0.
N164 M01
(半精镗 4×φ40H7 为 φ39. 9)
N166 T4 M6
N168 G0 G90 G54 X－100. Y50. S1000M3
N170 G43 H4 Z3.
N172 G99 G86 Z－51. R3. F80.
N174 M98 P1002
N176 G80
N178 M5
N180 G91 G28 Z0.
N182 M01
(精镗 φ40H7 为 φ40)
N184 T5 M6
N186 G0 G90 G54 X－100. Y50. S1200 M3
N188 G43 H5 Z3.
N190 G99 G76 Z－51. R3. Q0. 1 F60.
N192 M98 P1002
N194 G80
N196 M5
N198 G91 G28 Z0.
N200 M01
(锪 4×φ60 沉孔)
N202 T6 M6
N204 G0 G90 G54 X－100. Y50. S2000 M3

N206 G43 H6 Z3.

N208 G99 G82 Z－16. R3. P300 F100.

N210 M98 P1002

N212 G80

N214 M5

N216 G91 G28 Z0.

N218 M01

(钻 14×φ15 通孔)

N220 T7 M6

N222 G0 G90 G54 X－174. Y120. S1000 M3

N224 G43 H7 Z3.

N226 G99 G81 Z－59. 506 R3. F100.

N228 M98 P1001

N230 G80

N232 M5

N234 G91 G28 Z0.

N236 M01

(钻 16×M6 中心孔)

N238 T1 M6

N240 G0 G90 G54 X－100. Y75. 5 S3000 M3

N242 G43 H1 Z3.

N244 G99 G81 Z－15. R3. F200.

N246 M98 P1003

N248 G80

N250 M5

N252 G91 G28 Z0.

N254 M01

(钻 16×M6 底孔)

N256 T8 M6

N258 G0 G90 G54 X－100. Y75. 5 S1000 M3

N260 G43 H8 Z3.

N262 G99 G83 Z－56. 502 R3. Q4. F200.

N264 M98 P1003

N266 G80

N268 M5

N270 G91 G28 Z0.

N272 M01

(攻 16×M6 螺孔)

N274 T9 M6

N276 G0 G90 G54 X－100. Y75. 5 S300 M3

N278 G43 H9 Z3.

N280 G99 G84 Z－51. R3. P500 F60

N282 M98 P1003

N284 G80

N286 M5

N288 G91 G28 Z0.

N290 G28 X0. Y0.

N292 M30

(14×φ15 孔子程序)

O1001

N100 G91

N102 X87.　　　　　　　　　　　孔 2

N104 X87.　　　　　　　　　　　孔 3

N106 X87.　　　　　　　　　　　孔 4

N108 X87.　　　　　　　　　　　孔 5

N110 Y－80.　　　　　　　　　　孔 6

N112 Y－80.　　　　　　　　　　孔 7

N114 Y－80.　　　　　　　　　　孔 8

N116 X－87.　　　　　　　　　　孔 9

N118 X－87.　　　　　　　　　　孔 10

N120 X－87.　　　　　　　　　　孔 11

N122 X－87.　　　　　　　　　　孔 12

N124 Y80.　　　　　　　　　　　孔 13

N126 Y80.　　　　　　　　　　　孔 14

N128 M99

(4×φ40H7、φ60 孔子程序)

O1002

N100 G91

N102 X200.　　　　　　　　　　孔 16

N104 X－200. Y－100.　　　　　孔 17

N106 X200.　　　　　　　　　　孔 18

N108 M99

(16×M6 通孔子程序)

O1003

N100 G91

N102 X25. 5 Y－25. 5　　　　　孔 20

N104 X－25. 5 Y－25. 5　　　　孔 21

N106 X－25. 5 Y25. 5　　　　　孔 22

N108 X225. 5 Y25. 5　　　　　孔 23

N110 X25. 5 Y－25. 5　　　　　孔 24

N112 X－25. 5 Y－25. 5　　　　孔 25

N114 X－25. 5 Y25. 5　　　　　孔 26

N116 X－174. 5 Y－74. 5　　　孔 27

N118 X25. 5 Y－25. 5　　　　　孔 28

N120 X－25. 5 Y－25. 5　　　　孔 29

N122 X－25. 5 Y25. 5　　　　　孔 30

```
N124 X225. 5 Y25. 5              孔 31
N126 X25. 5 Y－25. 5             孔 32
N128 X－25. 5 Y－25. 5           孔 33
N130 X－25. 5 Y25. 5            孔 34
N132 M99
```

3.5　圆周分布孔的加工

3.5.1　螺栓孔圆周分布模式

在一个圆周上均匀分布的孔称为螺栓孔圆周分布模式或螺栓孔分布模式。由于圆周直径实际上就是分布模式的节距直径，所以该模式也称为节距圆周分布模式。它的编程方法跟其他模式、尤其是圆弧形分布模式相似，主要根据螺栓圆周分布模式的定位和图中尺寸的编程。

螺栓孔圆周分布模式在图纸中通常由圆心的 XY 坐标、半径或直径、等距孔的数量以及每个孔与 X 轴的夹角定义。

螺栓圆周分布模式中孔的数目可以是任意的，常见的主要有：4、5、6、8、10、12、16、18、20、24。

3.5.2　螺栓圆周分布孔的计算公式

图 3-48 所示螺栓圆周分布孔的计算，使用以下的解释和公式，可以很容易计算出任何螺栓圆周分布模式中任何孔的坐标。两根轴的公式相似：

$$X=\cos[(n-1)B+A]\times R+X_c$$

$$Y=\sin[(n-1)B+A]\times R+Y_c$$

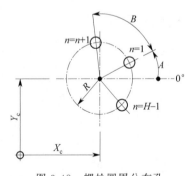

图 3-48　螺栓圆周分布孔

式中　X——孔的 X 坐标；
　　　Y——孔的 Y 坐标；
　　　n——孔的编号（从 0°开始，沿逆时针方向）；
　　　B——相邻孔之间的角度（等于 $360°/H$）；
　　　H——等距孔的个数；
　　　A——第一个孔的角度（从 0°开始）；
　　　R——圆周的半径或圆整直径/2；
　　　X_c——圆周圆心的 X 坐标；
　　　Y_c——圆周圆心的 Y 坐标。

例： 加工如图 3-49 所示的工件的所有孔，加工工艺见表 3-4。

表 3-4　加工工艺卡

刀具号	加工操作	刀具名称	刀长补	主轴转速/(r/min)	进给速度/(mm/min)
1	钻 4×φ7 通孔	φ7 钻头	H01	1800	180
2	铣 4×φ10、深 7 沉孔	φ10 立铣刀	H02	1000	150
3	钻 4×M5×0.5 螺纹底孔(φ4.5)	φ4.5 钻头	H03	2000	200
4	攻 4×M5×0.5 螺纹	M5×0.5 丝锥	H04	400	200

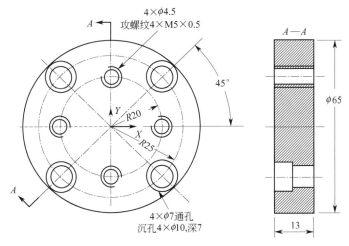

图 3-49　加工零件图

加工程序：

O0001

N102 G0 G17 G40 G49 G80 G90

N104 T1 M6　　　　　　　　　　　　　　　　换刀，ϕ7 钻头

N106 G0 G90 G54 X－17. 678 Y17. 678 S1800 M3

N108 G43 H1 Z30　　　　　　　　　　　　　　在 Z30 处，使用刀长补

N110 G99 G81 Z－17. 103 R3. F180.　　　　　钻孔后，刀具回到 R 点

N112 Y－17. 678

N114 X17. 678

N116 Y17. 678

N118 G80　　　　　　　　　　　　　　　　　钻孔循环取消

N120 M5　　　　　　　　　　　　　　　　　主轴停止转动

N122 G91 G28 Z0.　　　　　　　　　　　　　Z 轴返回到参考点

N124 M01　　　　　　　　　　　　　　　　　选择性停止

N126 T2 M6　　　　　　　　　　　　　　　　换刀，ϕ10 立铣刀

N128 G0 G90 G54 X－17. 678 Y17. 678 S1000 M3

N130 G43 H2 Z30

N132 G99 G81 Z－7. R3. F150.

N134 X17. 678

N136 Y－17. 678

N138 X－17. 678

N140 G80

N142 M5

N144 G91 G28 Z0.

N146 M01

N148 T3 M6　　　　　　　　　　　　　　　　换刀，ϕ4. 5 钻头

N150 G0 G90 G54 X0. Y20. S2000 M3

N152 G43 H3 Z30

```
N154 G99 G81 Z－16.202 R3. F200.
N156 X－20. Y0.
N158 X0. Y－20.
N160 X20. Y0.
N162 G80
N164 M5
N166 G91 G28 Z0.                    Z 轴返回到参考点
N168 G28 X0. Y0.                    X、Y 轴返回到参考点
N170 M30                            程序结束，并返回到程序开始位置
%                                   程序传输结束标志
```

3.6　型腔铣削

型腔铣削是在一个封闭区域内去除材料，简单的或具有规则形状的型腔（如矩形或圆柱形型腔）可以手动编程，但是对于形状比较复杂或内部有孤岛的型腔则需要使用计算机辅助编程。

（1）一般规则

型腔铣削编程时有两个重要考虑：刀具切入方法、粗加工方法。

刀具切入方法一般有两种：

① 可以使用键槽铣刀沿 Z 轴切入工件。

② 如果不能使用 Z 轴切入方法时，可以选择斜向切入方法。

从型腔内切除大部分材料的方法称为粗加工。常见的型腔粗加工方法有：

① Z 字形运动。

② 一个方向——从型腔内部到外部。

③ 一个方向——从型腔外部到内部。

实际应用中还可以有其他的型腔加工选择，如螺旋形、单向切削等。这时虽然也可以使用手动编程，但是工作量非常大，一般采用自动编程。

（2）型腔类型

最简单的型腔也是最容易编程的，它们都具有规则形状且中间没有孤岛，如正方形型腔、矩形型腔、圆柱形型腔等。本书仅仅介绍矩形型腔加工。

3.6.1　矩形型腔

矩形或正方形型腔的编程很简单，尤其当它们与 X 轴或 Y 轴平行时。

（1）刀具选择

零件图中四个角都有圆角，对于粗加工，刀具半径应选得比较大一些，提高刀具的刚性。精加工中刀具半径应略小于圆角半径，以保证圆角的加工。

斜向插入必须在空隙位置进行，下刀点为型腔中心。

垂直切入几乎可以在任何地方进行，下刀点在型腔拐角。

如果从型腔中心开始，那么刀具可以只沿单一方向进给，且在最初的切削后只能使用顺铣或逆铣模式，这样就需要更多的计算。从型腔拐角开始的方法也比较常用，这种方法中刀具可以采用 Z 字形运动，所以可以在一次切削中使用顺铣模式，而另一次切削中则使用逆铣模式，该方法的计算比较简单。本例中使用拐角作为开始点。

（2）型腔编程的三要素

型腔加工编程时，程序员必须考虑三个重要因素：刀具直径（或半径）、精加工余量、半精加工余量。

图纸中应当给出工件的重要尺寸，包括长度、宽度。

图 3-50 中给出了起始点坐标 X_1 和 Y_1 相对于给定拐角（左下角）的距离以及其他数据。

图 3-50 中的字母表示各种设置，程序员根据工作类型来选择型腔的拐角半径，它们通常都是已知的。此外，还需要知道型腔的位置和定位以及工件的其他元素的值。

① 毛坯余量　通常有两种毛坯余量（值），一种为精加工余量，另一种为半精加工余量。刀具沿 Z 字形路线来回运动，在加工表面上留下扇形轨迹。图 3-51 所示为矩形型腔粗加工后的结果（没有使用半精加工）。这种 Z 字形刀具路

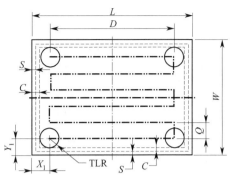

图 3-50　矩形型腔的 Z 字形加工

X_1—刀具起点的 X 坐标；Y_1—刀具起点的 Y 坐标；
L—型腔长度；D—实际切削长度；W—型腔宽度；
S—精加工余量；TLR—刀具半径；Q—切削间距；
C—半精加工余量

径加工的表面不适合用作精加工，因为切削不均匀余量时很难保证公差和表面质量。

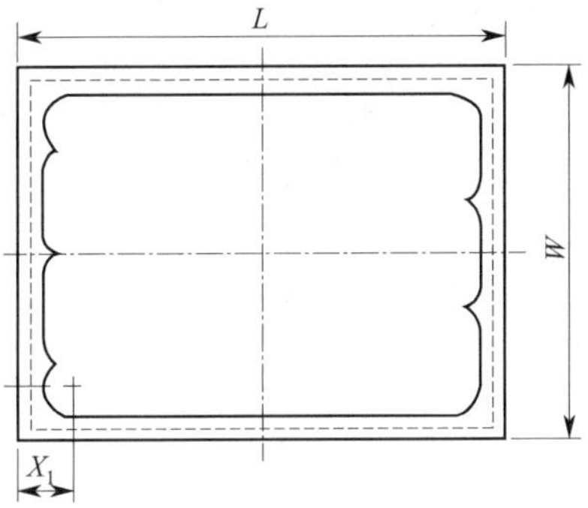

为了避免后面可能出现的加工问题，通常需要半精加工操作，其目的是消除扇形。

② 间距值　型腔在半精加工之前的实际形状与两次切削之间的间距有关，型腔加工中的间距也就是切削宽度。该值的选择不需计算，但最好根据所需切削次数来计算这个值，使每次切削的间距相等。通常都是将切削宽度与刀具直径的百分数挂钩。

奇数次切削与偶数次切削的结果截然不同：

a. 如果切削次数为偶数，那么粗加工结束位置在开始位置的异侧。

b. 如果切削次数为奇数，那么粗加工结束位置在开始位置的同侧。

切削次数 N 的计算公式如下：

$$Q = \frac{W - 2\text{TLR} - 2S - 2C}{N}$$

式中，N 为选择次数，其他各字母与前面介绍的含义一样。

例：型腔长度 $L=60$，型腔宽度 $W=40$，刀具直径为 12（TLR＝6），精加工余量 $S=0.5$，半精加工余量 $C=0.3$，选择次数为：

$$\begin{aligned} N &= W/(2\text{TLR}) \\ &= 40/(2\times6) \\ &= 3.333 \end{aligned}$$

N 为 4

间距尺寸为：

$$\begin{aligned} Q &= (40-2\times6-2\times0.5-2\times0.3)/4 \\ &= 6.6 \end{aligned}$$

上面的公式中可以用型腔长度代替型腔宽度。

③ 切削长度　在进行半精加工前，必须计算每次切削的长度，即增量 D。

图 3-51　Z 字形粗加工

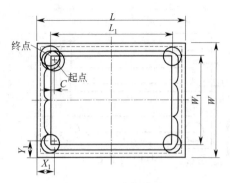

图 3-52　半精加工

切削长度计算公式在很多方面与间距公式相似:

$$D = L - 2TLR - 2S - 2C$$

④ 半精加工运动　半精加工运动的唯一目的就是消除不平均的加工余量。由于半精加工与粗加工往往使用同一把刀具,因此通常从粗加工的最后刀具位置开始进行半精加工,如图 3-52 所示。

$$L_1 = L - 2TLR - 2S$$

L_1 和 W_1 值需要计算得出,沿两根轴方向起点和终点位置的差为 C 值。

半精加工切削的长度和宽度,即它的实际切削距离可通过下面公式计算:

$$W_1 = W - 2TLR - 2S$$

⑤ 精加工刀具路径　精加工编程时,必须使用刀具补偿来保证尺寸公差,较小和中等尺寸的轮廓通常选择中心点作为加工起点位置,而较大轮廓的起点位置应当在它的中部,与其中一个侧壁相隔一段距离,但不是太远。

精加工切削中,刀具半径偏置应该有效,这主要是为了在加工过程中保证尺寸公差。由于刀具半径补偿不能在圆弧插补运动中启动,因此必须添加直线导入和导出运动。图 3-53 所示为矩形型腔的典型精加工刀具路径(起点在型腔中)。

这些情况下还要考虑一些别的条件,其中一个就是引导圆弧半径,计算方法:

$$R_a < R_t < R_c$$

式中　　R_a——趋近圆弧半径;

R_t——刀具半径;

R_c——拐角半径。

铣削模式通常为顺铣,使用的刀具半径补偿为 G41 左补偿,如图 3-53 所示。

3.6.2　矩形型腔编程实例

如图 3-54 为矩形型腔铣削。选用两把刀,分别为 $\phi26$ 的键槽铣刀(粗加工)和 $\phi20$ 的立铣刀(半精加工、精加工)。粗加工为 Z 字形进刀,从槽的右下角下刀,沿 X 方向切削;半精加工,从槽的右下角下刀,沿轮廓逆时针加工矩形槽侧壁;精加工采用圆弧切入,逆时针加工(顺铣)。精加工余量 $S = 0.25$,半精加工余量 $C = 0.5$。

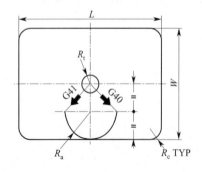

图 3-53　型腔的精加工刀具路径

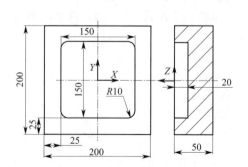

图 3-54　矩形型腔铣削

由于槽比较深，粗、半精加工采用分层铣削，铣削次数为 2，每次铣削深度为 10。精加工一次直接铣削到深度。

为了缩短程序，刀具路径使用子程序。

```
%
O0001
N100 G21
N102 G0 G17 G40 G49 G80 G90                          系统环境设定
N104 T1                                              φ26 键槽铣刀准备
N105 M6                                              换刀
N106 G0 G90 G54 X－61. 25 Y－61. 25 S300 M3
N108 G43 H1 Z30.                                     加刀长补
N110 Z3.
N112 G1 Z－10. F150.
N114 M98 P1001                                       调用子程序
N116 G90 X－61. 25 Y－61. 25
N118 Z－20. F150.
N120 M98 P1001                                       调用子程序
N122 G90 Z3. F500.
N124 G0 Z30.
N126 M5                                              主轴停止
N128 G91 G28 Z0.                                     返回 Z 轴参考点
N132 M30                                             程序结束
```

分层铣削子程序：

```
O1001
N100 G91                                             增量坐标
N102 X122. 5 F300.
N104 Y20. 417
N106 X－122. 5
N108 Y20. 416
N110 X122. 5
N112 Y20. 417
N114 X－122. 5
N116 Y20. 417
N118 X122. 5
N120 Y20. 416
N122 X－122. 5
N124 Y20. 417
N126 X122. 5
N128 M99                                             返回主程序
%
```

半精加工程序：

```
%
O0002
```

```
N100 G21
N102 G0 G17 G40 G49 G80 G90
N104 T2                                                    φ20 立铣刀准备
N105 M6                                                    换刀
N106 G0 G90 G54 X－64. 75 Y－64. 75 S400 M3
N108 G43 H2 Z30.                                           加刀长补
N110 Z3.
N112 G1 Z－10. F150.
N114 M98 P1002                                             调用子程序
N116 G90 Z－20. F150.
N118 M98 P1002                                             调用子程序
N120 G90 Z3. F500.
N122 G0 Z30.
N124 M5                                                    主轴停止
N126 G91 G28 Z0.                                           返回 Z 轴参考点
N130 M30                                                   程序结束
```
分层铣削子程序：
```
O1002
N100 G91                                                   增量坐标
N102 X129. 5 F300.
N104 Y129. 5
N106 X－129. 5
N108 Y－129. 5
N110 M99                                                   返回主程序
%
```
精加工程序：
```
%
O0003
N100 G21
N102 G0 G17 G40 G49 G80 G90                                系统环境设定
N104 T2                                                    φ20 立铣刀准备
N105 M6                                                    换刀
N106 G0 G90 G54 X0. Y－45. S400 M3
N108 G43 H2 Z30.                                           加刀长补
N110 Z3.
N112 G1 Z－10. F150.
N114 M98 P1003                                             调用子程序
N120 G90 Z3. F500.
N122 G0 Z30.
N124 M5
N126 G91 G28 Z0.
N130 M30
```
刀具路径子程序：

O1003
N100 G91
N102 X－20. F300.
N104 G3 X20. Y－20. R20.
N106 G1 X65.
N108 Y130.
N110 X－130.
N112 Y－130.
N114 X65.
N116 G3 X20. Y20. R20.
N118 G1 X－20.
N120 M99
%

思考题与习题

（1）面铣刀选择主要考虑哪些刀具哪些参数？

（2）立铣刀选择主要考虑哪些刀具哪些参数？

（3）图 1 中采用 $\phi 25$mm 立铣刀铣削外形，请根据走刀路线判断铣削方式（顺铣、逆铣），并说明该种铣削方式的优点和缺点。

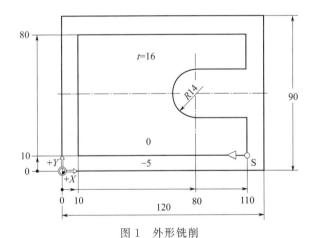

图 1　外形铣削

（4）平面的铣削的有哪些进刀方式？每种铣削方式在粗、精铣时对刀具走刀路线的要求有何不同？

（5）虎钳装夹时，需要检查定钳口、虎钳的底平面哪些精度？

（6）封闭的轮廓铣削时，对刀具的切入和切出有何要求，为什么？

（7）波型立铣刀有哪些优点？

（8）从机床的结构说明：为什么数控机床精加工广泛采用顺铣？

（9）一般来说，粗加工的立铣刀刀齿数小于精加工的刀齿数，为什么？

（10）铣削圆弧时，切削进给率有时上调，有时下调，为什么？

（11）在铣削、镗孔中，刀杆多为悬臂梁结构，如图 2 所示，悬臂梁变形计算公式：

$$\delta=\frac{64\times F\times L^3}{3\times E\times \pi\times D^4}$$

式中　F——刀具所受的切削力；

　　　　E——材料的弹性模量；

L——刀杆的长度；

D——刀杆的直径；

δ——刀尖处刀杆产生的变形。

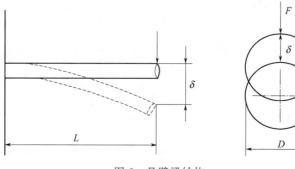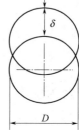

图 2 悬臂梁结构

请回答以下问题。

① 如果刀具的刀尖所受切削力一定、当刀杆直径、长度发生变化时，请计算刀尖处刀杆产生的变形 δ，并填入下表中。

刀具的变形

刀具直径	刀尖处刀具产生的变形 δ	刀具长度	刀尖处刀具产生的变形 δ
D		*L*	
2*D*		2*L*	
3*D*		3*L*	

② 切削过程中其他切削条件不发生变化，仅仅是刀具硬度发生变化，对刀尖处刀杆产生的变形 δ 有何影响？

（12）型腔内切除大部分材料对刀具和切入方法有哪些要求？

（13）编程

在加工中心加工图 3 零件，工作步骤如下表所示，请完成零件的编程。

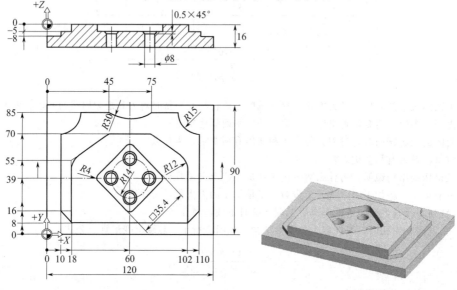

图 3 综合编程零件

工作步骤

工步	刀号	刀具名称	v_c/(m/min)	v_f/(mm/min)
外部轮廓铣削到 Z-8	T2	ϕ25 立铣刀	35	100
内部轮廓铣削到 Z-5	T2	ϕ25 立铣刀	35	100
矩形铣削	T7	ϕ8 立铣刀	35	25
圆周分布孔钻定心孔、倒角	T1	ϕ12 定心钻	30	100
钻圆周分布孔	T10	ϕ8 钻头	30	150

（14）编程

在加工中心加工图 4 零件，请拟定工作步骤，完成零件的编程。

工作步骤

工步	刀号	刀具名称	v_c/(m/min)	v_f/(mm/min)

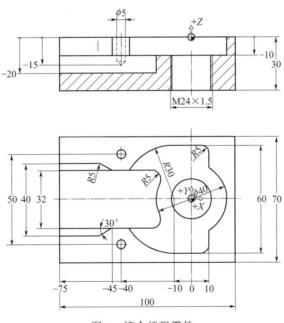

图 4　综合编程零件

第4章　数控车床和车削加工中心编程

4.1　数控车削编程过程

数控车削编程的过程如图 4-1 所示。主要过程为依据零件图样和毛坯类型，制定加工工艺，选择相应的夹具和刀具，确定切削用量，选择程序原点，编写、输入和核对程序，工件试切等。

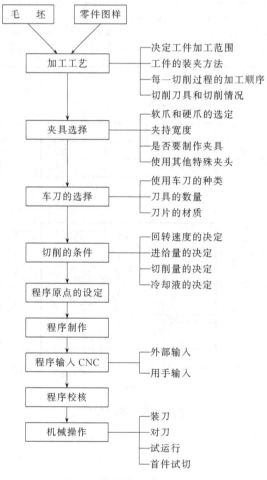

图 4-1　数控车削编程的过程

4.2　数控车削编程的特点

（1）公制（米制）与英制编程

数控车床使用的长度单位量纲有公制（米制）和英制两种，由专用的指令代码设定长度单位量纲，如 FANUC-0TD 系统用 G20 表示使用英制单位量纲，G21 表示使用公制（米制）

单位量纲。系统通电开机后，机床自动默认处于公制尺寸状态。

（2）直径编程和半径编程

a. 直径编程　采用直径编程时，数控程序中 X 轴的坐标值即为零件图上的直径值。

b. 半径编程　采用半径编程，数控程序中 X 轴的坐标值为零件图上的半径值。

考虑加工测量上的方便，一般采用直径编程。CNC 系统缺省的编程方式为直径编程。

如图 4-2 所示工件，A、B 点采用直径编程为：A（30.0，80.0），B（40.0，60.0）；A、B 点采用半径编程为：A（15.0，80.0），B（20.0，60.0）。

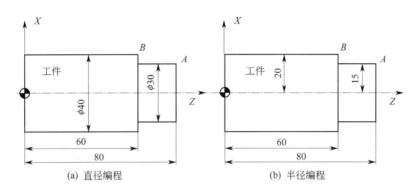

图 4-2　数控车床编程分类

（3）绝对坐标编程和相对坐标编程

① 绝对坐标编程（ABS）　绝对编程模式下，原点即程序参考点（程序原点）。机床的实际运动是当前绝对位置与前一位置的差。坐标值的正负号并不表示运动方向。绝对编程的主要优点就是 CNC 程序员可以方便地进行修改，改变一个尺寸，并不会影响程序中的其他尺寸。

对于使用 FANUC 控制器的 CNC 车床来说，用轴名称 X 和 Z 来表示绝对模式，它并不使用 G90 指令。

② 相对坐标编程（增量编程 INC）　相对编程模式下，所有尺寸都是指定方向上的间隔距离。机床的实际运动就是沿每根轴移动指定的数值，方向由数值的正负号控制，计算时以上一个点为原点进行。

相对坐标编程的主要优点是程序各部分之间具有可移植性，可以在工件的不同位置，甚至在不同的程序中，调用一个增量程序，它在子程序开发和重复相等的距离时用得最多。

对于使用 FANUC 控制器的 CNC 车床来说，用轴名称 U 和 W 来表示相对（增量）模式，它并不使用 G91 指令。

③ 混合编程　许多 FANUC 控制器中，为了特殊编程的目的，可以在一段程序中混合使用绝对模式和相对增量模式。由于 CNC 车床并不使用 G90 和 G91，所以只在 X 和 Z 以及 U 和 W 之间切换，X 和 Z 表示绝对值，U 和 W 则是相对值，两者坐标方向定义相同。正负方向判断如图 4-3 所示。可以在一段程序中使用上述两种类型。

如图 4-4 所示，实现图中所示刀具的移动过程，用三种方式编程分别是：

绝对方式编程：X20.0 Z5.0;

相对增量方式编程：U－60.0 W－75.0;

混合方式编程：X20.0 W－75.0;

　　　　　　　　U－60.0 Z5.0;

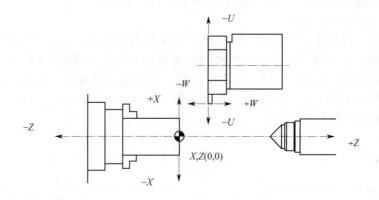

图 4-3   *U* 和 *W* 的方向判断

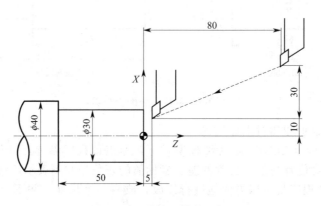

图 4-4   三种编程模式示例

4.3   数控车床工件坐标系建立的三种方法

工件坐标系是确定零件图上各几何要素的位置而建立的坐标系。编程人员可以在工件坐标系中描述工件形状，计算程序数据。工件坐标系直接影响到编程计算量、程序繁简程度和零件的加工精度。数控车床工件坐标系的建立通常有三种方法：试切对刀法、G54～G59 设定工件坐标系和 G50 设定工件坐标系。下面以 FANUC-0i-TD 系统为基础，分别就上述方法进行叙述和讨论。

（1）试切对刀法

设刀具号为 T01，刀具的补偿号为 01。*X*、*Z* 轴分别试切对刀建立工件坐标系，具体的过程如下：

① 用车刀先试切一外圆，车刀沿 *Z* 向退出工件。测量外圆直径后，按 "OFS/SET" → "补正" → "形状"，移动光标到 01，输入 "X49.0"，按 "测量" 键，即将工件坐标系零点的 *X* 坐标，输入到刀具几何形状里。补偿号为 01 的 *X* 值为：$X-329.035$，如表 4-1 所示。

② 用外圆车刀再试切外圆端面，车刀沿 *X* 向退出工件。按 "OFS/SET" → "补正" → "形状"，移动光标到 01，输入 "Z 0"，按 "测量" 键，即将工件坐标系零点的 *Z* 坐标输入到刀具几何形状里。补偿号为 01 的 *Z* 值为：$Z-249.035$，如表 4-1 所示。

表 4-1　刀具形状补正

项　　目	X	Z	R	T
G01	−329.035	−249.035	0.0000	0
G02	0.0000	0.0000	0.0000	0
G03	0.0000	0.0000	0.0000	0
G04	0.0000	0.0000	0.0000	0
G05	0.0000	0.0000	0.0000	0
G06	0.0000	0.0000	0.0000	0

若 T01 刀具的补偿号为 02，在以上的操作过程中，需要将光标移到 02，其他的操作相同。

试切对刀的原理如图 4-5 所示，其原理为通过 X、Z 轴分别试切，确定工件坐标系零点在机床坐标系中的位置。

（2）G50 设定工件坐标系

G50 设置工件坐标系零点的原理为，根据刀具当前位置，确定工件坐标系。

图 4-6 中，在 MDI 模式下，输入 G50 X49.0 Z0，并运行。图 4-7 中，在 MDI 模式下，输入 G50 X0 Z0，并运行。工件坐标系零点的位置相同。

如果程序开头：G50 X150 Z150 ……，程序终点必须与起点一致，即 X150 Z150，这样才能保证重复使用该程序加工不乱刀。

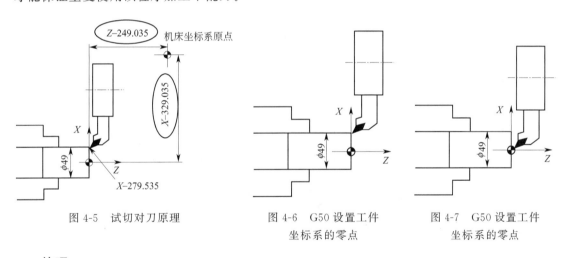

图 4-5　试切对刀原理　　　　图 4-6　G50 设置工件　　　　图 4-7　G50 设置工件
　　　　　　　　　　　　　　　　　坐标系的零点　　　　　　　　坐标系的零点

技巧：

用第一参考点 G28 作为程序开头，可以保证重复加工不乱刀。

G28 U0 W0

G50 X334.26 Z223.25

使用参考点建立工件坐标系的原理如图 4-8 所示。G50 指令中 X、Z 的坐标计算如下：

X：100＋254.26−20＝334.26

Z：50＋93.250＋80＝223.25

（3）G54～G59 设定工件坐标系

将某一把刀作为标准刀，通过试切建立工件坐标系，其余的刀以标准刀作为参照，通过刀补确定刀具在工件坐标系中的位置。

以下通过 T06、T04 说明工件坐标系建立的过程，T06 作为标准刀，刀补号为 06；T04 的刀补号为 04。

用 T06 外圆车刀先试切一外圆端面，选择 G54，建立工件坐标系。T06 的刀补号为 06，其 X、Z 形状补正值为"0"；T04 在刀塔安装与 T06 外圆车刀在 X、Z 方向存在误差，如

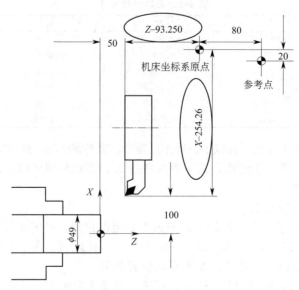

图 4-8　G50 建立工件坐标系原理

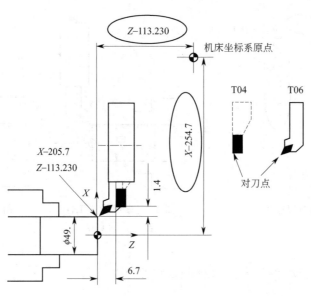

图 4-9　G54 试切对刀原理

通用	X	0.000	G55	X	0.000
	Z	0.000		Z	0.000
G54	X	−254.7	G56	X	0.000
	Z	−113.230		X	0.000

图 4-10　机床坐标系的设定

图 4-9 和图 4-10 所示。T04 的刀补号为 04，其 X、Z 形状补正值，X 为−1.4，Z 为−6.7，如表 4-2 所示。

表 4-2　刀具形状补正

番　　号	X	Z	R	T
G01	0.0000	0.0000	0.0000	0
G02	0.0000	0.0000	0.0000	0
G03	0.0000	0.0000	0.0000	0
G04	−1.4	−6.7	0.0000	0
G05	0.0000	0.0000	0.0000	0
G06	0.0000	0.0000	0.0000	0

例：计算刀具的机械位置。

O08005;

N10 G28U0W0;　　　　　　　　　刀具返回参考点

N20 M04S500;

N30 G54T0606;　　　　　　　　　建立工件坐标系，换刀，建立刀补

N40 G00X49Z50;　　　　　　　　　当前的机械坐标为 X−205.7，Z−63.230

N50 G00X100Z100;　　　　　　　　刀具移动到安全位置

N60 T0404;　　　　　　　　　　　换刀，建立刀补

N70 G00X49Z50　　　　　　　　　当前的机械坐标为 X−207.1，Z−69.930

N80 M05;

N90 M30;

程序中 N70 的机械坐标计算如下：

X：−205.7−1.4= −207.1

Z：−113.230−6.7+ 50= −69.930

提示：实际工作中主要采用试切对刀方法。

4.4　编程基本知识

4.4.1　程序的构成

为了设计、制造、维修和使用数控机床的方便，必须制定相应的数控机床编程和使用的标准。目前有两种主要的国际通用标准，即国际标准化组织标准 ISO 和美国电子工业协会标准 EIA。我国以采用和参照采用 ISO 标准的方式制定了我国的数控标准和数控加工程序的格式。GB 8870—1988 对零件数控加工程序的结构和格式作出了规定。

（1）程序的一般结构

下面我们结合 FANUC 系统一个简单的程序来讲解数控车削程序的构成。

如图 4-11 所示，用 1 号刀具加工 ϕ30 的外圆，编写程序如下：

% ……………………………………………………………… 程序起始符

O0001; ……………………………………………………………… 程序名

N5 G00 X50 Z50 T0101; ……… 调用第一把刀及刀补，建立工件坐标系，快速移动到换刀点

N10 M03 S500; ………………………………………… 主轴正转，转速 500r/min

X30 Z2; …………………………………………… 快速趋近于工件正前方 2mm

G01 Z-50 F100; ………………… 切削 ϕ30 段外圆，长度 50mm，进给速度 100mm/min

X42; …………………………………………………………… 刀具抬离工件表面

G00 X50 Z50; ··· 快速返回到换刀点
T0100; ·· 取消 1 把刀刀补
M05; ··· 停转主轴
M30; ··· 程序结束，并返回程序开头
% ··· 程序结束符

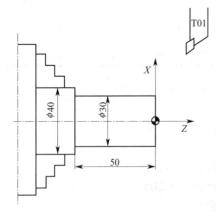

图 4-11　程序构成示例

① 程序结构　由上述程序可见，一个完整的加工程序由程序起始符、程序编号、程序内容和程序结束段、程序结束符等组成。

a. 程序起始符　表征程序传输的开始。常用的字符有%、& 等，其中 FANUC 系统常用%。手工编程和手动输入时可以省略程序起始符。

b. 程序名　O□□□□就是给零件数控加工程序一个编号，以便进行程序检索，并说明该零件加工程序开始。程序编号由程序编号地址码和其后的 2～4 位数字组成。其中，FANUC 系统一般采用英文字母 O 作为程序名地址码。

c. 程序内容　程序内容是整个程序的核心，它由许多程序段组成。每个程序段由一个或多个指令组成，用来准确描述刀具与工件的相对运动轨迹及切削参数等，表示了加工程序的全部内容。

d. 程序结束段　程序结束段以 M02 或 M30 指令等作为整个程序结束的符号来结束程序，程序结束应位于最后一个程序段。

e. 程序结束符　表征程序传输的结束。常用的字符有%、& 等，其中 FANUC 系统常用%。手工编程和手动输入时可以省略程序结束符。

② 程序格式　数控加工程序由若干个程序段组成。每个程序段包含若干个指令字（简称字），每个字由若干个字符组成。

a. 字符　程序中的每一个字母、数字或其他符号均称为字符。

b. 字　能表示某一功能的、按一定顺序和规定排列的字符集合称为字。数控装置对输入程序的信息处理，以字为单位来进行。例如 G01 是一个字，由字母 G 及数字 0、1 组成，字 G01 定义为直线插补。X-42.3 也是一个字，它表示刀具位移至 X 轴负方向 42.3mm 处。

c. 单程序段　一个程序段表示数控机床的一种操作，对应于零件的某道工序加工。程序段由若干个代码字组成（如图 4-12 所示）。在每个单段程序的前端，可以包含一个顺序号码 N，在末端 EOB 文本结束符表示程序段结束。不同的系统，习惯使用的文本结束符号不同。对于 FANUC 系统来说，常用 ";" 来表示单段程序结束。中间部分为程序段的内容。

N —	G —	X — Z —	F —	S —	T —	M —	EOB
序号	准备功能	坐标字	进给功能	主轴功能	刀具功能	辅助功能	单段结束符

图 4-12　单段程序的组成

图 4-13 就是上述格式的一个程序段。

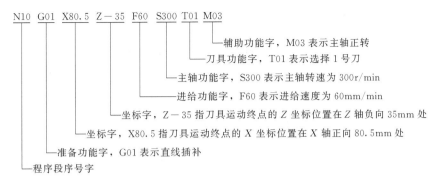

图 4-13　程序段示例

该程序段命令机床用 1 号刀具以 300r/min 的速度正转，并以 60mm/min 的进给速度直线插补运动至 X80.5mm 和 Z−35mm 处。

一个程序段除程序段号与程序段结束字符外，其余各字的顺序并不严格，可先可后，但为编写、检查程序的方便，习惯上可按 N—G—X—Y—Z—F—S—T—M 的顺序编程。

每个程序段并不需要包括所有的功能字，根据需要可以由一个字或几个功能字组成。但一般在程序中要完成一个动作必须具备以下内容：

a. 指定机床运动方式：如 G01 直线、G02 圆弧等准备功能字。

b. 刀具移动目标位置，如尺寸字 X、Y、Z 等表示终点坐标值。

c. 刀具切削进给速度，如进给功能字 F。

d. 刀具或者工件的旋转速度，如主轴转速功能字 S。

e. 用来完成相应切削加工的刀具编号，如刀具功能字 T。

f. 其他如机床的辅助动作和程序执行控制、辅助功能字 M 等。

表 4-3 表示 FANUC0-TD 系统可用的地址（字母）和它们的含义。

表 4-3　FANUC0-TD 系统主要功能字

功　能	地　址	含　义
程序号	O	程序名
序号	N	程序段顺序号
准备功能	G	指定数控机床运动方式
尺寸字	X,Z,U,W	坐标轴移动指令
	R	圆弧半径,转角 R
	C	倒角量
	I,K	圆弧中心坐标
进给功能	F	进给速度指定、螺纹导程指定
主轴功能	S	主轴速度指定、表面线速度指定
刀具功能	T	刀具号码指定 刀具补正号码指定、取消
辅助功能	M	机械开关 ON/OFF 控制指定 程序执行控制
暂停	P,U,X	暂停时间指定
子程序号码指定	P	子程序号码指定
序号指定	P,Q	多重固定循环程序段序号指定
重复次数	P	子程序的重复调用次数

（2）指令值的小数点输入

地址后所带数据根据功能不同，它的大小范围、是否可以有负号、是否可带小数点都有一定的规则，其中 G 代码和 M 代码的数字是由系统指定。表 4-4 为 FANUC0-TD 系统主要地址和指定值的范围。

表 4-4　FANUC0-TD 系统主要地址和指定值范围

功　　能	地　　址	米制输入
程序号码	O	1～9999
序号	N	1～9999
准备功能	G	0～999
尺寸字	W,Z,U W,R,C A,I,K	±9999.999mm
每分钟进给量	F	1～5000mm/min
每转进给量 螺纹导程	F	0.0001～40.0000 mm/r
主轴功能	S	0～9999
刀具功能	T	0～9932
辅助功能	M	0～99
暂停	X,U,P	0～9999.999s
序号指定 重复次数	P	1～9999999
序号指定	P,Q	1～9999

从表 4-4 可以看出，程序名 O、顺序号 N、准备功能代码 G、刀具指令 T、辅助指令 M、指定程序号指令 P 和重复次数指令 P 后所带数字除有一定的数值范围外，要求都必须是整数，且不可以用负号来表示。

凡有计量单位的功能字，例如暂停地址所带数值单位为 s，尺寸字地址所带数值单位为 mm，进给功能字所带单位为 mm/r 或者 mm/min，这些尺寸字、进给功能字、暂停计量单位地址字都是工艺参数和切削用量，通常情况下都带有小数，需编程人员根据加工要求、方法和工艺计算出精确数字。

这种情况下，了解现有 CNC 系统对计量单位功能字输入值的编译原则就显得非常重要。常见的计量单位指令值输入有四种方式：

a. 满地址格式；

b. 前置零消除；

c. 后置零消除；

d. 小数点。

在上述四种可用方法中，小数点编程的历史最短，所以可以接受小数点编程的控制器，同样可以接受上述三种编写方式，反过来就是错误的。

① 满地址格式　意味着在 X、Y、Z、I、J、K 等尺寸字中，所有可以使用的 8 位数字都必须写出来。

如在这种方式下 0.42mm 应用到 X 轴上时被写成 X00000420。

现在 CNC 编程中，满地址格式已经被淘汰。

② 消零格式　为了与老式程序兼容，许多控制器现在依然支持消零方法，前置或者后置零消除模式由控制生产厂家缺省设置。

公制尺寸 0.42mm 应用到 X 轴上时，用前置零消除编写成 X420。

公制尺寸 0.42mm 应用到 X 轴上时，用后置零消除编写成 X0000042。

显然前置零消除更实用，因此它是许多老式控制系统的缺省设置。

控制系统可以接受的最大、最小尺寸输入由 8 位数字组成，没有小数点，范围

00000001～99999999：

最小值：00000.001mm；

最大值：99999.999mm。

③ 小数点编程　所有现代的控制器的尺寸输入都使用小数点。如果输入值需要小数点，按正常书写，编译器会正确编译带小数点的值。如公制 X1000.0，系统编译认为输入的就是 X 轴坐标值 1000mm。

在 FANUC 系统中，可以通过参数设定省略小数部分或者末尾的零。这种情况下公制将被编译为 X1000.0。通常，控制系统被设置为前置零消除模式，并且没有小数点的值被当作最小单位来编译。例如公制 X1000 在这种情况下，将被编译为 X1.0。

因此，在现代数控编程中，最好将小数点编程作为标准方法，养成指令值输入带小数点的良好习惯。

至于具体到每一个指令的相关参数输入，要参考相应的数控编程手册。

（3）主程序与子程序

在一个加工程序中，如果有几个一连串的程序段完全相同，为缩短程序，可将这些重复的程序段串单独抽出，编成一个程序供调用，这个程序称为子程序。子程序可以被主程序调用，同时子程序也可调用另外子程序或者子程序嵌套调用。

主程序调用子程序可用 M98 指令，从子程序返回主程序可用 M99 指令。

通常 CNC 依照主程序操作，但是在主程序中遇到调用子程序时，控制进入子程序。在子程序中遇到表示返回主程序的指令时，控制回到主程序。其情况如图 4-14 所示。

子程序作为单独的程序存储在系统中时，任何主程序都可调用，可重复调用子程序 999 次。

主程序调用子程序，视为一重子程序调用。子程序可再调用下一级的另一个子程序，这个过程叫嵌套调用。子程序调用可以嵌套 4 级。二重子程序嵌套调用执行情况如图 4-15 所示。

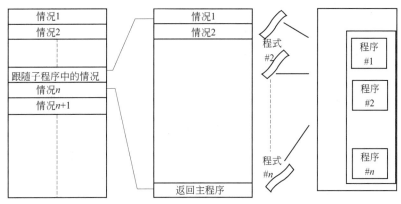

图 4-14　子程序调用实现过程

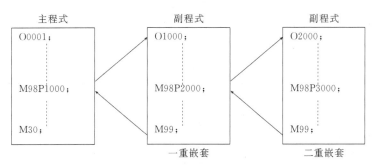

图 4-15　子程序嵌套调用

① 子程序的结构　主、子程序结构一样，子程序亦由程序名、程序内容和程序结束三部分组成。主、子程序结构唯一的区别是程序结束符号不同，子程序用 M99 表示调用结束返回子程序，而主程序用 M30 或 M02 结束程序。

例：

O0001   子程序名

N005 ……   子程序

……

M99;   子程序结束

M99 指令为子程序结束，并返回主程序，定位到子程序调用程序段"M98 P __"的下一程序段，继续执行主程序。M99 可不必作为独立的程序段指令，例如 X50.0 M99 也可以。

② 子程序的执行　子程序从主程序或所属的子程序中调用并执行。

子程序的调用指令如下：

M98 P ○○○□□□□：

其中，○○○表示子程序被重复调用的次数，□□□□表示调用的子程序名（数字）。值得注意的是，子程序名必须为 4 位。重复调用次数省略时，视为一次。

例 1：M98 P51002；

          连续调用 O1002 的子程序 5 次。

M98 P __ 可和移动指令列在同一单节。

例 2：X1000 M98 P1200；

          X 移动结束后子程序 O1200 调用一次。

例 3：主程序依顺序调用子程序并执行它，其过程如图 4-16 所示。

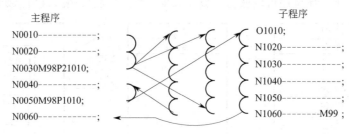

图 4-16　子程序调用执行示例

与从主程序调用子程序方法相同，另一个子程序可从所属子程序中调用。

4.4.2　MSFT 指令

（1）辅助功能（M 指令）

辅助功能也称 M 功能，由地址码 M 及后续两位数字组成，从 M00～M99 共 100 种。它是控制机床各种开关功能和程序执行有关的指令。如主轴正反转、切削液开闭、程序选择停止等。表 4-5 为 FANUC0-TD 系统常用的 M 代码及其功能。

表 4-5　辅助功能 M 代码及其功能

M 代码	功　　能	功能持续时间
M00	强制程序停止	单段有效
M01	可选择程序停止	单段有效
M02	程序结束	单段有效
M03	主轴顺时针旋转	一直有效,直到被取消或者替代
M04	主轴逆时针旋转	一直有效,直到被取消或者替代

续表

M 代码	功　　能	功能持续时间
M05	主轴停	一直有效,直到被取消或者替代
M08	冷却液"开"	一直有效,直到被取消或者替代
M09	冷却液"关"	一直有效,直到被取消或者替代
M30	程序结束并返回开头	单段有效
M98	子程序调用	一直有效,直到被取消或者替代
M99	子程序调用返回	一直有效,直到被取消或者替代

　　① 强制程序停止 M00。M00 程序无条件停止,关闭机床所有的自动操作(如轴的运动、主轴旋转等),模态信息(如进给速度、主轴速度等)保持不变。激活机床控制面板上的循环启动键,程序才能恢复自动执行。

　　② 可选择程序停止 M01。M01 与机床控制面板上可选择停止开关按钮配合使用。当程序执行中遇到 M01 功能时,若按钮处于"开"状态,程序暂停。若按钮处于"关"状态,则 M01 在程序中不起任何作用,程序仍继续执行。主要用于数控程序的调试及辅助环节(如换刀、检测等)的执行。

　　③ 程序结束 M02、M30。M02:程序结束,取消所有轴的运动、主轴旋转、冷却液功能,并将系统重新设置到缺省状态。若程序需再次运行,需要手动将光标移动到程序开始。

　　M30:程序结束,光标返回到程序的开头。可直接再次运行。其余的功能与 M02 类似。

　　④ 主轴顺时针旋转 M03、主轴逆时针旋转 M04。该指令使主轴以 S 指令指定的转速转动。M03 顺时针旋转,M04 逆时针旋转。对于 CNC 车床而言,从床头箱向主轴端面看,便可确定主轴旋转方向是 CW 还是 CCW。

　　⑤ 主轴停止旋转 M05。在许多机床上,改变主轴旋转方向前也必须编写辅助功能 M05。

　　⑥ 切削液开、关 M08、M09。开启冷却液 M08,关闭冷却液 M09。

　　⑦ 调用子程序 M98、子程序返回 M99。具体功能见上一节的主程序和子程序。

　　(2) 主轴功能(S 指令)S□□□□

　　也称 S 功能,由地址码 S 及后续的四位数字组成。主要有两种作用,一用于指定机床主轴转速,单位为 r/min,此时必须和 M03 或者 M04 指令结合使用。

　　例:M03 S500;主轴正转,转速 500r/min。

　　主轴转速可以用下边的公式计算:

$$r/min = \frac{1000 \times m/min}{\pi D}$$

式中　r/min——主轴转速;

　　　1000——换算系数;

　　m/min——表面切削线速度;

　　　　π——常数;

　　　　D——车削中的工件直径,mm。

　　例如:给定表面速度为 30m/min,切削工件直径为 15mm,则通过上述计算,应有的转速为 637r/min。

　　数控车削加工时,按需要可以设置恒表面切削线速度,车削过程中数控系统根据车削时工件不同位置处的直径计算主轴的转速。

　　恒表面切削线速度设置方法如下:

　　G96 S;　　其中 S 后面数字的单位为 m/min。

　　设置恒表面切削线速度后,如果不需要时可以取消,其方式如下:

G97 S；   其中 S 后面数字的单位为 r/min。

例：   G96 S200; 表示主轴切向速度（圆周线速度）200m/min。

         G97 S200; 表示转速 200r/min。

     在设置恒表面切削线速度后，由于主轴的转速在工件不同截面上是变化的，为防止主轴转速过高而发生危险，在设置恒切削速度前，可以将主轴最高转速设置在某一个最高值。

     切削过程中，当执行恒表面切削线速度时，主轴最高转速将被限制在这个最高值。

     设置方法如下：

     G50 S ；   其中 S 的单位为 r/min。

     例如：在刀具 T01 切削外形时用 G96 设置恒切削速度为 200m/min，而在钻头 T02 钻中心孔时用 G97 取消恒切削速度，并设置主轴转速为 1100r/min。

     这两部分的程序头如下：

G50 S2500 T0101 M08; /G50 限定最高主轴转速为 2500r/min，调 01 号刀具及刀补，建立工件坐标系

G96 S200 M03;   /G96 设置恒表面切削线速度为 200m/min，主轴顺时针转动

G00 X48.0 Z3.0;   /快速走到点（48.0，3.0）

G01 Z−27.1 F0.3;   /车削外形

G00 Ul.0 Z3.0;   /快速退回

…

T0202;   /调 02 号刀具及刀补，建立工件坐标系

G97 S1100 M03;   /G97 取消恒表面切削线速度，设置主轴转速为 1100r/min

G00 X0 Z5.0 M08;   /快速走到点（0，5.0），冷却液打开

G01 Z−5.0 F0.12;   /钻中心孔

…

     提示：数控车削中，若转速恒定，在加工中工件直径发生变化时，切削速度随之发生变化，会在加工表面留下刀痕，影响表面质量。

     为保证车削后工件的表面粗糙度一致，应设置恒切削速度，主要用于锥面、倒角、倒圆、圆弧成形面等需要两轴插补形成的场合。

    （3）切削进给

     在数控车削中有两种切削进给模式设置方法，即进给率（每转进给模式）和进给速度（每分钟进给模式），如图 4-17 所示。

     ① 进给率，单位为 mm/r，其指令为：

G99;   /进给率转换指令

G01 X Z F ;   / F 的单位为 mm/r

     ② 进给速度，单位为 mm/min，其指令为：

G98;   /进给速度转换指令

G01 X Z F ;   /F 的单位为 mm/min

     例：图 4-17(a)：G99 G01 Z-27.1 F0.3；表示进给率为 0.3mm/r。

     图 4-17(b)：G98 G01 Z-10.0 F80；表示进给速度为 80mm/min。

    （4）刀具功能（T 指令）

     刀具功能也称 T 功能，由地址码 T 及后续的若干位数字组成，用于更换刀具时指定刀具或显示待换刀号，在数控车床编程中，常用的刀具功能字格式为 T□□□□，其中前两位

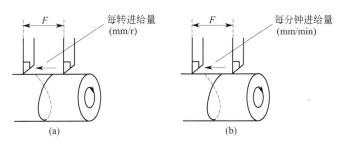

图 4-17　数控车削中进给速度模式

代表刀具安装到转塔上对应的刀位编号，后两位对应刀具的补偿寄存器号码，通常情况下，两组数字成一一对应关系。

　　例：通常意义下，T0202，02 为刀具号（选择 2 号刀具），02 为刀具补偿值组号（调用第 2 号刀具补偿值）。

　　　　　　　T0200 表示调用第 2 把刀，取消它的刀补。

　　提示：在试切方法直接对刀的情况下，T0202 的含义为：调用 02 号刀及刀补，并据此建立工件坐标系，一般与 G00 组成的快速移动指令配合使用。

4.5　G 指令

　　准备功能字由地址码 G 及其后续 2 位数字组成，从 G00～G99 共 100 种。G 功能的主要作用是指定数控机床的运动方式，将控制系统设置为某种预期的状态，或者某种加工模式或者状态，为数控系统的插补运算等做好准备。所以它一般都位于程序段中尺寸字的前面而紧跟在程序段序号字之后。G 代码功能表，其中一部分代码未规定其含义，等待将来修订标准时再指定。另一部分"永不指定"的代码，即便将来修订标准时也不再指定其含义，而由机床设计者自行规定其含义。表 4-6 是 FANUC0-TD 系统常用的 G 指令。

表 4-6　FANUC 0-TD 数控车床系统 G 指令

G 指令	组　别	解　释
G00		定位（快速移动）
G01	01	直线切削
G02		顺时针切圆弧（CW,顺时针）
G03		逆时针切圆弧（CCW,逆时针）
G04	00	暂停（Dwell）
G09		停于精确的位置
G20	06	英制输入
G21		公制输入
G22	04	内部行程限位　有效
G23		内部行程限位　无效
G27		检查参考点返回
G28		经中间点返回参考点
G29	00	从参考点返回目标点
G30		经中间点返回到第二参考点
G32		完整螺纹切削
G40		取消刀尖半径偏置
G41	07	刀尖圆弧半径偏置（左侧）
G42		刀尖圆弧半径偏置（右侧）

G 指令	组　别	解　释
G50		修改工件坐标系;设置主轴最大的转速
G52	00	设置局部坐标系
G53		选择机床坐标系
G54		工件坐标系偏置 1
G55		工件坐标系偏置 2
G56	12	工件坐标系偏置 3
G57		工件坐标系偏置 4
G58		工件坐标系偏置 5
G59		工件坐标系偏置 6
G70		精加工循环
G71		轴向复合粗切循环
G72		径向复合粗切循环
G73	00	复杂形状复合粗切循环
G74		Z 向步进钻削
G75		X 向切槽
G76		复合螺纹切削循环
G80		取消固定循环
G83		钻孔循环
G84		攻螺纹循环
G85	10	正面镗孔循环
G87		侧面钻孔循环
G88		侧面攻螺纹循环
G89		侧面镗孔循环
G90		单一轴向切削循环
G92	01	螺纹切削循环
G94		单一径向切削循环
G96	12	恒表面切削线速度控制
G97		恒表面切削线速度控制取消
G98	05	每分钟进给量
G99		每转进给量

4.5.1　直线插补 G01

直线插补使刀具以直线方式和指令给定的移动速率，从当前位置移动到指令指定的终点位置。CNC 车床在直线插补模式下，可以产生下述三种类型的运动：

① 导轨方向水平运动——只有 Z 轴参与插补；

② 导轨方向垂直运动——只有 X 轴参与插补；

③ XZ 平面内斜线运动——X 轴、Z 轴同时参与插补。

在车削加工中可以实现内外圆柱面、锥面和端面切削，以及倒角等切削动作。

指令格式：

G01　X（U）＿Z（W）＿F＿;

X、Z：要求移动目标终点的绝对坐标值。

U、W：要求移动目标终点的相对坐标值。

注：① F 代码指定的进给率，直到给定新的进给率前，一直保持有效，它不需要每个单节指定。

② 通常 F 值是每转进给率，例 F0.25 即每转进给 0.25mm。

③ 在 G01 的指令中，一般在同一单节有 X、Z 或 U、W 时通常为锥度切削。

例：如图 4-18 所示的外圆柱面切削程序为：

G01　Z－50.0　F0.3;

或　G01　W－55.0　F0.3;

例：如图 4-19 所示的外圆锥面切削程序为：

G01　X40.0　Z－30.0　F0.25;

或　G01　U20.0　Z－30.0　F0.25;

或　G01　X40.0　W－30.0　F0.25;

或　G01　U20.0　W－30.0　F0.25;

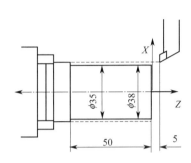

图 4-18　G01 外圆柱面切削

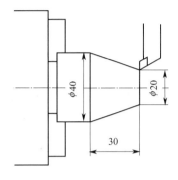

图 4-19　G01 外圆锥面切削

4.5.2　快速移动 G00

快速移动，有时也叫做定位运动，它是以很快的机床设定的速度将切削刀具从一个位置移动到另一个位置的方法。在 CNC 车床中，快速运动操作经常包括四种类型的运动：

① 从换刀位置到工件的运动；

② 从工件到换刀位置的运动；

③ 工件间不同位置的移动；

④ 绕过障碍物的运动。

快速运动的目的就是实现快速定位，减少非生产或者空行程时间，各坐标轴以 CNC 机床生产厂家设定的速度独立运动，其运动轨迹不一定是直线。

指令格式：

G00　X (U) ＿Z (W) ＿;

X、Z：要求移动目标终点的绝对坐标值。

U、W：要求移动目标终点的相对坐标值。

注：同一程序段内，可以使用 M、S、T 功能。

如图 4-20 所示，几种路径的快速移动编程如下：

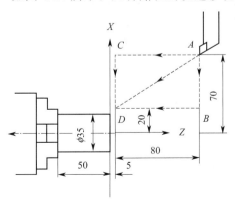

图 4-20　快速移动编程示例

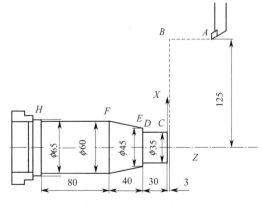

图 4-21　G00 和 G01 编程示例

由 $A \sim D$ 点

G00　X40.0　Z5.0;（绝对指令）

G00　U－100.0　W－80.0;（增量指令）

G00　X40.0　W－80.0;（混合使用）

G00　U－100.0　Z5.0;

G00　U－100.0;　或 G00　X40.0;　由 $A \sim B$ 点

Z5.0;　　或　W－80.0;　由 $B \sim D$ 点

G00　Z5.0;　　或 G00　W－80.0;　由 $A \sim C$ 点

U－100.0;　　或　X40.0;　由 $C \sim D$ 点

如图 4-21 所示，轮廓编程如下：

G00　Z3.0;　　　　　　（A→B）

X35.0;　　　　　　　　（B→C）

G01　Z－30.0　F0.25;（C→D）

X45.0;　　　　　　　　（D→E）

X60.0　Z－70.0;　　　（E→F）

Z－150.0;　　　　　　（F→G）

X65.0;　　　　　　　　（G→H）

4.5.3　圆弧插补 G02、G03

在 CNC 车床中，圆弧插补主要用来编写圆弧在圆球、圆弧拐角、外部或者内部半径圆角过渡等的应用。

指令格式：

$$\begin{Bmatrix} G02 \\ G03 \end{Bmatrix} X(U) \_ Z(W) \_ \begin{Bmatrix} R \_ \\ I \_ K \_ \end{Bmatrix} F \_$$

X、Z：绝对方式编程时，圆弧终点在工件坐标系中的坐标。

U、W：增量方式编程时，圆弧终点相对于圆弧起点的位移量。

I、K：圆心相对于圆弧起点的增加量（等于圆心的坐标减去圆弧起点的坐标，如图4-22所示），不管用绝对方式还是增量方式编程，都是以增量方式指定；在直径、半径编程时，I 都是半径值。

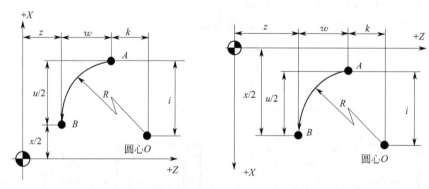

图 4-22　圆弧插补指令各项参数含义

R：圆弧半径。

F：被编程的两个轴的合成进给速度。

注：① G02 为顺时针圆弧插补，G03 为逆时针圆弧插补。

② CNC 车床中，前后刀架顺时针和逆时针圆弧插补的判断方法如图 4-23 所示。后置刀架中，G02 为顺时针圆弧插补，G03 为逆时针圆弧插补。前置刀架中，G03 为顺时针圆弧插补，G02 为逆时针圆弧插补。前后刀架的圆弧插补方向成镜像关系。

提示： 前后刀架中均沿着 Y 轴的正向向负向看，在 ZX 平面内，顺时针圆弧为 G02，逆时针圆弧为 G03，判断结果与上述相同。

③ 同时编入 R 与 I、K 时，R 有效。

④ 圆弧插补时，圆心角≤180°，R 取正值；圆心角＞180°，R 取负值。

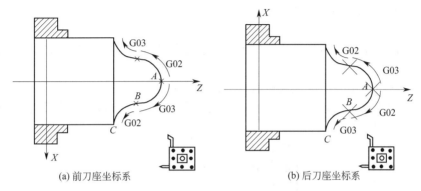

(a) 前刀座坐标系　　　　　　　　　　　(b) 后刀座坐标系

图 4-23　前后刀架圆弧插补方向判断

例： 如图 4-24 所示，编程如下：

G01　Z－10.0　F0.15;　　　　　　　　　A→B
G02　X46.0　Z－18.0　R8.0　　　　　　B→C
(或 G02　X46.0　Z－18.0　I8.0;)
G01　X50.0;　　　　　　　　　　　　　C→D

例： 如图 4-25 所示，编程如下：

G03　X44.0　Z－12.0　R12.0　F0.15;　A→B
(或 G03　X44.0　Z－12.0　K12.0　F0.15;)
G01　Z－25.0;　　　　　　　　　　　　B→C
X50.0;　　　　　　　　　　　　　　　　C→D

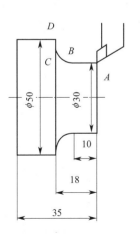

图 4-24　后置刀架
G02 编程示例

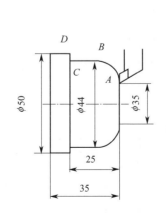

图 4-25　后置刀架
G03 编程示例

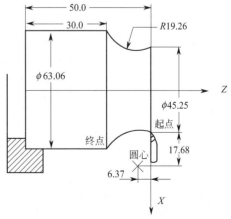

图 4-26　前刀架圆弧编程示例

例：如图 4-26 所示，前置刀架圆弧段编程如下：

G02　X63.06　Z－20.0　R19.26　F0.25；或者 G02　U－17.81　W－20.0　R19.26　F300；

G02　X63.06　Z－20.0　I35.36　K－6.37　F300；或者 G02　U17.81　W－20.0　I35.36　K－6.37　F300；

4.5.4　暂停指令 G04

格式：G04　X ＿ （单位：s）；

或者　　G04　U ＿ （单位：s）；只能用于车床

或者　　G04　P ＿ （单位：ms）；

说明：

① G04 在前一程序段的进给速度降到零之后开始暂停动作。在执行含 G04 指令的程序段时，先执行暂停功能。

② G04 为非模态指令，仅在其被指定的程序段中有效。

③ G04 可使刀具作短暂停留，以获得圆整而光滑的表面。该指令除用于切槽、钻镗孔外，还可用于拐角轨迹控制。

例：G04　X1.0；　　　　　（暂停 1s）

　　G04　U1.0；　　　　　（暂停 1s）

　　G04　P1000；　　　　（暂停 1s）

4.6　螺纹切削编程

在 CNC 车床上加工螺纹，是与主轴旋转同步进行的加工特殊形状螺旋槽的过程。螺纹形状主要由切削刀具（形状和尺寸必须与所加工螺纹的形状和尺寸一致）和安装位置决定，加工速度由编程进给率控制。螺纹编程加工的进给率为螺纹导程，而不是螺距。

无论加工何种螺纹，刀塔中安装的螺纹刀可以垂直或平行于机床的主轴中心线，采用何种方式安装刀具，取决于螺纹相对于主轴中心线的角度。

在 CNC 车床上加工螺纹，一般需要多次切削完成加工。为实现多次切削的目的，每一次切削开始的机床主轴旋转必须同步，以使每次切削深度都在同一位置上，最后一次走刀加工出适当的螺纹尺寸、形状、表面质量和公差（这些参数需要查阅有关手册获得），并得到合格的螺纹。

螺纹加工随着切削深度的增加，刀片上的切削载荷越来越大。为此需要保持刀片上的恒定载荷。通常使用两种方法，一种方法是逐渐减少螺纹加工深度，另一种方法是采用适当的横切方式，这两种方法经常同时使用。

常用螺纹加工走刀次数及切削余量见表 4-7。

表 4-7　常用螺纹加工走刀次数及切削余量　　　　　　　　　　　　mm

		米制螺纹　牙深 $h_1=0.6495P$　$P=$ 牙距						
	螺距	1	1.5	2.0	2.5	3.0	3.5	4
	牙深	0.694	0.974	1.229	1.624	1.949	2.273	2.598
切削余量及切削次数	1 次	0.7	0.8	0.9	1.0	1.2	1.5	1.5
	2 次	0.4	0.6	0.6	0.7	0.7	0.7	0.8
	3 次	0.2	0.4	0.6	0.6	0.6	0.6	0.6
	4 次		0.16	0.4	0.1	0.4	0.6	0.6
	5 次			0.1	0.4	0.4	0.4	0.4
	6 次				0.15	0.4	0.4	0.4
	7 次					0.2	0.2	0.4
	8 次						0.15	0.3
	9 次							0.2

续表

英制螺纹　牙深 $h_1=0.6403P$　$P=$牙距							
牙数/in	20 牙	18 牙	16 牙	14 牙	12 牙	10 牙	8 牙
螺距	1.27	1.4111	1.5875	1.8143	2.1167	2.5400	3.1750
牙深	0.8248	0.904	1.016	1.162	1.355	1.626	2.033
切削余量及切削次数　1 次	0.8	0.8	0.8	0.8	0.9	1.0	1.2
2 次	0.4	0.6	0.6	0.6	0.6	0.7	0.7
3 次	0.16	0.3	0.5	0.5	0.6	0.6	0.6
4 次		0.11	0.14	0.3	0.4	0.4	0.5
5 次				0.13	0.21	0.4	0.5
6 次						0.16	0.4
7 次							0.17

　　每次走刀的结构相同，只是每次走刀的螺纹数据有变化，每次螺纹加工走刀至少有 4 次基本运动，如图 4-27 所示。

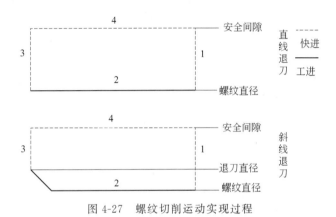

图 4-27　螺纹切削运动实现过程

　　在执行螺纹切削第一次运动之前，必须将刀具从换刀位置快速移动到靠近工件的位置，这个位置称为螺纹起始位置，它定义了螺纹加工的起点和最终返回点。起始点作为螺纹 X 轴和 Z 轴安全间隙的交点，必须定义在工件附近的外侧位置。加工中 X 方向安全直径单边间隙值为 1.5～2 倍的导程。在实际加工中，螺纹刀接触材料之前，其速度必须达到 100% 的编程进给率。因此在确定 Z 轴前端安全间隙时，必须考虑加速的影响。通常，起始位置 Z 轴方向的间隙应该是导程的 3～4 倍。

　　第一次运动：将刀具从起始位置快速移动到螺纹直径处。

　　第二次运动：加工螺纹，进给率等于导程。

　　第三次运动：从螺纹退刀，常见的退刀方式有直线快速退刀，先以斜线进给速率退刀到一定位置、然后快速直线退刀。通常刀具在比较开阔的地方结束加工，可以选择直线退刀；若刀具结束加工的地方不开阔，最好选择斜线退出，斜线退出有利于提高螺纹的加工质量。

　　第四次运动：快速返回到起始位置。

　　常见的螺纹加工切削进刀方式如图 4-28 所示。其中径向进刀方式切削方法，由于两侧刃同时工作，切削力较大，而且排屑困难，因此在切削时，两切削刃容易磨损。在切削螺距较大的螺纹时，由于切削深度较大，刀刃磨损较快，从而造成螺纹中径产生误差；但是其加工的牙型精度较高，因此一般多用于螺距小于或者等于 1.5mm 的螺纹加工。

　　侧向进刀式切削方法，由于为单侧刃加工，加工刀刃容易损伤和磨损，使加工的螺纹面不直，刀尖角发生变化，而造成牙型精度较差。但由于其为单侧刃工作，刀具负载较小，排

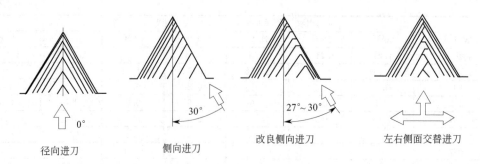

图 4-28　螺纹车削常见的进刀方式

屑容易，刀刃加工工况较好，并且切削深度为递减式。因此，此加工方法一般适用于大螺距螺纹加工。在螺纹精度要求不高的情况下，此加工方法更为方便。但采用侧向进刀方式加工时，其中一个切削刃始终与螺纹壁接触，并不产生切削运动，而仅仅是不期望的摩擦，为了提高螺纹表面质量，编程时可使进给角度略小于牙型角，这就是改良的侧向进刀方式。在加工较高精度螺纹时，可采用两刀加工完成，即先用侧向进刀加工方法进行粗车，然后用径向进刀加工方法精车。

　　左右侧面交替进刀方式切削方法，一般用来加工螺距大于 3mm 的螺纹和常见的梯形螺纹。其加工程序通常采用宏程序。

　　在进行螺纹加工之前，必须确定螺纹切削的有关参数，如图 4-29 所示，图中各个参数的含义为：

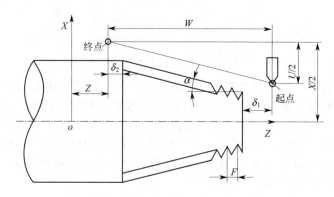

图 4-29　螺纹切削参数

　　　F——螺纹导程；

　　　α——锥螺纹倾角，若 $\alpha=0$，则为直螺纹；

　　　δ_1、δ_2——螺纹加工导入、导出长度（不完全螺纹长度），这两个参数是由于数控机床伺服系统在车削螺纹的起点和终点的加减速引起的，这两段的螺纹导程小于实际的螺纹导程，其简易确定方法如下：

$$\delta_2=\frac{Fn}{1800}$$

$$\delta_1=\frac{Fn}{1800}(-1-\ln\alpha)=\delta_2(-1-\ln\alpha)$$

$$\alpha=\frac{\Delta L}{L}$$

式中，F 为螺纹导程，mm；n 为主轴转速，r/min；ΔL 为允许螺纹导程误差；常数 1800 是基于伺服系统参数为 0.033s 时得出的。

例如：主轴转速为 500r/min，螺纹导程为 2mm，$\alpha = 0.015$ 时，经计算 $\delta_1 = 1.779$mm，$\delta_2 = 0.556$mm。当然在选择 δ_1 时，还要考虑上边提过的安全间隙。

此外，还要查表确定螺纹的其他参数，如螺纹的牙型角（选择刀片角度的依据）、螺纹的顶径（控制轴或者底孔的加工尺寸）、螺纹的底径（控制螺纹加工深度）、螺纹的中径（控制螺纹精度）以及其他参数。

4.6.1　完整螺纹切削指令 G32

提示： 在 FANUC 系统的 CNC 车床中，常见的螺纹加工指令分为径向进刀的单行程完整螺纹切削指令 G32、简单螺纹切削循环指令 G92，主要用于螺距不大于 1.5mm 的螺纹加工，而侧向进刀的螺纹切削复合循环指令 G76 主要用于螺距大于 1.5mm 而不大于 3mm 的螺纹加工。

G32 是单行程螺纹切削指令，切削时车刀进给运动严格按照规定的螺纹导程进行。该指令可以用于车削等导程的直螺纹、锥螺纹和涡卷螺纹。每次螺纹加工至少需要四个程序段，若螺纹加工使用斜线退刀，则需要五个程序段。

指令格式：G32　X (U) __Z (W) __F __；

指令说明：

① 式中，X (U)、Z (W) 为螺纹加工终点坐标，F 为进给速度，大小等于螺纹的导程。

② 圆柱螺纹切削加工时，X (U) 值可以省略，格式：G32 Z (W) __F __；

③ 端面螺纹切削加工时，Z (W) 值可以省略，格式：G32 X (U) __F __；

注意：

① F 表示螺纹导程，对于圆锥螺纹（图 4-30），其斜角 α 在 45° 以下时，螺纹导程以 Z 轴方向指定；斜角 α 在 45°～90° 时，以 X 轴方向指定。

② 采用恒表面线速度切削时，主轴转速会变化。在螺纹切削时，为保证正确的导程，不能使用表面恒速度切削方式。

③ 螺纹切削时，不能指定倒角或者倒圆角。

例：

① 用 G32 指令切削图 4-31 所示的直螺纹。

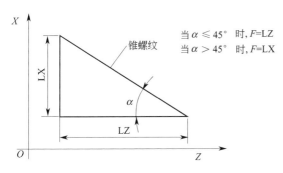

图 4-30　锥螺纹螺距方向确定

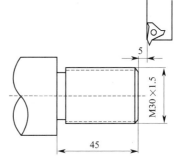

图 4-31　G32 直螺纹编程示例

```
G00　X35.0　Z5.0;          出发点
X29.2;
G32　Z−44.0　F1.5;        第一次切削
G00　X35.0;
Z5.0;
```

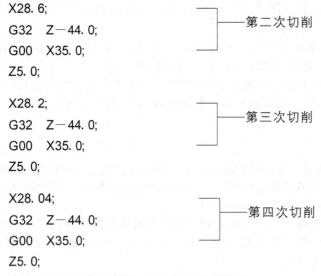

X28. 6;
G32　Z－44. 0;　　　　　第二次切削
G00　X35. 0;
Z5. 0;

X28. 2;
G32　Z－44. 0;　　　　　第三次切削
G00　X35. 0;
Z5. 0;

X28. 04;
G32　Z－44. 0;　　　　　第四次切削
G00　X35. 0;
Z5. 0;

② 用 G32 指令切削图 4-32 所示的锥螺纹。

注意：切削锥螺纹，应查表得锥螺纹标准，因其出发点不在工件端面，而是在安全位置，故其底径必须进行出发点计算。相关螺纹参数的计算也是如此。

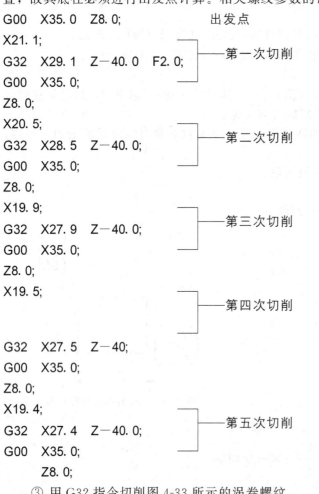

G00　X35. 0　Z8. 0;　　　　　　出发点
X21. 1;
G32　X29. 1　Z－40. 0　F2. 0;　　第一次切削
G00　X35. 0;
Z8. 0;
X20. 5;
G32　X28. 5　Z－40. 0;　　第二次切削
G00　X35. 0;
Z8. 0;
X19. 9;
G32　X27. 9　Z－40. 0;　　第三次切削
G00　X35. 0;
Z8. 0;
X19. 5;
　　　　　　　　　　　　第四次切削
G32　X27. 5　Z－40;
G00　X35. 0;
Z8. 0;
X19. 4;
G32　X27. 4　Z－40. 0;　　第五次切削
G00　X35. 0;
　　Z8. 0;

③ 用 G32 指令切削图 4-33 所示的涡卷螺纹。

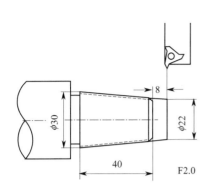 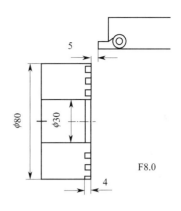

图 4-32　G32 锥螺纹编程示例　　　　　　图 4-33　G32 涡卷螺纹编程示例

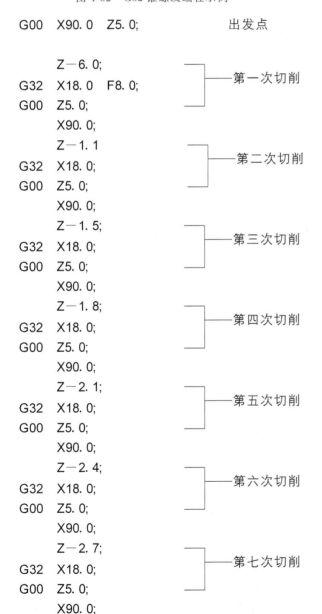

G00	X90.0　Z5.0;	出发点
	Z－6.0;	
G32	X18.0　F8.0;	第一次切削
G00	Z5.0;	
	X90.0;	
	Z－1.1	
G32	X18.0;	第二次切削
G00	Z5.0;	
	X90.0;	
	Z－1.5;	
G32	X18.0;	第三次切削
G00	Z5.0;	
	X90.0;	
	Z－1.8;	
G32	X18.0;	第四次切削
G00	Z5.0;	
	X90.0;	
	Z－2.1;	
G32	X18.0;	第五次切削
G00	Z5.0;	
	X90.0;	
	Z－2.4;	
G32	X18.0;	第六次切削
G00	Z5.0;	
	X90.0;	
	Z－2.7;	
G32	X18.0;	第七次切削
G00	Z5.0;	
	X90.0;	

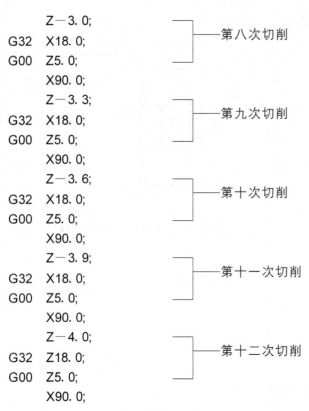

```
        Z—3.0;
G32     X18.0;                  ┐
G00     Z5.0;                   ├— 第八次切削
        X90.0;                  ┘
        Z—3.3;
G32     X18.0;                  ┐
G00     Z5.0;                   ├— 第九次切削
        X90.0;                  ┘
        Z—3.6;
G32     X18.0;                  ┐
G00     Z5.0;                   ├— 第十次切削
        X90.0;                  ┘
        Z—3.9;
G32     X18.0;                  ┐
G00     Z5.0;                   ├— 第十一次切削
        X90.0;                  ┘
        Z—4.0;
G32     Z18.0;                  ┐
G00     Z5.0;                   ├— 第十二次切削
        X90.0;                  ┘
```

4.6.2　螺纹切削单一循环指令 G92

G92 指令用于简单螺纹循环，每指定一次，螺纹车削自动循环一次，其加工过程如图 4-34 所示。在循环路径中，除螺纹车削为切削进给外，其余均为快速运动。图中，用 F 表示切削进给，R 表示快速进给。

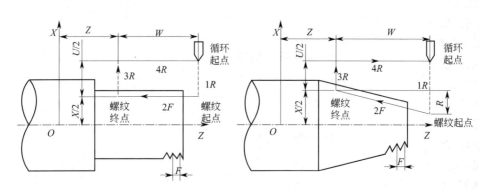

图 4-34　G92 螺纹切削循环

G92 为模态指令，指令的起点和终点相同，径向（X 轴）进刀、轴向（Z 轴或者 X、Z 轴同时）螺纹切削，实现等螺距的直螺纹、锥螺纹的切削循环。

指令格式：G92　X（U）＿Z（W）＿R＿F＿；

指令说明：

① X、Z 表示螺纹终点坐标值。

② U、W 表示螺纹终点相对循环起点的坐标分量。

③ R 表示锥螺纹始点与终点在 X 轴方向的坐标增量（半径值），圆柱螺纹切削循环时 R

为零，可省略。

④ F 表示螺纹导程。

G92 指令执行，在螺纹加工结束前有螺纹退尾过程。在距离螺纹切削固定长度处（称为螺尾的退尾长度，由 CNC 系统参数设定），产生斜线退刀。

G92 指令的螺尾退尾功能可以用来加工没有退刀槽的螺纹，但不可缺少的是螺纹加工的导入长度。

G92 指令可以分刀多次完成一个螺纹的加工，但不能实现两个连续螺纹的加工，亦不能加工涡卷螺纹。

例：① 用 G92 指令编写图 4-35 所示的直螺纹，分三次车削，切削深度（直径值）分别是：0.8mm、0.6mm 、0.24mm，切削深度依次降低。

```
G97  S1000  M03;
G00  X35.0  Z5.0  T0303;
G92  X29.2  Z-44.0  F1.5;
X28.6;
X28.2;
G00  X250.0  Z100.0;
T0300;
M05;
M30;
```

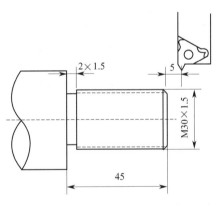

图 4-35 G92 直螺纹编程示例

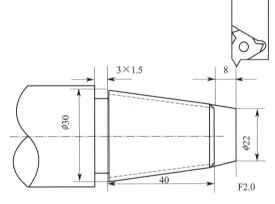

图 4-36 G92 锥螺纹编程示例

② 用 G92 指令编写图 4-36 所示的锥螺纹，分五次车削，单边切削深度分别是 1mm、0.8mm 、0.6mm、0.2mm、0.2mm，切削深度依次降低。

G97 S1000 M03;	主轴正转，转速 1000r/min
T0400;	
G00 X35.0 Z8.0 T0404;	快速趋近工件，调用 4 号刀
G92 X29.2 Z-41.0 I-4.0 F2.0;	锥螺纹切削循环
X28.4;	二次螺纹切削循环
X27.8;	三次螺纹切削循环
X27.6;	四次螺纹切削循环
X27.4;	完成螺纹加工
G00 X200.0 Z80.0;	退回到换刀位置

T0400;	取消 4 号刀刀补
M05;	停主轴
M30;	程序结束

注意：

① G92 循环指令只能通过另一条运动指令取消，通常是 G00 或者 G01。

② 螺纹加工导入长度的预留。

4.6.3 多重螺纹切削循环 G76

G76 螺纹切削复合循环指令比 G32、G92 简洁，属于侧向进刀加工螺纹。工艺性比较合理，编程效率较高，它可以加工带螺尾退尾的直螺纹和锥螺纹，但不能加工涡卷螺纹。

G76 指令用于多次自动循环车削螺纹，程序中只需要指定一次，并在指令中定义好有关参数，在车削过程中，除第一次车削深度需指定外，其余各次车削深度自动计算。

指令格式：G76　P(m) (r) (α)　Q (Δd_{min})　R (d)

　　　　　G76　X (U) _Z (W) _R (i)　P (k)　Q (Δd)　F (f)

指令功能：通过多次螺纹粗车、螺纹精车完成规定牙高的螺纹加工，若定义的螺纹角度不为 0°，螺纹粗车的切入点由牙型顶部逐渐移至螺纹牙底，使得相邻两螺纹的夹角为规定的螺纹角度。

指令说明：

① m 表示精车重复次数，从 1～99，该参数为模态值。

② r 表示斜向退刀量单位数，或螺纹尾端倒角值，在 0～9.9f，以 0.1f 为单位（即为 0.1 的整数倍），用 00～99 两位数字指定，其中 f 为螺距，该参数为模态量。

③ α 表示刀尖角度（螺纹牙型角）：从 80°、60°、55°、30°、29°、0° 中选择。

④ m、r 用地址 P 同时指定，例如：P021260，表示精加工次数 2 次（$m=2$），螺纹尾端倒角值 1.2f ($r=1.2f$)，螺纹牙型角 60° ($\alpha=60°$)。

⑤ Δd_{min} 表示最小切削深度，当计算深度小于 Δd_{min}，则取 Δd_{min} 作为切削深度。

⑥ d 表示精加工余量，用半径编程指定，单位 0.001mm。

⑦ X、Z 表示螺纹终点的坐标值。

⑧ U 表示螺纹终点增量坐标值。

⑨ W 表示螺纹增量坐标值。

⑩ i 表示锥螺纹起、终点的半径差，若 $i=0$，则为直螺纹。

⑪ k 表示螺纹高度（X 方向半径值），单位 0.001mm。

⑫ Δd 表示第一次粗切深（半径值），单位 0.001mm。

⑬ f 表示螺纹导程。

G76 的循环路径与走刀方法如图 4-37 所示。在使用 G76 时，应注意不要混淆两个程序段中相同的地址 P、Q，它们都有独特的含义，只在所在程序段中起作用。

例：

① 对于图 4-35 的用 G92 指令车削直螺纹的例子改用 G76 来编写，螺纹高度 0.974mm，螺纹尾端倒角 0.2f，刀尖角 60°，第一次切削深度 0.5mm，最小切削深度 0.2mm，精车余量 0.1mm，精车次数 1 次，其数控程序如下：

G97　S1000　M03;	主轴正转，转速 1000r/min
T0300;	
G00　X36.0　Z5.0　T0303;	快速趋近工件，调用 3 号刀
G76　P010260　Q200　R100;	圆柱螺纹切削

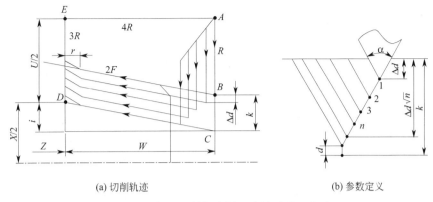

(a) 切削轨迹　　　　　　　　　　　(b) 参数定义

图 4-37　螺纹切削复合循环路线及进刀方法

G76　X28.2　Z−44.0　P974　Q 500　F1.5;	
G00　X250.0　Z100.0;	退回到换刀位置
T0300;	取消 4 号刀刀补
M05;	停主轴
M30;	程序结束

② 对于图 4-36 的用 G92 指令车削锥螺纹的例子改用 G76 来编写，螺纹牙高 1.299mm，螺纹尾端倒角 0.2f，刀尖角 60°，第一次切削深度 0.8mm，最小切削深度 0.2mm，精车余量 0.1mm，精车次数 1 次，其数控程序如下：

G97　S1000　M03;	主轴正转，转速 1000r/min
T0400;	
G00　X35.0　Z8.0　T0404;	快速趋近工件，调用 4 号刀
G76　P010260　Q200　R100;	锥螺纹切削循环
G76　X27.4　Z−41.0　I−4.0　P1299　Q800　F2.0;	
G00　X200.0　Z80.0;	退回到换刀位置
T0400;	取消 4 号刀刀补
M05;	停主轴
M30;	程序结束

4.7　简单台阶轴的单一循环编程

CNC 车床上手工编程中耗时最多的工作就是用于去除多余的毛坯余量。通常是在圆柱形毛坯上进行粗车和粗镗。

在粗加工毛坯去除领域内，几乎所有的现代 CNC 车床系统都可以使用特殊循环来自动处理粗加工刀具路径，以此来简化编程。

针对车削和镗削加工简单的台阶轴类零件的毛坯去除过程，现代 CNC 车床系统提供了 G90 和 G94 两个固定循环（简单循环）来实现简化编程。简单循环只能用于垂直、水平或者有一定角度的直线切削，不能用于倒角、圆角或者切槽等。

4.7.1　轴向切削循环 G90

G90 指令用于在零件的外圆柱面（圆锥面）或者内孔面（内锥面）上毛坯余量较大或者直接从棒料车削零件时进行精车前的粗车，以去除沿主轴方向大部分余量。

① 圆柱面 Z 方向车削循环，指令格式：

G90 X（U） __Z（W） __F __；

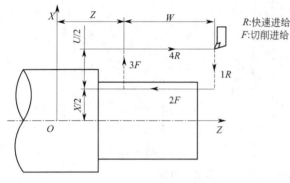

图 4-38 G90 圆柱面车削固定循环

式中，X（U） X（U）、Z（W） 表示车削循环中车削进给路径的终点坐标，可以是绝对坐标，也可以是增量坐标，F 为进给速度。

圆柱面 Z 方向车削循环，如图 4-38 所示，循环过程中 Z 轴方向车削零件和 X 轴方向退刀为进给运动，其余为快速运动，循环过程如下：

a. X 轴从起点快速移动到切削起点。

b. 从切削起点以给定的进给速度切削至终点。

c. X 轴以切削进给速度退刀，返回到与起点 X 轴绝对坐标相同处。

d. Z 轴快速返回到起点，循环结束。

② 圆锥面车削循环，指令格式：

G90 X（U） __Z（W） __R __F __；

式中，X（U）、Z（W） 表示车削循环中车削进给路径的终点坐标，可以是绝对坐标，也可以是增量坐标；R 为起、终点半径差值，有正负号；F 为进给速度。

锥面车削循环过程与柱面车削过程类似，如图 4-39 所示。

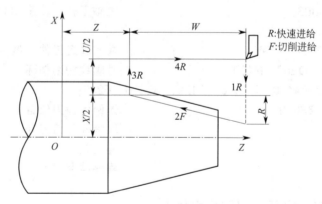

图 4-39 G90 锥面车削固定循环

注意：a. 由 G90 准备功能制定的循环称为直线切削循环，其目的是去除刀具起始位置与指定的 X、Z 坐标位置之间的多余材料，通常为平行于主轴中心线的直线切削和镗削，Z 轴为主要的切削轴。

b. 使用任何运动指令（G00、G01、G02、G03）都可以取消 G90 模态固定循环，常用 G00 指令。

c. G90 为粗加工循环，首先需要选择每次的切削深度，要确定深度，先求出外圆上实际去除的毛坯量是多少，实际毛坯量是沿 X 轴方向的单侧（半径）值；考虑精加工余量后，选择切削次数，确定每次的切削余量。循环时只需按车削深度依次改变 X 坐标值，其余参数为模态量。

d. 安全间隙的选择：柱体切削时，工件直径以及前端面的间隙通常为 3mm 左右；锥体切削时，终点加工空间宽阔，两段均需要加安全间隙。否则，至少要在起点处增加 3mm 左右的安全间隙。

e. 为了保证表面加工质量，G90 固定循环可以和 G96 恒表面线速度切削指令结合使用。

f. 在锥面切削编程过程中，注意 R 的正负号区分，具体情况如图 4-40 所示。

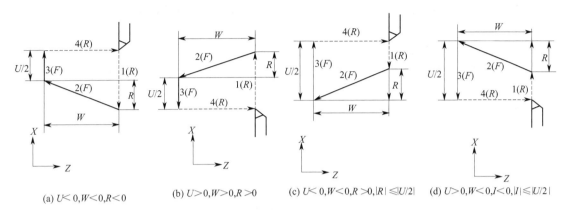

(a) $U<0,W<0,R<0$ (b) $U>0,W>0,R>0$ (c) $U<0,W<0,R>0,|R|\leqslant|U/2|$ (d) $U>0,W<0,I<0,|I|\leqslant|U/2|$

图 4-40　G90 锥面循环中 R 正负判断

例：

① 圆柱面切削循环。如图 4-41 所示，零件右端直径为 $\phi35\mathrm{mm}$，相邻段零件的直径为 $\phi60\mathrm{mm}$，直径相差较大，加工余量大。因此在精车前，必须将毛坯上大部分余量去除。为此，可使用 G90 指令编写粗车程序，车削单边深度分配 2.5mm、2.5mm、1.5mm、1mm。此外，为了取得好的表面加工质量，还使用了恒线速切削 G96，表面线速度 150m/min，最高转速 2000r/min。程序编写如下：

```
G50   S2000;
G99   G96   S150   M03   T0100;
G00   X70.0   Z15.0   T0101;
G90   X55.0   Z-60.0   F0.25;
X50.0;
X47.0;
X45;
G00   X200.0   Z80.0;
T0100;
M05;
M30;
```

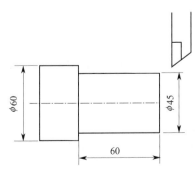

图 4-41　G90 圆柱面切削循环编程示例

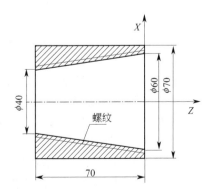

图 4-42　G90 和 G92 加工内锥螺纹

② G90＋G92 内圆锥螺纹实例。如图 4-42 所示的内圆锥螺纹，加工时先用 T01 刀、G90 循环加工出内螺纹底孔，然后再用 T02 刀、G92 循环加工出内螺纹。牙深 1.3mm，螺距 2mm，编写的程序如下：

```
G00  X100.0  Z150.0  T0101;  换刀位置，换 1 号刀，建立工件坐标系
G99  M03  S400;
G00  X30.0  Z10.0;            快速趋近工件附近
G90  X35.0  Z-70.0  R10.0F0.2; 内圆锥面循环
X40.0;
G00  X100.0  Z150.0;          回到换刀位置
T0100;                        取消 1 号刀刀补
T0202;                        换 2 号刀
G00  X30.0  Z10.0;            快速趋近工件附近
G92  X40.9  Z-70.0  R10.0  F2.0; 内锥螺纹循环
X41.5;                        二次切深 0.6mm
X42.1;                        三次切深 0.6mm
X42.5;                        四次切深 0.4mm
X42.6;                        完成螺纹加工
G00  X100.0  Z150.0;          退回换刀位置
T0200;                        取消 2 号刀刀补
M05;
M30;
```

4.7.2　径向切削循环 G94

G94 指令主要用于在零件的垂直端面或者锥形端面上毛坯余量较大或者直接从棒料车削零件时精车前的粗车，以去除大部分毛坯余量。与 G90 指令的区别是，G90 指令主要用于平行于主轴中心线的直线切削和镗削，而 G94 主要用于垂直于主轴中心线方向的直线切削和镗削。

① 垂直端面车削固定循环，指令格式：

G94　X（U）__Z（W）__F__；

式中，X（U）、Z（W）表示车削循环中车削进给路径的终点坐标，可以是绝对坐标，也可以是增量坐标，F 为进给速度。

垂直端面车削固定循环，如图 4-43 所示，循环过程中 Z 轴方向车削零件和 X 轴方向退刀为进给运动，其余为快速运动，循环过程如下：

a. Z 轴从起点快速移动到切削起点。

b. 从切削起点以给定的进给速度切削至终点。

c. Z 轴以切削进给速度退刀，返回到与起点 Z 轴绝对坐标相同处。

d. X 轴快速返回到起点，循环结束。

② 圆锥面车削循环，指令格式：

G94　X（U）__Z（W）__R__F__；

式中，X（U）、Z（W）表示车削循环中车削进给路径的终点坐标，可以是绝对坐标，也可以是增量坐标；R 为起、终点 Z 坐标差值，有正负号；F 为进给速度。

锥面车削循环过程与柱面车削过程类似，如图 4-44 所示。

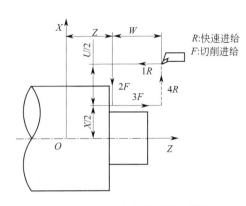

图 4-43　G94 垂直端面固定循环

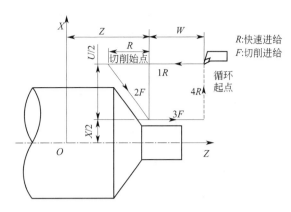

图 4-44　G94 锥形端面固定循环

注意：a. 由 G94 准备功能制定的循环称为断面切削循环，其目的是去除刀具起始位置与指定的 X、Z 坐标位置之间的多余材料，通常为垂直于主轴中心线的直线切削和镗削，X 轴为主要的切削轴。

b. 使用任何运动指令（G00、G01、G02、G03）都可以取消 G90 模态固定循环，常用 G00 指令。

c. G94 为粗加工循环，首先需要选择每次的切削深度，要确定深度，先求出外圆上实际去除的毛坯量是多少，实际毛坯量是沿 Z 轴方向的值；考虑精加工余量后，选择切削次数，确定每次的切削余量。循环时只需按车削深度依次改变 Z 坐标值，其余参数为模态量。

d. 为了保证表面加工质量，G90 固定循环可以和 G96 恒表面线速度切削指令结合使用。

e. 在锥面切削编程过程中注意 R 的正负号区分，具体情况如图 4-45 所示。

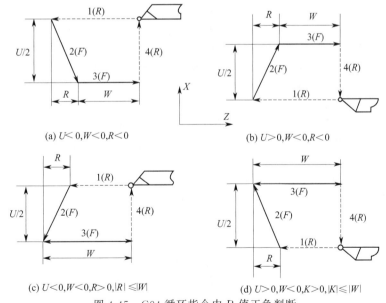

(a) $U<0,W<0,R<0$　　　　(b) $U>0,W<0,R<0$

(c) $U<0,W<0,R>0,|R|\leqslant|W|$　　　　(d) $U>0,W<0,K>0,|K|\leqslant|W|$

图 4-45　G94 循环指令中 R 值正负判断

例：

① 垂直端面粗车示例。如图 4-46 所示，零件右段小端面直径 $\phi20\text{mm}$，相邻段零件的

外径为 $\phi 60$mm，台阶长度为 9mm，用 G94 车削循环指令编写粗车程序，每次车削深度为 3mm，X（半径值）和 Z 方向各留 0.2mm 的精车余量，则粗车加工程序编写如下：

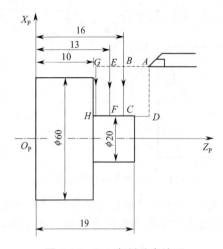

图 4-46　G94 车削垂直端面

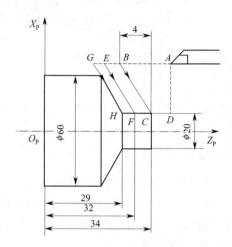

图 4-47　G94 车削锥形端面

G00　X100.0　Z100.0　T0101;	回换刀点，调用第 1 把刀及刀补，建立工件坐标系
G99　M03　S200;	主轴正转，转速 200r/min，进给率切换为 r/min
G00　X65.0　Z5.0;	刀具快速趋近工件
G94　X20.4　Z16.0　F0.2;	第一次粗车
Z13.0;	第二次粗车
Z10.2;	完成加工，留精加工余量
G00　X100.0　Z100.0;	退回安全点
T0100;	取消 1 号刀刀补
M05;	主轴停
M30;	程序结束

② 锥形端面粗车示例。如图 4-47 所示，零件右段小端面直径 $\phi 20$mm，相邻段零件的外径为 $\phi 60$mm，台阶长度为 5mm，$R=-4$mm，用 G94 车削循环指令编写粗车程序，车削深度分别为 2mm、3mm，X（半径值）和 Z 方向各留 0.2mm 的精车余量，则粗车加工程序编写如下：

G00　X100.0　Z100.0　T0101;	回换刀点，调用第 1 把刀及刀补，建立工件坐标系
G99　M03　S200;	主轴正转，转速 200r/min，进给率切换为 r/min
G00　X65.0　Z5.0;	刀具快速趋近工件
G94　X20.4　Z34　R-4.0　F0.2;	第一次粗车
Z32.0;	第二次粗车
Z29.2;	完成加工，留精加工余量
G00　X100.0　Z100.0;	退回安全点
T0100;	取消 1 号刀刀补
M05;	主轴停
M30;	程序结束

总结：单一固定循环的选择方法如图 4-48 所示，依照毛坯及工件的形状选择适当的固定循环。

提示：在单一轴向切削循环 G90 和单一径向切削循环 G94 的使用过程中，主要的区别是车刀及安装

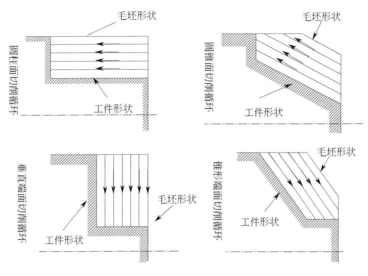

图 4-48　单一固定循环选择

不同，两者的主切削刃要保证主要进给方向的工件加工，前者为轴向，而后者为径向。

4.8　复杂轴类零件的复合循环编程

数控车床复合固定循环指令，与前述单一形状固定循环指令一样，它可以用于必须重复多次加工才能加工到规定尺寸的典型工序。G70～G76 为复合车削循环指令。在复合固定循环中，通过定义零件精加工路径、进刀量、退刀量和加工余量等数据自动计算切削次数和每次的切削轨迹，机床可以自动实现多次进刀、切削、退刀、再进刀的加工循环，自动完成工件毛坯的粗加工到精加工全过程，使得程序进一步简化。此外，复合循环指令不仅可以进行直线和锥体切削，也可以加工圆角、倒角、凹槽等，可以进行复杂轮廓加工操作。在这组指令中，G71、G72、G73 是粗加工指令，G70 是 G71、G72、G73 粗加工后的精加工指令。G74、G75 将在下一节中详细介绍。G76 已经在螺纹加工部分介绍过，此处不再赘述。

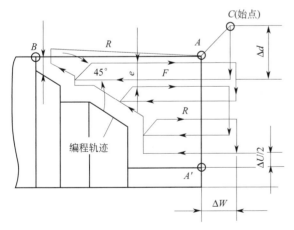

图 4-49　轴向粗车循环 G71

4.8.1　轴向粗车循环 G71

轴向粗车固定循环 G71，适用于毛坯料粗车外径和粗车内径，切削方向主要沿平行于 Z 轴的方向进行。如图 4-49 所示为粗车外径的加工路径。图中 C 是粗加工循环的起点，A 是毛坯外径与端面轮廓的交点。只要在程序中，给出 $A \rightarrow A' \rightarrow B$ 之间的精加工形状及径向精车余量 $\Delta U/2$、轴向精车余量 ΔW 及每次切削深度 Δd 即可完成 $AA'BA$ 区域的粗车工序。图中 e 为退刀量，它是模态指令，用参数设定。

指令格式：G71　U（Δd）R（e）

　　　　　　G71　P（n_s）Q（n_f）U（Δu）W（Δw）F（f）S（s）T（t）

指令说明：

① Δd 表示每次切削深度（半径值），无正负号。

② e 表示退刀量（半径值），无正负号。

③ n_s 表示精加工路线第一个程序段的顺序号。

④ n_f 表示精加工路线最后一个程序段的顺序号。

⑤ Δu 表示 X 方向的精加工余量，直径值。

⑥ Δw 表示 Z 方向的精加工余量。

G71 指令实际上由三部分组成：给定粗车的进刀量、退刀量的程序段；给定定义精车轨迹的程序段区间、精车余量和切削进给速度、主轴转速、刀具功能的程序段；精车轨迹（$n_s \sim n_f$）的程序段，在执行 G71 时，这些程序仅用于计算粗车的轨迹，实际并未被执行。

系统根据精车轨迹、精车余量、进刀量、退刀量等数据自动计算粗加工路线，沿与 Z 轴平行的方向切削，通过多次进刀、切削、退刀循环完成工件的粗加工。G71 的起点与终点相同。本指令适合于非成形毛坯（棒料）的成形粗车。

指令使用注意事项：

① G71 循环精加工轮廓的第一句 P 一般只能采用 G00、G01 指令，而且只包含 X 坐标轴指令。

② G71 循环加工指令适用于毛坯棒料的外径和内径的轴向粗车。

③ 零件轮廓必须符合 X 轴、Z 轴方向单调增大或者单调减小。

④ 精车预留余量 Δu 和 Δw 的符号与刀具轨迹的移动方向有关，即沿刀具移动轨迹移动时，如果 X 方向坐标值单调增加，Δu 为正，反之为负；Z 坐标值单调减小，则 Δw 为正，反之为负，如图 4-50 所示，图中 A—B—C 为精加工轨迹，A'—B'—C' 为粗加工轨迹。

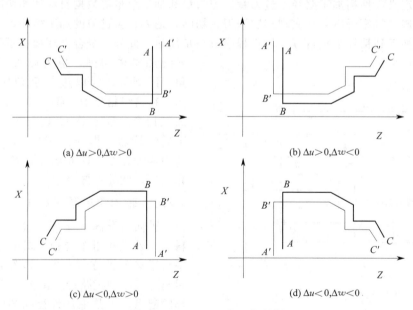

(a) $\Delta u > 0, \Delta w > 0$　　　　　　(b) $\Delta u > 0, \Delta w < 0$

(c) $\Delta u < 0, \Delta w > 0$　　　　　　(d) $\Delta u < 0, \Delta w < 0$

图 4-50　Δu、Δw 的正负判断

⑤ G71 循环的外部粗加工和内部粗加工，若 X 轴方向精加工余量 Δu 为正值，控制系统将循环作为外部循环处理，反之，按内部循环处理。

⑥ 在 $n_s \sim n_f$ 程序段中，不能调用子程序。

⑦ 在车削循环期间，刀尖补偿功能无效，需提前进行补偿。

⑧ 在 $n_s \sim n_f$ 程序段中，指定的 G96 、G97 及 T、F、S 对车削循环均无效，而在 G71 指令中或者之前的程序段里制定的这些功能有效。

⑨ 在轴向粗车循环前，可以使用恒表面线速度切削功能来提高其表面加工质量。

例：如图 4-51 所示要进行外圆粗车的轴，粗车切削深度定义为 2mm，退刀量定义为 1mm，精车预留量 X 方向为 0.5mm，Z 方向为 0.2mm，粗车进给率为 0.2mm/r，表面恒定线速度为 200m/min，用 G71 数控程序编写如下：

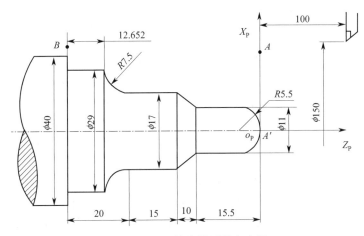

图 4-51　G71 轴向循环粗车实例

```
G00   X150   Z100   T0101;                    回换刀点，调用 1 号刀及刀补
G96   M03   S200;                             主轴正转，恒定线速度 200m/min
G50   S1500;                                  限定最高转速 1500r/min
G00   X41   Z0;                               快速趋近工件
G71   U2   R1;                                定义粗车循环
G71   P50   Q120   U0.5   W0.2   F0.2;        定义精加工轨迹
N50   G01   X0;
G03   X11   W−5.5   R5.5;
G01   W−10;
X17   W−10;
W−15;
G02   X29   W−7.348   R7.5;
G01   W−12.652;
N120   X41;                                   精加工轨迹结束
G00   X150   Z100   T0100;                    退回换刀点，取消刀补
M05;                                          主轴停
M30;                                          程序结束
```

4.8.2　径向粗车循环 G72

径向粗车固定循环 G72，适用于毛坯棒料粗车外径和粗车内径，切削方向主要沿垂直于 Z 轴的方向进行。如图 4-52 所示，它是从外径方向向轴心方向切削端面的粗车循环。

指令格式：G72　W (Δd) R (e)

　　　　　G72　P (n_s) Q (n_f) U (Δu) W (Δw) F (f) S (s) T (t)

指令说明：

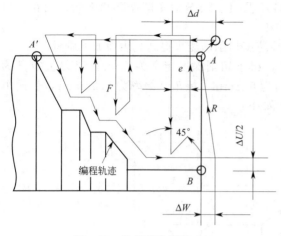

图 4-52　径向粗车循环 G72

① Δd 表示每次 Z 轴的单次切削深度，无正负号。

② e 表示 Z 轴单次退刀量，无正负号。

③ n_s 表示精加工路线第一个程序段的顺序号。

④ n_f 表示精加工路线最后一个程序段的顺序号。

⑤ Δu 表示 X 方向的精加工余量，直径值。

⑥ Δw 表示 Z 方向的精加工余量。

G72 指令的各方面都与 G71 类似，指令使用注意事项：

① G72 循环精加工轮廓的第一句 P 一般只能采用 G00 、G01 指令，而且只包含 Z 坐标轴指令。

② G72 循环加工指令适用于毛坯棒料的外径和内径的径向粗车。

③ 零件轮廓必须符合 X 轴、Z 轴方向单调增大或者单调减小。

④ 精车预留余量 Δu 和 Δw 的符号与刀具轨迹的移动方向有关，即沿刀具移动轨迹移动时，如果 X 方向坐标值单调增加，Δu 为正，反之为负；Z 坐标值单调减小，则 Δw 为正，反之为负，如图 4-53 所示，图中 $A—B—C$ 为精加工轨迹，$A'—B'—C'$ 为粗加工轨迹。

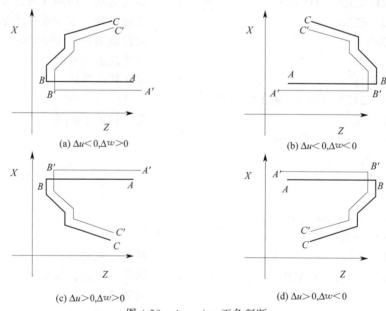

图 4-53　Δu、Δw 正负判断

⑤ G71 循环的外部粗加工和内部粗加工，若 X 轴方向精加工余量 Δu 为正值，控制系统将循环作为外部循环处理，反之，按内部循环处理。

⑥ 在 $n_s \sim n_f$ 程序段中，不能调用子程序。

⑦ 在车削循环期间，刀尖补偿功能无效，需提前进行补偿。

⑧ 在 $n_s \sim n_f$ 程序段中，指定的 G96、G97 及 T、F、S 对车削循环均无效，而在 G72 指令中或者之前的程序段里制定的这些功能有效。

⑨ 在径向粗车循环前，可以使用恒表面线速度切削功能来提高其表面加工质量。

例：如图 4-54 所示要进行外圆粗车的轴，粗车切削 Z 轴单次进刀量定义为 2mm，退刀量定义为 1mm，精车预留量 X 方向为 0.5mm，Z 方向为 0.2mm，粗车进给率为 0.3mm/r，用 G72 数控程序编写如下：

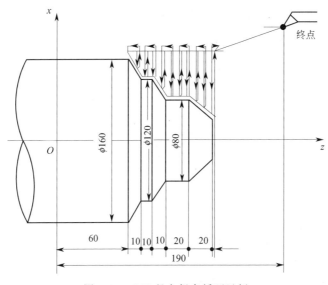

图 4-54　G72 径向粗车循环示例

G50　X220.0　Z190.0;	用 G50 建立工件坐标系
G99　M03　S800;	主轴正转，转速 800r/min，进给率切换为 mm/r
T0101;	调用 1 号刀及刀补
N02　G00　X176.0　Z132.0;	快速趋近工件附近
G72　W2.0　R0.5;	定义粗车循环
G72　P04　Q09　U0.5W0.2　F0.3;	
N04　G00　Z58.0;	定义精车轨迹
G01　X120.0　W120.0　F0.15;	
W10.0;	
X80.0　W10.0;	
W20.0;	
N09　X36.0　W22.0;	精车轨迹结束
G00　X220.0　Z190.0;	回换刀位置
T0100;	取消 1 号刀补
M05;	主轴停
M30;	程序结束

4.8.3　封闭切削循环 G73

G73 固定形状封闭切削循环适用于铸、锻件毛坯零件。由于铸、锻件毛坯的形状与零件的形状基本接近，只是外径、长度较成品大一些，形状较为固定，故称为固定形状封闭切削循环。这种循环方式的走刀路径如图 4-55 所示。

指令格式：G73　U（Δi）W（Δk）R（d）

G73　P（n_s）Q（n_f）U（Δu）W（Δw）F（f）S（s）T（t）

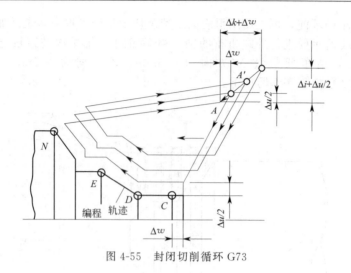

图 4-55　封闭切削循环 G73

指令说明：

Δi 表示 X 轴向总退刀量（半径值，mm）。

Δk 表示 Z 轴向总退刀量（mm）。

d 表示重复循环次数，单位：千次。

n_s 表示精加工路线第一个程序段的顺序号。

n_f 表示精加工路线最后一个程序段的顺序号。

Δu 表示 X 方向的精加工余量（直径值）。

Δw 表示 Z 方向的精加工余量。

指令使用注意事项：

① 刀具轨迹平行于工件的轮廓，故适合加工铸造和锻造成形的坯料。

② 背吃刀量分别通过 X 轴方向总退刀量 Δi 和 Z 轴方向总退刀量 Δk 除以循环次数 d 求得。

③ 总退刀量 Δi 与 Δk 值的设定与工件的最大切削深度有关。

④ G73 循环精加工轮廓的第一句 P 一般只能采用 G00 、G01、G02、G03 指令。

⑤ G73 不像 G71、G72 一样必须要求零件轮廓符合 X 轴、Z 轴方向单调增大或者单调减小，但零件轮廓需满足连续性。

⑥ G73 循环的外部粗加工和内部粗加工，若 X 轴方向精加工余量 Δu 为正值，控制系统将循环作为外部循环处理，反之，按内部循环处理。

⑦ 在 $n_s \sim n_f$ 程序段中，不能调用子程序。

提示： G73 外圆循环加工中的 Δi（X 轴向的退刀距离）的计算值应为毛坯的最大外径与成品工件最小外径差值的一半。

⑧ 在车削循环期间，刀尖补偿功能无效，需提前进行补偿。

⑨ 在 $n_s \sim n_f$ 程序段中，指定的 G96、G97 及 T、F、S 对车削循环均无效，而在 G73 指令中或者之前的程序段里制定的这些功能有效。

⑩ 在轴向粗车循环前，可以使用恒表面线速度切削功能来提高其表面加工质量。

例： 如图 4-56 所示的零件，其毛坯为锻件。粗加工分三次走刀，第一刀留给后两刀单边加工余量（Z 向和 X 向）均为 14mm，进给速度为 0.3mm/r，主轴转速 500r/min；精加工余量 X 向为 4mm（直径值），Z 向为 2mm，用 G73 封闭切削循环编写程序如下：

　　G50　X260.0　Z220.0;　　　　　　　用 G50 建立工件坐标系

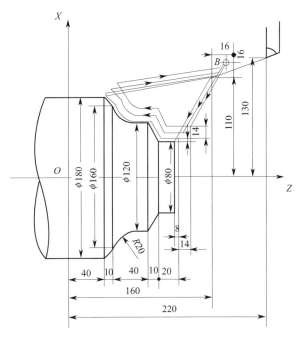

图 4-56 封闭切削循环 G73 编程实例

G99　M03　S500;	主轴正转，转速 800r/min，进给率切换为 mm/r
T0101;	调用 1 号刀及刀补
G00　X220.0　Z160.0;	快速趋近工件附近
G73　U14.0　W14.0　R0.003;	定义粗车循环
G73　P50　Q100　U4.0　W2.0　F0.3;	
N50　G00　X80.0　W−35.0;	定义精车轨迹
G01　W−20.0;	
X120.0　W−10.0;	
W−20.0;	
G02　X160.0　W−20.0　R20.0;	
N100　G01　X180.0　W−10.0;	精车轨迹结束
G00　X260.0　Z220.0;	回换刀位置
T0100;	取消 1 号刀补
M05;	主轴停
M30;	程序结束

4.8.4　精加工循环 G70

G70 指令用于在零件用粗车循环 G71、G72、G73 车削后的精车加工。指令格式为：

G70　P (n_s)　Q (n_f);

式中，n_s 为粗车循环 G71、G72、G73 指定的精车轨迹的第一个程序段号；n_f 为精车轨迹的最后一个程序段号。

指令功能：刀具从起点位置沿着 $n_s \sim n_f$ 程序段给出的工件精车轨迹进行精加工。在 G71、G72、G73 进行粗加工后，用 G70 进行精车，单次完成精加工余量的切削。G70 循环结束时，刀具返回到与 G71、G72、G73 相同的循环起点，并执行 G70 程序段后的下一段程序。G70 指令轨迹由 $n_s \sim n_f$ 之间程序段的编程轨迹决定。n_s、n_f 在 G70~G73 程序段中的相对位置如下：

G71/G72/G73…；

N（n_s）…　　　　　　　　　　　　精加工程序开始

…

　　　　…F…

　　　　…S…

　　　　…T…

　　　　…

N（n_f）…　　　　　　　　　　　　精加工轨迹定义结束

…

G70　P（n_s）Q（n_f）；

　　　…

指令使用注意事项：

① 当 n_s～n_f 程序段未指定 T、F、S 时，在粗车循环 G71、G72、G73 之前指定的 T、F、S 仍然有效。

② 在 G70 指令执行过程中，可以停止自动运行或者手动移动，但要再次执行 G70 循环时，必须返回到手动移动前的位置。如果不返回就执行，后边的运行轨迹将错位。

③ 当需要更换刀具执行 G70 循环指令时，刀具从换刀位置必须回到 G71、G72、G73 循环的起点，否则程序不执行。

④ n_s～n_f 程序段中不能调用子程序。

例：① G71＋G70 粗、精加工循环。

如图 4-57 所示的要进行外圆粗车的轴，粗车切削深度定义为 2mm，退刀量定义为 1mm，精车预留量 X 方向为 1.0mm，Z 方向为 0.5mm，粗车进给率为 0.3mm/r，精车用进给率和刀具同粗车。数控程序编写如下：

G00　X200. Z100. T0101；

G99　M03　S200；

G00　X165. Z2. ；

G71　U2. R1.

G71　P70　Q150　U1. W. 5　F. 3；

N70　G00　X160. ；

G01　Z－2. F. 1；

G03　X100. W－50. R50. ；

G01　W－20. ；

X120　W－20. ；

X150. ；

G03　X160. W－5. R5. ；

N150　G01　W－15. ；

N160　G70　P70　Q150；

N170　G00　X200. Z100. ；

M05；

M30；

② G73＋G70　粗、精加工循环。

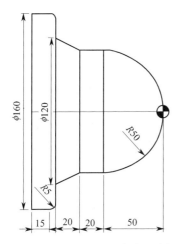

图 4-57　G71 和 G70 综合应用实例

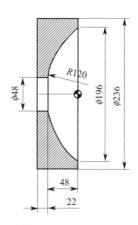

图 4-58　G73 和 G70
综合应用实例

如图 4-58 所示的零件，其毛坯为铸件。粗加工分五次走刀，单边退刀量（Z 向和 X 向）均为 10mm，而 U 为负值，所以为内孔加工循环。进给速度为 0.2mm/r，主轴转速 200r/min；精加工余量 X 向为 1mm（直径值，U 为负值），Z 向为 0.5mm；精加工用进给速度为 0.1mm/r，主轴转速 100r/min。粗加工用 1 号刀，精加工用 2 号刀。编写程序如下：

G00　X300. Z50. T0101；	回换刀点，调粗车刀及刀补
G99　M03　S200；	
G00　X40. Z1. ；	快速趋近 G73 循环起点
G73U－10. W10. R0. 005；	定义粗车循环
G73　P70　Q100　U－1. W. 5　F. 2；	
N70　G00　X47. Z－49 S100；	定义精车轨迹
G01　X48. F. 1；	
G02　X196. Z－1. R120. ；	
N100　G01　X237. ；	精车轨迹结束
G00　X300. Z50. ；	
T0100；	
T0202；	调用精车刀及刀补
G00　X40. Z1. ；	快速趋近 G73 循环起点
G70　P70　Q100；	执行精加工循环
G00　X300. Z50. ；	
T0200；	
M05；	
M30；	

总结：G70～G73 循环的基本使用规则：

① 调用毛坯去除循环之前要应用刀具半径偏置。

② 毛坯去除循环结束之前要取消刀具半径偏置。

③ 快速返回循环起点的运动是自动产生的，不需要进行编程。

④ 毛坯余量 U 为直径值，它的符号表示它应用的方向（相对于主轴中心线的 X 轴方向）。若 U 为正值，一般循环为外圆轮廓加工循环；若 U 为负值，一般循环为内孔轮廓加工循环。

4.9 切槽编程

在轴类零件上，经常可以看见一些轴向、径向的深槽和深孔结构，在加工这些结构的时候，由于工艺和刀具的原因，需要不断重复进刀、切削进给、退刀（断屑、排屑）的过程，直到加工尺寸为止。在 FANUC-0TD CNC 车床系统中，用 G74 循环指令来实现 Z 轴方向的深槽或者深孔粗加工，G75 循环指令用来实现 X 轴方向的深槽粗加工。

提示： 切槽刀比较窄，刚性差。第一次切槽，切槽刀刃三面受力，槽窄、排屑不畅，容易夹刀。

4.9.1 轴向切槽多重循环 G74

G74 主要用来进行间歇式加工，主要用于 Z 轴方向深孔或者深槽加工中的断屑。轴向切槽多重循环 G74 与加工中心上的 G73 深孔钻循环相似，但 G74 在车床上的应用要比 G73 在加工中心上的应用稍微广一点，尽管它的主要应用为深孔加工，但它在车削或镗削中的间歇式切削、较深端面的凹槽加工、复杂零件的切断加工等应用同样比较多。

G74 轴向切槽多重循环为径向（X 轴）进刀循环和轴向断续切削循环的复合：从起点轴向（Z 轴）进给、回退、再进给直至切削到与切削终点 Z 轴坐标相同的位置，然后径向退刀、轴向回退至与起点 Z 轴坐标相同的位置，完成一次轴向切削循环；径向再次进刀后，进行下一次轴向切削循环；切削到切削终点后，返回起点（G74 的起点和终点相同），轴向切槽复合循环完成。G74 的径向进刀和轴向进刀方向由切削终点 X（U）、Z（W）与起点的相对位置决定。其加工路线如图 4-59 所示。

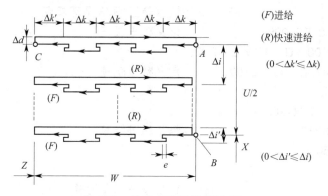

图 4-59 轴向多重切槽循环 G74

指令格式：G74　R (e)；
　　　　　　G74　X (U) Z (W) P (Δi) Q (Δk) R (Δd) F (f) S (s)；
指令说明：
e：每次轴向进刀后，轴向退刀量（返回值：每次切削的间隙，单位 mm）。
X (U) Z (W)：切削终点坐标值。
Δi：每次切削完成后径向的位移量（无符号，单位 0.001mm）。
Δk：每次钻削长度（Z 轴方向的进刀量，不加符号，单位 0.001mm）。
Δd：每次切削完成以后的径向退刀量（端面切槽退刀量为零，单位 mm，半径值）。
指令使用注意事项：

① 循环动作由含 Z（W）和 Q（Δk）的 G74 程序段执行，如果仅执行 "G74 R（e）" 程序段，循环动作不进行。

② Δd 和 e 均用同一地址 R 指定，其区别在于程序段中有无 Z（W）和 Q（Δk）指令字。

③ 省略 X（U）和 P，则只沿 Z 方向进行加工（深孔钻）。

④ 在 G74 指令执行过程中，可以停止自动运行或者手动移动，但要再次执行 G74 循环时，必须返回到手动移动前的位置。如果不返回就执行，后边的运行轨迹将错位。

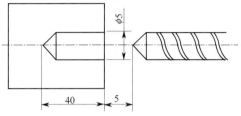

提示：通过改变 G74 指令的参数，可以实现三种钻孔方式。

例：① G74 深孔钻循环。

如图 4-60 所示，要钻削 $\phi 5$、深度为 40mm 的深孔，每次切深 5mm，退刀 1mm，用 G74 指令编写程序如下：

图 4-60　G74 深孔钻循环实例

G00　X250.0　Z80.0　T0404；	回换刀点，用 4 号刀及刀补
G99　S1000　M03；	主轴正转，转速 1000r/min，进给率切换为 mm/r
G00　X0.0　Z5.0；	快速趋近工件
G74　R1；	定义钻孔循环
G74　Z−40.0　Q5000　F0.15；	
G00　X250.0　Z80.0；	返回换刀位置
T0400；	取消 4 号刀补
M05；	主轴停
M30；	程序结束

② G74 轴向切槽多重循环。

如图 4-61 所示，要切宽度为 10mm、深度为 15 mm 的端面深槽，每次切削深度 5mm，径向进刀量 3.5mm，进给速度 0.12mm/r，用 G74 循环指令编写程序如下：

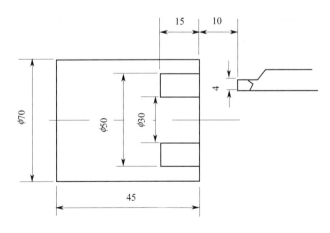

图 4-61　G74 切槽实例

G00　X250.0　Z80.0　T0303；	回换刀点，调用 3 号刀及刀补
G50　S1000；	限制最高转速 1000 r/min
G99　G96　S100　M03；	恒线速度 100m/min，进给率切换为 mm/r

G00　X42.0　Z10.0;	快速趋近工件

```
G00   X42.0   Z10.0;              快速趋近工件
G74   X30.0   Z-15.0   P3500   Q5000   F0.12; 定义切槽循环
G00   X250.0   Z80.0;             返回换刀位置
T0300;                            取消 3 号刀补
M05;                              主轴停
M30;                              程序结束
```

4.9.2　径向切槽多重循环 G75

G75 循环主要用于粗加工中，与 G74 指令一样，它也用在需要间歇式操作的场合，如长孔或者深槽切削运动中的断屑，通常沿 X 轴向加工，它在 CNC 车床中的应用不多。

G75 循环是轴向（Z 轴）进刀循环和径向断续切削循环的复合。从起点径向（X 轴）进给、回退、再进给直至切削到与切削终点 X 轴坐标相同的位置，然后轴向退刀、径向回退至与起点 X 轴坐标相同的位置，完成一次径向切削循环；轴向再次进刀后，进行下一次径向切削循环；切削到切削终点后，返回起点（G75 的起点和终点相同），径向切槽复合循环完成。G75 的轴向进刀和径向进刀方向由切削终点 X（U）、Z（W）与起点的相对位置决定。循环路径如图 4-62 所示。

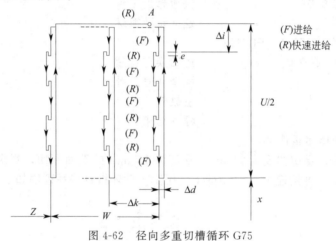

图 4-62　径向多重切槽循环 G75

指令格式：G75　R (e);
　　　　　　G75　X (U) Z (W) P (Δi) Q (Δk) R (Δd) F (f);
指令说明：

e：退刀量（返回值，每次沿 X 轴方向的退刀间隙）。

X（U）Z（W）：切削终点。

Δi：每次循环切削量（无符号，半径值，单位 0.001mm）。

（Δk）：各槽之间的距离（每次切削完成后 Z 方向的进刀量，不加符号，单位0.001mm）。

Δd：每次切削完成以后 Z 轴方向的退刀量（单位 mm）。

指令使用注意事项：

① 循环动作由含 X（U）和 P（Δi）的 G75 程序段执行，如果仅执行"G75 R（e）"程序段，循环动作不进行。

② Δd 和 e 均用同一地址 R 指定，其区别在于程序段中有无 X（U）和 P（Δi）指令字。

③ 省略 Z（W）和 Q，则只沿 X 方向进行加工。

④ 在 G75 指令执行过程中，可以停止自动运行或者手动移动，但要再次执行 G74 循环时，必须返回到手动移动前的位置。如果不返回就执行，后边的运行轨迹将错位。

例：G75 循环指令径向切槽。

如图 4-63 所示，对台阶轴进行切槽，每次 X 轴方向的切深 2.5mm，Z 轴方向进给量 3.5mm，进给速度 0.12mm/r，用 G75 循环指令编写程序如下：

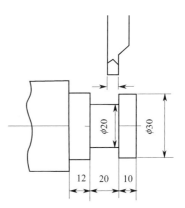

图 4-63　G75 循环指令实例

```
G00   X250.0   Z100.0   T0505;
G99   S1000   M03;
G00   X35.0   Z5.0;
Z－14.0;
G75   R500;  定义切槽循环
G75   X20.0   Z－30.0   P2500   Q3500   F0.12;
G00   X250.0   Z100.0;
T0500;
M05;                      主轴停
M30;                      程序结束
```

4.10　刀尖半径补偿 G40、G41、G42

4.10.1　欠切、过切的产生

数控车床零件编写程序一般是针对车刀刀尖按照零件轮廓进行编制的。这个刀尖点通常为理想状态下的假想刀尖点 A（假想刀尖点实际并不存在，使用假想刀尖点编程时可以不考虑刀尖半径）或者刀尖圆弧圆心点 O。如图 4-64 所示是车刀和镗刀的假想刀尖点。但在实际加工和应用中，为了提高刀尖的强度，满足工艺或者其他要求，刀尖往往不是一理想点，而加工有一小段圆弧。切削加工时，用按理论刀尖点编出的程序进行端面、外径、内径等与轴线平行或垂直的表面加工（单轴插补），是不会产生误差的。但在进行倒角、锥面及圆弧切削（两轴联动）时，则会产生少切或过切现象，影响零件的精度。

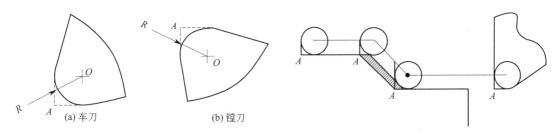

图 4-64　车刀和镗刀的假想刀尖点　　　　　　　图 4-65　欠切的发生

例：图 4-65 刀具车削外轮廓，由于刀具存在刀尖半径圆弧在车削斜面时，出现了欠切现象。

由于刀尖点不是一理想点而是一段圆弧造成的加工误差，可用刀尖圆弧半径补偿功能来消除。如果使用刀尖半径补正，将会执行正确切削。如图 4-66、图 4-67 所示

提示：刀尖存在圆弧半径，刀具两轴联动加工工件，出现欠切和过切。

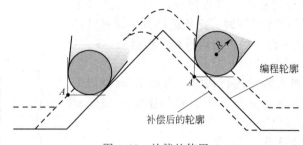

图 4-66　补偿的使用

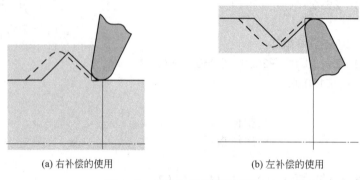

(a) 右补偿的使用　　　　　　　　　　(b) 左补偿的使用

图 4-67　刀尖半径补偿的使用

4.10.2　刀尖半径补偿指令格序

刀尖圆弧半径补偿是通过 G41、G42、G40 指令建立或取消刀尖半径补偿，如表 4-8 所示。指令格式：

$$\begin{Bmatrix} G40 \\ G41 \\ G42 \end{Bmatrix} \begin{Bmatrix} G00 \\ G01 \end{Bmatrix} X\_\_Z\_\_$$

指令使用注意事项：

① G41、G42 后便可以不跟指令，X、Z 为 G00 或 G01 指令的参数。

② 刀尖圆弧半径补偿的建立、取消，只能用指令 G00 或 G01，而不是 G02 或 G03。

表 4-8　刀尖圆弧半径补偿功能说明

指令	功能说明	备注
G40	取消刀尖圆弧半径补偿	详见图 4-68 和图 4-69
G41	后刀架中刀尖圆弧半径左补偿，后刀架中刀尖圆弧半径右补偿	
G42	后刀架中刀尖圆弧半径右补偿，后刀架中刀尖圆弧半径左补偿	

前置刀架和后置刀架的刀尖圆弧补偿功能如图 4-68 和图 4-69 所示。

从刀尖中心看，假想刀尖的方向决定切削中刀具的方向，所以与铣床的半径补偿量相同必须预先设定，对于车刀来说，需要设定假想刀尖的方向 T 和刀尖圆弧半径 R。车床上的 G 代码并不使用地址，偏置值存储在几何尺寸或者磨损偏置中。对应补偿寄存器中，定义了刀具半径和假想刀尖的方向号，由参数 T 设置各刀具的假想刀尖号，R 设定刀具半径。具体见表 4-9 和表 4-10。

在此，刀尖半径补正量是几何及磨耗补正量的总和。OFR＝OFGR＋OFWR。

假想刀尖方向可对几何补正或磨耗补正进行设定。但是较后设定的方向有效。

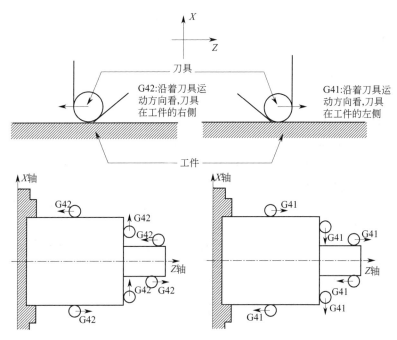

图 4-68　后置刀架刀尖圆弧半径补偿

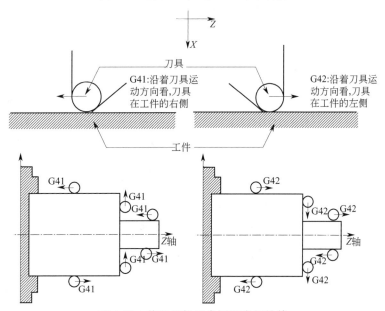

图 4-69　前置刀架刀尖圆弧半径补偿

表 4-9　几何偏置刀具半径和假想刀尖号

补正号码	OFX X 轴几何补偿量	OFZ Z 轴几何补偿量	OFR 刀尖半径补偿量	OFT 假想刀尖方向
01	0.040	0.020	0.20	1
02	0.060	0.030	0.25	2
⋮	⋮	⋮	⋮	⋮
31	0.050	0.15	0.12	6
32	0.030	0.25	0.24	3

表 4-10 磨损偏置刀具半径和假想刀尖号设定

补正号码	OFWX X 轴磨耗补正量	OFWZ Z 轴磨耗补正量	OFWR 刀尖半径磨耗补正量	OFT 假想刀尖方向
W01	0.040	0.020	0	1
W02	0.060	0.030	0	2
W03	0	0	0.20	6
W04				
W05	⋮	⋮	⋮	⋮
⋮				

注意：用参数设定几何补正号码时与刀具选择相同，几何补正及磨耗补正设定的 T 码相同，用几何补正指定的假想刀尖方向有效。假想刀尖号码定义了假想刀尖点与刀尖圆弧中心的位置关系，假想刀尖号码共有 10（0～9）种设置，共表达 9 个位置方向的位置关系。当刀架为后置刀架时，假想刀尖与刀尖圆弧中心位置编码如图 4-70 所示。当刀架为前置刀架时，假想刀尖与刀尖圆弧中心位置对各刀尖圆弧半径编码如图 4-71 所示。当刀尖中心与起点一致时，使用假想刀尖号码 0 及 9，如图 4-72 所示，前后刀架的刀尖位置编码成镜像关系。补偿设定假想刀尖号码，并存储在 OFT 寄存器中。

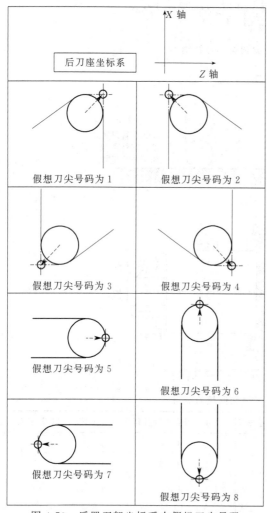

图 4-70 后置刀架坐标系中假想刀尖号码

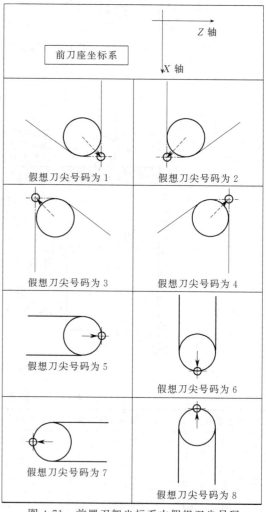

图 4-71 前置刀架坐标系中假想刀尖号码

图 4-72　假想刀尖号码 0 或 9

4.10.3　刀尖半径补偿的应用

在取消刀尖圆弧半径补偿的模式下，当满足以下条件的程序段时，系统进入补偿模式。

① 程序段中有，或者已经指定为 G41 或 G42 模式。

② 刀尖补偿号码不是 0。

③ 程序段中指定的 X 或 Z 移动而且移动量不是零。

在刀尖半径补偿模式下，当程序段满足以下任何一项条件时，系统进入补偿取消模式：

① 指令 G40。

② 刀具半径补偿号码指定为 0。

使用刀尖圆弧半径补偿的注意事项：

① 刀尖半径补偿的建立与取消只能用 G00 或 G01 指令，不能是圆弧指令（G02 或 G03）。

② 在调用子程序之前，系统必须在补偿取消模式。进入子程序后，可以启动补偿模式，但在返回主程序前（即执行 M99 前）必须为补偿取消模式。

③ 如果补偿量是负数，在程序上 G41 和 G42 彼此交换。

④ G71、G72、G73 指令，要执行刀具半径补偿，必须在循环之前编写 G41 或者 G42。

⑤ G74~G76 不执行刀尖半径补偿。

⑥ G90 或 G94 指令刀尖半径补偿对循环的各路径，刀尖中心路径通常平行于程序路径，如图 4-73 和图 4-74 所示。

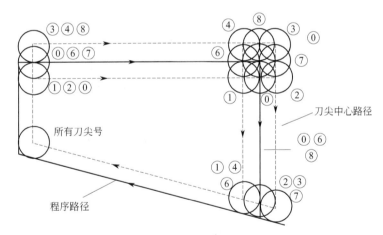

图 4-73　在 G90 模式下的刀尖圆弧半径补偿

例：

① 精加工如图 4-75 所示的工件，由于加工中有圆角和锥面（需要两轴联动），为了提高表面加工质量，需要采用表面切削恒线速度控制，同时为了保证加工尺寸精度，防止过切或者少切，应采用刀尖圆弧补偿。图示刀具假想刀尖号 3，刀尖圆角半径 $R=0.5\text{mm}$。根据图示的走刀路线，采用刀尖圆弧半径右补偿。数控编程如下：

G00 X300.0 Z70.0;	回到换刀点
G50 S1500;	限制最高转速 1500r/min
G99 G96 S150 M03 T0300;	切换进给模式 mm/r，启动主轴正转，恒线速度为 150m/min
G00 G42 X120.0 Z5.0 T0303;	趋近工件正前，调 3 号刀及刀补，施加刀尖半径右补偿

G01 Z0.　F0. 35;　　　　　　　加工工件

Z－80. 0 F0. 25;

X160. 0 Z－160. 0;

Z－220. 0;

G02 X200. 0 Z－240. 0 R20;

G01 Z－280. 0;

X245. 0;　　　　　　　　　　加工结束

G40 G00 X300. 0 Z70. 0;　　　返回换刀点，取消刀尖圆弧半径补偿

T0300;　　　　　　　　　　　取消 3 号刀的刀补

M05;　　　　　　　　　　　　主轴停

M30;　　　　　　　　　　　　程序结束

注意：刀尖圆弧半径补偿选择在车削前定位，其行走方向必须与车削之行走方向一致，其补偿方向为正确。

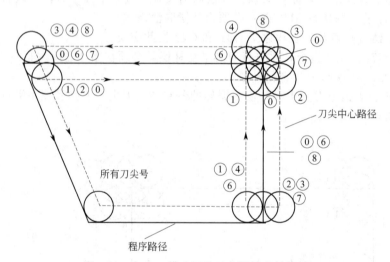

图 4-74　在 G94 模式下的刀尖圆弧半径补偿

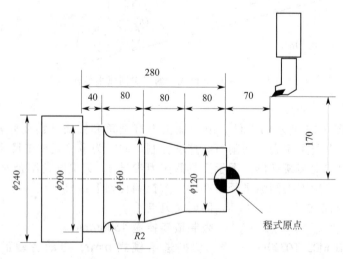

图 4-75　刀尖圆弧半径补偿实例

② 若上述的零件原料为棒料，从零件形状来看，采用 G71 复合循环来进行粗加工，用 G70 来进行精加工。因为 G71 循环过程中不执行刀尖圆弧半径补偿功能和恒线速度切削功能，所以需要在循环之前进行设定。其余同上程序，数控编程如下：

G00 X300. 0 Z70. 0 T0303;	回到换刀点，调 3 号刀及刀补，建立工件坐标系
G50 S1500;	限制最高转速 1500r/min
G99 G96 S150 M03;	切换进给模式 mm/r，启动主轴正转，恒线速度为 150m/min
G00 G42 X125. 0 Z5. 0;	趋近工件正前，施加刀尖半径右补偿
G71 U2. 0 R0. 5;	定义复合加工循环
G71 P50 Q100 U1. 0 W0. 5 F0. 4;	
N50 G01 X120. 0;	定义精加工轨迹
Z−80. 0 F0. 25;	
X160. 0 Z−160. 0;	
Z−220. 0;	
G02 X200. 0 Z−240. 0 R20;	
G01 Z−280. 0;	
N100 X245. 0;	精加工轨迹定义结束
G70 P50 Q100;	精加工循环
G40 G00 X300. 0 Z70. 0;	返回换刀点，取消刀尖圆弧半径补偿
T0300;	取消 3 号刀的刀补
M05;	主轴停
M30;	程序结束

4.11　车削加工中心编程

数控车削中心是在普通数控车床基础上发展起来的一种复合加工机床。除具有一般两轴联动数控车床的各种车削功能外，车削中心的转塔刀架上有能使刀具旋转的动力刀座，主轴具有按轮廓成形要求连续（不等速回转）运动和进行连续精确分度的 C_s 轴功能，并能与 X 轴或 Z 轴联动，控制轴除 X、Z、C 轴之外，还可具有 Y 轴。

车削加工中心是在数控车床原有的直角坐标系基础上增加了圆柱坐标插补功能和极坐标插补功能，使机床把回转类零件和端面的矩形轮廓或矩形槽和偏心孔、圆柱表面上的任意形状的槽等在一次装夹中连续加工完成，精度高、效率高。加工回转体零件时，工件的旋转运动是主运动，刀具的横向或纵向的切削运动是从运动，而在加工工件圆柱表面或端面时，主轴及工件将转换成分度旋转运动，由内置于刀座台内的伺服电机带动的动力刀具的旋转运动是主运动，主轴及工件的分度旋转运动是从运动。当使用圆柱坐标插补功能、极坐标插补功能以后，通过主轴（工件）的旋转运动和刀具的协调运动，可进行端面和圆周上任意部位的钻削、铣削和攻螺纹等加工，还可以实现各种曲面和复杂轮廓曲线轮廓槽、端面槽、刻字等铣削加工。铣削应用的一般原则和编程特征也是可用的。

4.11.1　车削中心的 C_s 轴

C_s 轴（C_s contour control）轮廓控制是将车床的主轴回转功能控制变为角度位置控制，实现主轴按回转角度的定位，并可与其他进给轴进行插补以加工出形状复杂的工件。

C_s 轴控制必须使用 FANUC 的串行主轴电动机，在主轴上要安装高分辨率的脉冲编码器，因此，用 C_s 轴进行主轴的定位要比通常的主轴定位精度高。

车床系统中，主轴的回转位置（转角）控制不是用进给伺服电动机，而是由 FANUC 主轴电动机实现。主轴的位置（角度）由装于主轴（不是主轴电动机）上的高分辨率编码器检测，此时主轴是作为进给伺服轴工作，运动速度为（°）/min，并可与其他进给轴一起插补，加工出轮廓曲线。同时可配合铣削轴（动力刀架）作铣、钻的切削加工，实现车削中心的车、铣功能合一。

C_s 轴通常用来铣削加工、切槽、六面体加工及螺旋槽、复杂轮廓曲线加工等，可以替代铣床上的一些简单操作，缩短工装时间。

4.11.2　动力刀架

动力刀架用于刀塔刀座，通常用于安装铣削或钻削类型的刀具，并由伺服电机和相应的传动系统为其提供动力，此配置可以配合 C_s 轴分度功能，完成铣削、钻削等工序。如图 4-76 所示为 12 工位动力刀架。

4.11.3　C_s 轴编程

（1）极坐标加工（G112、G113）

将直角坐标系的指令，变换成直线轴的移动（刀具的移动）和旋转轴的移动（工件的旋转），进行轮廓控制的功能，称为极坐标插补功能。图 4-77 为极坐标插补平面。

G112：极坐标插补模式。

指令坐标系中的直线或者圆弧插补，直角坐标系由直线轴和回转轴组成。

G113：极坐标插补取消模式。

指令使用注意事项：

① 这些 G 码指令单独使用。

② 在机床上电复位时，为极坐标插补取消模式。

图 4-76　12 工位动力刀架

③ 极坐标插补的直线轴和旋转轴要事先在 5460 和 5461 号参数中设定。

④ 在极坐标插补模式下，程序指令在极坐标平面上用直角坐标指令。回转轴（分度轴）的轴地址作为平面中的第二轴（旋转轴）的地址。第一轴用直径值指令，旋转轴用半径值指令。极坐标插补的刀具位置是从角度 0 开始的。

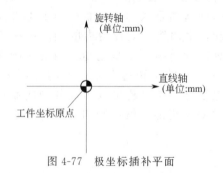

图 4-77　极坐标插补平面

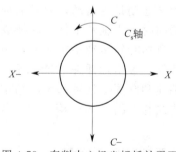

图 4-78　车削中心极坐标插补平面

⑤ F 指令的进给速度是极坐标插补平面（直角坐标系）相切的速度（工件和刀具间的

相对速度）。

⑥ 可以在极坐标插补方式下使用的 G 代码：G01、G02、G03；G04；G40、G41、G42；G98、G99。

在车削中心上，G112 启动极坐标插补方式并选择一个极坐标插补平面，如图 4-78 所示，X 轴为直线轴，直径值；C 轴为旋转轴，半径值。

编写程序时，假想工件不移动，刀具在移动，以此编写回转刀具的程序路径。

例：① 在车削中心上，将圆棒料铣削成如图 4-79 所示的 40 见方的四棱柱。铣削深度 Z＝－8mm，图中点画线所示为 $\phi16$ 铣刀的刀具中心轨迹。在加工过程中，使用刀具半径右补偿，进行极坐标插补之前，必须将刀具插补位置（C_s 轴）定位到 0°。切削进给速度单位采用铣削加工常用的 mm/min。数控程序编写如下：

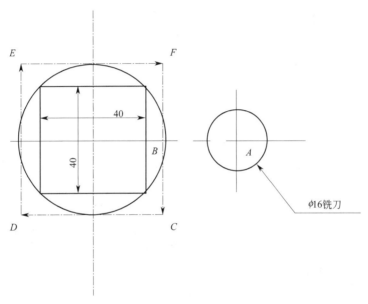

图 4-79　极坐标插补铣四棱柱

G00 X200. 0 Z100. 0 T0303;	回到换刀点
G98 M03 S800;	启动主轴正转，切换进给模式
G00 X90. 0 C0 Z0;	X 轴至 A 点，C 轴定位到 0°
G01 Z－8. 0 F80;	下刀到铣削深度，进给率 80mm/min
G112;	极坐标插补开始
G42 X40. 0;	A→B
C－20. 0;	B→C
X－40. 0;	C→D
C20. 0;	D→E
X40. 0;	E→F
C0;	F→B
G40 X90. 0;	B→A
G113;	极坐标插补取消
G00 X200. 0 Z100. 0;	回换刀点
T0300;	取消刀补
M05;	停主轴

M30;　　　　　　　　　　　　　　　　　　程序结束

② 在车削中心上，将圆棒料铣削成如图 4-80 所示的正六棱柱。铣削深度 $Z=-10\text{mm}$，图中点画线所示为 $\phi16$ 铣刀的刀具中心轨迹。在加工过程中，使用刀具半径右补偿，进行极坐标插补之前，必须将刀具插补位置（C_s 轴）定位到 0°。切削进给速度单位采用铣削加工常用的 mm/min。数控程序编写如下：

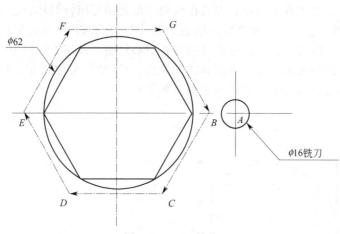

图 4-80　正六棱柱

G00 X200. 0 Z100. 0 T0303;	回到换刀点
G98 M03 S800;	启动主轴正转，切换进给模式
G00 X102. 0 C0 Z0;	X 轴至 A 点，C 轴定位到 0°
G01 Z-10. 0 F80;	下刀到铣削深度，进给率 80mm/min
G112;	坐标插补开始
G42 G01 X62. 0 F300;	A→B
X30. 988 C26. 85 F80;	B→C
X-30. 988;	C→D
X-62. 0 C0;	D→E
X-30. 988 C-26. 85;	E→F
X30. 988;	F→G
X62. 0 C0;	G→B
G40 X102. 0 F300;	B→A
G113;	极坐标插补取消
G00 X200. 0 Z100. 0;	回换刀点
T0300;	取消刀补
M05;	停主轴
M30;	程序结束

（2）圆柱坐标加工（G107）

圆柱插补模式将以角度指令的转轴的移动量，先在 NC 内变换成圆周上的直线轴的距离，和其他轴一起进行直线插补或圆弧插补，插补后再逆换算成旋转轴的移动量。

圆柱插补功能以圆柱面展开的形状制作程序，因此诸如圆柱凸轮的沟槽加工，能很容易地制作程序。

指令格式：

| G107 | 旋转轴名称 | 圆柱半径； | ① |
| G107 | 旋转轴名称 | 0； | ② |

以①的指令进入圆柱插补模式。以转轴名称当地址，而以圆柱半径当指令值。

以②的指令取消圆柱插补模式。

例：O0001；

N1 G28 X0 Z0 C0；　　　　　　　　　参考点复位

N2 …；

　　…；

N6 G107 C125；　　　　　　　　　C 轴进行圆柱插补，其圆筒半径为 125mm

　　…；

N9 G107 C0；　　　　　　　　　取消圆柱插补模式

　　…；

M30；

指令使用注意事项：

① 圆柱插补模式中指令的进给速度为圆柱展开面上的进给速度。

② 圆柱插补（G02/G03）的平面选择：圆柱插补模式中，进行旋转轴和其他直线轴间的圆弧插补，必须使用平面选择指令（G17、G18、G19）。

例：Z 轴和 C 轴的参数为 5（X 轴的平行轴）。此时圆弧插补的指令如下：

G 18 Z ＿ C ＿；

G 02 (G 03) Z ＿ C ＿ R ＿；

也可设定 C 轴的参数为 6（Y 轴的平行轴）。但此时圆弧插补的指令如下：

G 19 C ＿ Z ＿；

G 02 (G 03) Z ＿ C ＿ R ＿；

③ 圆柱插补模式不可用 I、J、K 指定圆弧半径，而必须用尺寸指令圆弧半径。半径不是用角度指令，而是用 mm 指定。

④ 如果圆柱插补模式是在已经应用刀尖半径补偿时开始的，圆弧插补不能在圆柱插补中正确完成，必须在圆柱插补方式中开始和结束刀具补偿。

例：加工如图 4-81 所示的圆柱表面沟槽，沟槽具体展开形状见图 4-82，图中点画线为铣刀中心的加工轨迹，铣刀直径等于槽宽，在加工过程中，采用刀尖半径左补偿，进行圆柱插补之前，必须将刀具插补位置（C_s 轴）定位到 0°。切削进给速度单位采用铣削加工常用的 mm/min。数控程序编写如下：

G00 X200. 0 Z80. 0 T0101；　　　　　回换刀点

G98 M03 S800；　　　　　　　　　启动主轴正转，切换进给模式

X125. 0 Z5. 0 C0；　　　　　　　　趋近工件，C 轴定位到 0°

G01 G18 W0 H0；　　　　　　　　启动 C_s 轴轮廓控制功能，切槽起始位置

G107 C57299；　　　　　　　　　进入圆柱坐标插补模式，半径 57. 299mm

G01 G41 Z－90. 0 F100；　　　　　刀具切槽位置，启动刀尖半径左补偿

N1 G01 C90. 0；

N2 G03 Z－100. 0 C130. 0 R75. 0；

N3 G01 Z－130. 0 C170. 0；

N4 G02 Z－140. 0 C210. 0 R75. 0；

N5 G01 C290. 0；

```
N6 G02 Z-130. 0 C300. 0 R10. 0;
N7 G01 Z-110. 0;
N8 G03 Z-90. 0 C320. 0 R30. 0;
N9 G01 C360. 0;
G40 Z5. 0                              取消刀尖半径补偿
G107 C0;                               取消圆柱插补
G00 X200. 0 Z80. 0;                    返回换刀点
T0100;                                 取消刀补
M05;                                   停主轴
M30;                                   程序结束
```

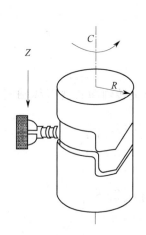

图 4-81　圆柱表面沟槽

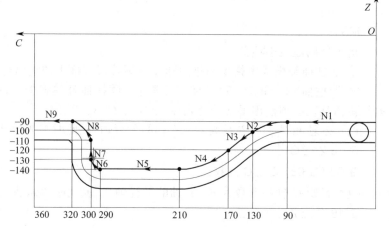

图 4-82　圆柱沟槽展开图

思考题与习题

（1）简述数控车削编程的过程。

（2）简述混合编程的含义。

（3）简述数控车床工件坐标系建立的三种方法。

（4）机床控制面板上选择停止开关处于何种状态时，M01 在程序中不起任何作用，程序仍继续执行，M01 的主要作用，请举例说明。

（5）简述 M02、M30 的区别。

（6）数控车削加工时，为什么经常设置恒表面切削线速度？G96 设置恒表面切削线速度需要与 G50 设置主轴转速配合使用，为什么？

（7）数控车削进给速度一般采用 mm/r，为什么？

（8）请说明 T0202 的含义。

（9）在前刀座机床采用 G02 逆时针切削圆弧说法是否正确，为什么？

（10）常用螺纹切削的指令有哪些？走刀方式如何？选择指令时应当主要哪些因素？

（11）螺纹切削为什么需要多次进刀完成？

（12）G90、G94 车削循环对刀具有何要求？

（13）轴向粗车循环 G71 走刀路线能否通过 G90 编程实现？为什么？

（14）G73 主要适合何种零件的加工？

（15）计算：图 1 零件采用圆角半径为 $R1$ 的外圆车刀在没有刀尖圆弧半径补偿情况下车削，计算表中不同 Z 值处 X 的理论值和实际值，并对结果进行分析。

序号	Z 值	理论值	实际值
1	−1		
2	−15		
3	−25		
4	−38		

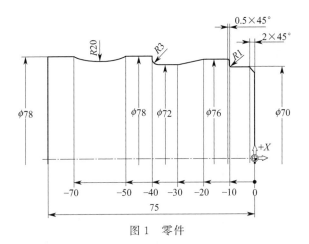

图 1　零件

（16）编程：采用刀片角度 35°的仿形车刀精车，仿形车刀切削参数：刀尖半径 0.4mm，切削速度 240m/min，切削深度 $a_{pmax}=1.5mm$，切削进给 0.1mm，请编写精车图 2 所示零件的加工程序，分两种情况：不使用刀具圆角补偿，使用刀具圆角补偿。

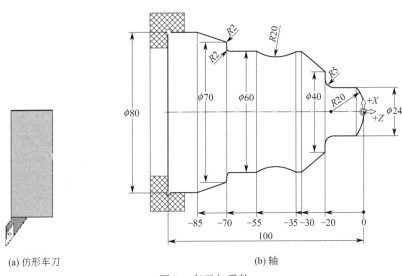

(a) 仿形车刀　　　　　　　　　　(b) 轴

图 2　车刀与零件

（17）编程：采用刀片角度 80°的外圆车刀，刀片角度 35°的仿形车刀车削图 3 所示的零件，毛坯为 $\phi60$ 棒料。刀片角度 80°的外圆车刀车削的参数如下：刀片角度 80°，刀尖半径 0.8mm，切削速度 200m/min，进给 0.3mm，切削深度 $a_{pmax}=2.5mm$，请设计工作步骤，并编写加工程序。

（18）编程：采用刀片角度 80°的外圆车刀、3mm 切槽刀车削图 4-5 所示的零件，毛坯为 $\phi60$ 棒料。3mm 切槽刀车削的参数如下：刀具宽度 3mm，刀尖半径 0.1mm，切削速度 100m/min，进给速度 0.1mm/min，请设计工作步骤，并编写加工程序。

（19）编程：采用刀片角度 35°的内孔仿形车刀车削图 5 所示的零件，毛坯为 $\phi60$ 棒料，底孔为 $\phi20$。35°的内孔仿形车刀的参数如下：刀尖半径 0.4mm，切削速度 180m/min，切削深度 $a_{pmax}=1.5mm$，切削

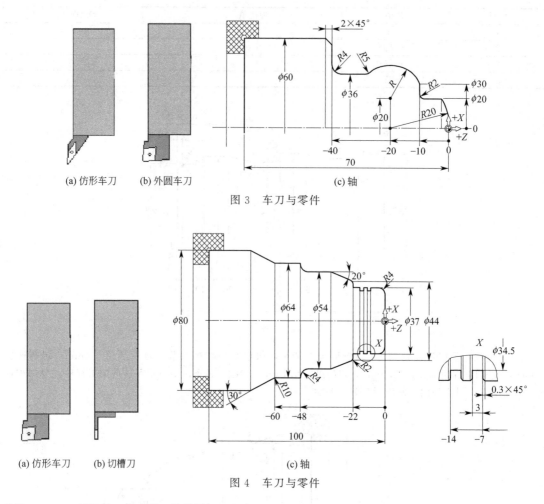

(a) 仿形车刀 (b) 外圆车刀 (c) 轴

图 3 车刀与零件

(a) 仿形车刀 (b) 切槽刀 (c) 轴

图 4 车刀与零件

进给 0.1mm，请设计工作步骤，并编写加工程序。

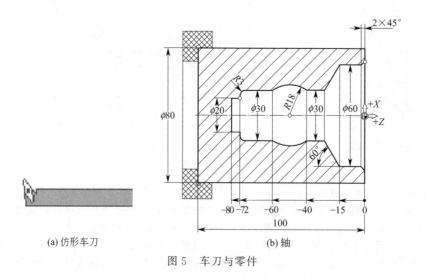

(a) 仿形车刀 (b) 轴

图 5 车刀与零件

第 5 章　用户宏程序

早期数控的加工程序只有主程序一种，后来又可以使用子程序和子程序多层嵌套。在程序运行过程中，数控系统除了做插补运算外，不能做其他数字运算。但用户宏程序由于允许使用变量、演算式，并允许在加工程序中使用逻辑判断语句，使得编制同样的加工程序更简便。这样，对于不同零件、不同部分、且具有相似形状的零件，通过用变量来编程，增加了程序的通用性和灵活性。因此，宏程序的最大编程特征主要有以下三个方面：

① 可以在宏程序主体中使用变量。
② 可以进行变量之间的演算。
③ 可以用宏程序指令对变量进行赋值。

5.1　在宏程序主体中使用变量

在常规的主程序和子程序中，总是将一个具体的数值赋给一个地址。为了使程序更具通用性、更加灵活，在用户宏程序中用变量可以指令宏程序本体中的地址值，变量值可以由主程序赋值或通过 CRT/MDI 设定，或在执行用户宏程序本体时，赋给计算出的值。用户宏程序中可以使用多个变量，这些变量可以用变量号来区别。

5.1.1　变量表示

FANUC 系统的变量用变量符号（♯）和后面的变量号（数字或表达式）指定。

例如：①♯1；　　②♯［♯1＋♯2－12］。

5.1.2　变量的类型

变量根据变量号可以分成四种类型：空变量、局部变量、公共变量、系统变量，它们的性质和用途各不相同，见表 5-1。

表 5-1　变量类型

变量号	变量类型	功　　能
♯0	空变量	该变量总是空,没有值能赋给该变量
♯1～♯33	局部变量	局部变量只能用在宏程序中存储数据,例如,运算结果。当断电时,局部变量被初始化为空。调用子程序,自变量对局部变量赋值
♯100～♯199 ♯500～♯999	公共变量	公共变量在不同的宏程序中意义相同。当断电时,变量♯100～♯199 初始化为空。变量♯500～♯999 的数据保存,即使断电也不会丢失
♯1000	系统变量	系统变量用于读写 CNC 的各种数据,例如,刀具的当前位置和补偿量

（1）公共变量

公共变量是指在主程序内和由主程序调用的各用户宏程序内公共的变量。FANUC 中共有 60 个公共变量，它们分两组，一组是♯100～♯149，另一组是♯500～♯531。

（2）局部变量

局部变量指局限于在用户宏程序内使用的变量。同一个局部变量在不同的宏程序内值是不通用的。FANUC 系统有 33 个局部变量，分别为♯1～♯33。FANUC 局部变量赋值（部分）对照如表 5-2 所示。

表 5-2　FANUC 系统局部变量赋值对照

地　址	变　量　号	地　址	变　量　号	地　址	变　量　号
A	＃1	I	＃4	T	＃20
B	＃2	J	＃5	U	＃21
C	＃3	K	＃6	V	＃22
D	＃7	M	＃13	W	＃23
E	＃8	Q	＃17	X	＃24
F	＃9	R	＃18	Y	＃25
H	＃11	S	＃19	Z	＃26

（3）系统变量

系统变量用于读写 CNC 内部数据，例如，刀具偏置量和当前位置数据。但是某些系统变量只能读。系统变量是自动控制和通用程序开发的基础。

① 刀具补偿值　用系统变量可以读写刀具补偿值。可使用的变量数取决于刀补数，分为外形补偿和磨损补偿；刀长补偿和刀尖补偿。当偏置组数小于或等于 200 时，也可使用 ＃2001～＃2400。表 5-3 为系统变量。

表 5-3　系统变量

补偿号	刀具长度补偿（H）		刀具半径补偿（I）	
	外形补偿	磨损补偿	外形补偿	磨损补偿
1	＃11001（＃2201）	＃10001（＃2001）	＃13001	＃12001
⋮	⋮	⋮		
200	＃11201（＃2400）	＃10201（＃2200）	⋮	⋮
⋮	⋮	⋮		
400	＃11400	＃10400	＃13400	＃12400

② 宏程序报警（＃3000）　当变量＃3000 的值为 0～200 时，CNC 停止运行且报警。可在表达式后指定不超过 26 个字符的报警信息。CRT 屏幕上显示报警号和报警信息，其中报警号为变量＃3000 的值加上 3000。

例如：＃3000＝1（TOOL NOT FOUND），报警屏幕上显示 "3001 TOOL NOT FOUND"（刀具未找到）。

③ 自动运行控制（＃3003、＃3004）　自动运行控制可以改变自动运行的控制状态，它主要与两个系统变量＃3003、＃3004 有关。运行时的单程序段是否有效取决于＃3003 的值（见表 5-4），运行时进给暂停、进给速度倍率是否有效取决于＃3004 的值（见表 5-5）。

表 5-4　自动运行控制的系统变量（＃3003）

＃3003	单程序段	辅助功能的完成	＃3003	单程序段	辅助功能的完成
0	有效	等待	2	有效	不等待
1	无效	等待	3	无效	不等待

使用自动运行控制的系统变量＃3003 时，应当注意以下几点：

a. 当电源接通时，该变量的值为 0。

b. 当单程序段停止无效时，即使单程序段开关设为 ON，也不能执行单程序段停止。

表 5-5　自动运行控制的系统变量（♯3004）

♯3004	进给暂停	进给速度倍率	准确停止
0	有效	有效	有效
1	无效	有效	有效
2	有效	无效	有效
3	无效	无效	有效
4	有效	有效	无效
5	无效	有效	无效
6	有效	无效	无效
7	无效	无效	无效

使用自动运行控制的系统变量♯3004 时，应当注意以下几点：

a. 当电源接通时，该变量的值为 0。

b. 当进给暂停无效时：

● 当进给暂停按钮被按下时，机床以单段停止方式停止。但是，当用变量♯3003 使单程序段方式无效时，单程序段停止不能执行。

● 当进给按钮压下又松开时，进给暂停灯亮，但是机床不停止，程序继续执行，并且机床停在进给暂停有效的第一个程序段。

● 当进给速度倍率无效时，倍率总为 100％，而不管机床操作面板上的进给速度倍率开关的设置。

● 当准确停止检测无效时，即使那些不执行切削的程序段也不进行准确停止检测（位置检测）。

④ 模态信息（♯4001～♯4130）　正在处理的程序段之前的模态信息可以读出，对于不能使用的 G 代码，如果指定系统变量读取相应的模态信息，则发出 P/S 报警。模态信息与系统变量的关系如表 5-6 所示。

表 5-6　模态信息与系统变量的关系

♯4001	G00,G01,G02,G03,G33	（组 01）	♯4015	G61～G64	（组 15）
♯4002	G17,G18,G19	（组 02）	♯4016	G68,G69	（组 16）
♯4003	G90,G91	（组 03）	⋮	⋮	（组 22）
♯4004		（组 04）	♯4022	B 代码	
♯4005	G94,G95	（组 05）	♯4102	D 代码	
♯4006	G20,G21	（组 06）	♯4107	F 代码	
♯4007	G40,G41,G42	（组 07）	♯4109	H 代码	
♯4008	G43,G44,G49	（组 08）	♯4111	M 代码	
♯4009	G73,G74,G76,G80～G89	（组 09）	♯4113	顺序号	
♯4010	G98,G99	（组 010）	♯4114	程序号	
♯4011	G50,G51	（组 011）	♯4115	S 代码	
♯4012	G65,G66,G67	（组 012）	♯4119	T 代码	
♯4013	G96,G97	（组 013）	♯4120		
♯4014	G54～G59	（组 014）	♯4130		

例如：当执行♯1＝♯4001 时，在♯1 中得到的值是组 01（00、01、02、03 或 33）的值。具体是哪一个值，由宏程序前的主程序的状态决定。

⑤ 当前位置　当前位置信息不能写，只能读。当前位置与系统变量的关系如表 5-7所示。

表 5-7　位置信息与系统变量的关系

变量号	位置信息	坐标系	刀具补偿值	运动时的读操作
♯5001～♯5004	程序段终点		不包含	可能
♯5021～♯5024	当前位置	机床坐标系	包含	不可能
♯5041～♯5044	当前位置	工件坐标系		不可能
♯5081～♯5084	刀具长度补偿值			不可能

说明：
- 第 1 位代表轴号（从 1～4）。例如：♯5003 为当前工件坐标系的 Z 坐标。
- 变量♯5081～♯5084 存储的刀具长度补偿值是当前的执行值，不是后面程序段的处理值。
- 移动期间不能读取，是指由于缓冲（预读）功能的原因，不能读期望值。

5.1.3　变量值的范围

局部变量和公共变量可以为 0 或下面范围中的值：$-10^{47}\sim-10^{-29}$ 或 $10^{-29}\sim10^{47}$。如计算结果超出有效范围，则发出 P/S 报警。

5.1.4　变量的引用

在地址后面指定变量即可引用其变量值。

例如：×♯1（×为地址，♯1 为变量），♯1 为引用该变量值。

变量使用的规定：

① 当用表达式指定变量时，要把表达式放在方括号［　］中，宏程序中，方括号用于封闭表达式，圆括号只表示注释内容。

例如：G01 X［♯1＋♯2］F♯3；

② 被引用的变量值根据地址的最小设定单位自动舍入。

例如：当系统的最小输入增量为 1/1000mm 单位，对于指令 G00X♯1，♯1＝12.3456；则实际指令为 G00 X12.346；

③ 当改变引用变量的值的符号时，要把负号（－）放在♯的前面。

例如：G00X－♯1；

④ 当引用未定义的变量时，变量及地址字都被忽略。

例如：当变量♯1 的值是 0，并且变量♯2 的值是空时（未定义），G00X♯1Y♯2 执行的结果是 G00X0；当变量未定义时，这样的变量成为"空"变量，变量♯0 总是空变量，它不能写，只能读。

⑤ 程序号、顺序号和任选程序段跳转号不能使用变量。

例如：在以下情况不可以使用变量：

0#1；

/#2 G00 X100.0；

　　N#3　G00 X100.0 Z200.0；

5.2　变量的运算

5.2.1　算术、逻辑和关系运算及函数运算符号

表 5-8 中列出的运算可以在变量中执行。运算符右边的表达式可以包含常量或由函数或运算符组成的变量。表达式中的变量♯j 和♯k 可以用常量代替。左边的变量也可以用表达式赋值。

表 5-8 运算符号

功　　能	格　　式	备　　注
定义	♯i＝♯j	
加法	♯i＝♯j＋♯k	
减法	♯i＝♯j－♯k	
乘法	♯i＝♯j＊♯k	
除法	♯i＝♯j/♯k	
正弦	♯i＝SIN[♯j]	角度以度指定。例:90°30′表示为 90.5°
反正弦	♯i＝ASIN[♯j]	ASIN[♯j]取值范围:
余弦	♯i＝COS[♯j]	当参数(No.6004♯0)NAT 位设为 0 时:270°～90°
反余弦	♯i＝ACOS[♯j]	当参数(No.6004♯0)NAT 位设为 1 时:－90°～90°
正切	♯i＝TAN[♯j]	ATAN[♯j] 的取值范围:
反正切	♯i＝ATAN[♯j]	当参数(No.6004,♯0)NAT 位设为 0 时:0°～360° 当参数(No.6004,♯0)NAT 位设为 1 时:－180°～180°
平方根	♯i＝SQRT♯[j]	当算术运算或逻辑运算指令 IF 或 WHILE 中包含 ROUND 函数时,则 ROUND 函数在第 1 个小数位置四舍五入
绝对值	♯i＝ABS♯[j]	
小数点以下四舍五入	♯i＝ROUND♯[j]	
小数点以下舍去	♯i＝FIX♯[j]	当在 NC 语句地址中使用 ROUND 函数时,ROUND 函数根据地址的最小设定单位将指令值四舍五入
小数点以下进位	♯i＝FUP♯[j]	
自然对数	♯i＝LN♯[j]	
指数函数	♯i＝EXP♯[j]	
或异或与	♯i＝♯j OR ♯k; ♯i＝♯j XOR ♯k; ♯i＝♯j AND ♯k;	逻辑运算一位一位地按二进制数执行
等于	♯j EQ ♯k	
不等于	♯j NE ♯k	
大于	♯j GT ♯k	
小于	♯j LT ♯k	
大于或等于	♯j GE ♯k	
小于或等于	♯j LE ♯k	
从 BCD 转为 BIN	♯i＝BIN♯[j]	用于与 PMC 的信号交换
从 BIN 转为 BCD	♯i＝BCD♯[j]	

5.2.2　运算

（1）加减型运算

加减型运算包括加、减、逻辑加和排它的逻辑加。分别用以下 4 种形式表示:

♯ i＝ ♯ j＋ ♯ k;

♯ i＝ ♯ j－ ♯ k;

♯ i＝ ♯ jOR♯ k;

♯ i＝ ♯ jXOR♯ k;

式中,i、j、k 为变量;＋、－、OR、XOR 称为演算子。

（2）乘除型运算

乘除型运算包括乘、除和逻辑乘。分别用以下表达式表示:

♯ i＝ ♯ j ＊ ♯ k;

♯ i＝ ♯ j/♯ k;

♯ i＝ ♯ jAND♯ k;

（3）变量的函数

变量函数如指数函数 ♯i＝EXP♯ [j]。

（4）关于运算符的说明

① 角度单位　函数 SIN、COS、ASIN、ACOS、TAN 和 ATAN 角度单位是度。

② 上取整和下取整　CNC 处理数值运算时，若操作后产生的整数绝对值大于原数的绝对值，为上取整；若小于原数的绝对值，为下取整，对于负数的处理要特别小心。

例：假定♯1＝1.3，♯2＝－1.3，则当执行♯3＝ FUP♯ [1] 时，2.0 赋给♯3；当执行♯3＝ FIX♯ [1] 时，1.0 赋给♯3；当执行♯3＝ FUP♯ [2] 时，－2.0 赋给♯3；当执行♯3＝ FIX♯ [2] 时，－1.0 赋给♯3。

5.2.3　运算次序

在一个表达式中可以使用多种运算符。运算从左到右根据优先级的高低依次进行，在构造表达式时，可用方括号重新组合运算次序。

（1）运算的优先级次序

① 方括号 [ ]。

② 函数。

③ 乘和除运算（ * 、/、AND）。

④ 加和减运算（＋、－、OR、XOR）。

⑤ 关系运算（EQ、NE、GT、LT、GE、LE）。

括号用于改变运算次序。括号可以使用 5 级，包括内部使用的括号。当超过 5 级时，出现 P/S 报警 No.118。

（2）括号嵌套

括号用于改变运算次序。括号最多可以嵌套使用 5 级，包括函数内部使用的括号。当超过 5 级时，出现 P/S 报警。

例：编写攻螺纹宏程序。

O0001	
N1 G00 G91 X♯ 24 Y♯ 25;	快速移动到螺纹孔中心
N2 Z♯ 18 G04;	快速移动到 Z 点，暂停
N3 ♯ 3003＝ 3;	单程序段无效、辅助功能的完成不等待
N4 ♯ 3004＝ 7;	进给暂停、进给速度倍率、准确停止无效
N5 G01 Z♯ 26 F♯ 9;	按螺距攻螺纹孔到 Z 点
N6 M04;	主轴反转
N7 G01 Z－[ROUND [♯ 18] ＋ ROUND [♯ 26]]; G04;	丝锥从螺纹孔中退出到 R 点 暂停
N8 ♯ 3004＝ 0;	进给暂停、进给速度倍率、准确停止有效
N9 ♯ 3003＝ 0;	单程序段有效，辅助功能的完成等待
N10 M03;	主轴正转

5.2.4　转移和循环

使用 GOTO 语句和 IF 语句可以改变控制的流向。有三种转移和循环操作可供使用：GOTO 语句（无条件转移）；IF 语句（条件转移 IF … THEN…）；WHILE 语句（当…时循环）。

（1）无条件循环（GOTO 语句）

无条件循环的格式：

GOTOn；n：顺序号（1～99999）

转移到标有顺序号 n 的程序段。当指定 1～99999 以外的顺序时，出现 P/S 报警 No.128。可用表达式指定顺序号。

例如：GOTO 1；转移到 N1 语句，执行该语句。

GOTO♯10；转移到♯10 所表示的语句，执行该语句。

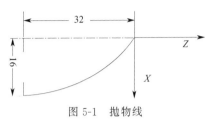

图 5-1　抛物线

例：在前置刀架数控车床上，使用用户宏程序编制抛物线 $Z=-X^2/8$ 轨迹（如图 5-1 所示）。

加工程序如下：

O3001；

1= 0；

2= 0；

N10 G01 X［# 1］Z［－［# 2］］F1000；

N2 # 1= ［# 1］+ 0.08；　　　　　　　　　　　步距为 0.08

N30 # 2= ［# 1］× ［# 1］/8；

N40 # 3= ［# 1］；

N50 IF［# 3 LE 16］GOTO 10；

N60 GOO ZO；

N70 X0；

N80 M02；

（2）条件转移

① 条件转移（IF 语句）［＜条件表达式＞］。

条件转移的格式：

IF［＜条件表达式＞］GOTO n

如：

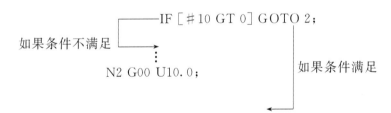

如果指定的条件表达式满足时，转移到标有顺序号 n 的程序段。如果指定的条件表达式不满足，执行下个程序段。

例：下面的程序计算数值 1～10 的总和：

O9500；

1= 0；…………………………………… 存储和变量的初值

2= 1；…………………………………… 被加数变量的初值

N1 IF［# 2 GT 10］GOTO 2；……………… 当被加数大于 10 时转移到 N2

1= # 1+ # 2；…………………………… 计算和

2= # 2+ 1；……………………………… 下一个被加数

GOTO 1; ……………………………………… 转到 N1

N2 M30; ……………………………………… 程序结束

② 条件转移 IF［＜条件表达式＞］THEN。

条件转移的格式：

IF［＜条件表达式＞］THEN 表达式。

　　如果条件表达式满足，执行预先决定的宏程序语句。只执行一个宏程序语句。

例如：如果♯1 和♯2 的值相同，0 赋给♯3。

IF［# 1 EQ # 2］THEN # 3= 0

（3）循环（WHILE 语句）

循环语句的指令格式如下：

WHILE［条件表达式］DO *m*；（*m*＝1、2、3）

如：

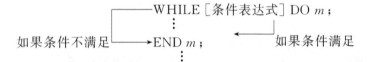

在 WHILE 后指定一个条件表达式，当指定条件满足时，执行从 DO～END 之间的程序；否则，转而执行 END 之后的程序段。DO 后的数和 END 后的数为指定程序执行范围的标号，标号值为 1、2、3。用 1、2、3 以外的值会产生 P/S 报警。

例：下面的程序计算数值 1～10 的总和：

O0001;

#1= 0;

#2= 1;

WHILE［#2 LE 10］DO1;

#1= #1+ #2;

#2= #2+ 1;

END 1;

M30;

5.2.5　宏程序调用

调用宏程序有以下几种方法：

● 非模态调用（G65）。

● 模态调用（G66、G67）。

● 用 G 代码调用宏程序。

● 用 M 代码调用宏程序。

● 用 T 代码调用宏程序。

在本书中只介绍常用的两种宏程序调用方法：非模态调用（G65）、模态调用（G66、G67）。

（1）非模态调用（G65）

当指定 G65 时，以地址 P 指定的用户宏程序被调用。数据（自变量）能传递到用户宏程序中。

格式：**G65 P p L l < 自变量>；**

P：要调用的宏程序的程序号。

L：重复次数，省略 L 值时，默认值为 1。

自变量：数据传送到宏程序。自变量被赋值到相应的局部变量。

自变量的指定，使用除了 G、L、O、N 和 P 以外的字母，每个字母指定一次，参考表 5-2。其一般格式流程如图 5-2 所示。

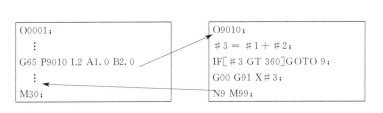

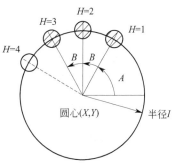

図 5-2　非模态调用 G65　　　　　　　　　　图 5-3　圆周螺栓孔

例：编制一个宏程序，加工圆周螺栓孔（图 5-3）。圆周的半径为 I，起始角为 A，间隔为 B，钻孔数为 H，圆的中心是（X，Y）。指令可以用绝对值或增量值指定，顺时针方向钻孔时 B 应指定为负值。

宏程序调用格式：

G65　P9100　Xx　Yy　Zz　Rr　Ff　Ii　Aa　Bb　Hh;

　　X: 圆心的 X 坐标（绝对值或增量值指定）（#24）。

　　Y: 圆心的 Y 坐标（绝对值或增量值指定）（#25）。

　　Z: 孔点（#26）。

　　R: R 点（#18）。

　　F: 切削进给速度（#9）。

　　I: 圆半径（#4）。

　　A: 第一孔的角度（#1）。

　　B: 增量角（#2）。

　　H: 孔数（#11）。

① 宏程序调用程序：

O0002;

…;

G65 P9100 X100. 0 Y50. 0 R30. 0 Z- 50. 0 F500 I100. 0 A0 B45. 0 H5;

…

② 宏程序（被调用的程序）：

O9100;

#3= #4003;	储存 03 组 G 代码
G81 Z#26 R#18 F#9 K0;	钻孔循环
IF [#3 EQ 90] GOTO 1;	在 G90 方式转移到 N1
#24= #5001+ #24;	计算圆心的 X 坐标
#25= #5002+ #25;	计算圆心的 Y 坐标
N1 WHILE [#11 GT 0] DO 1;	直到剩余孔数为 0
#5= #24+ #4＊COS [#1];	计算 X 轴上的孔位
#6= #25+ #4＊SIN [#1];	计算 Y 轴上的孔位
G90 X#5 Y#6;	移动到目标位置之后，执行钻孔

```
# 1= # 1+ # 2;                更新角度
# 11= # 11- 1;                孔数－1
END 1;
G# 3 G80;                     返回原始状态的 G 代码
M99;
```

（2）模态调用（G66）

G66 指定模态调用，G67 取消模态调用。调用可以嵌套 4 级。包括非模态调用（G65）和模态调用（G66）。

格式：G66　P　p　L　l< 自变量 > ;

P：要调用的宏程序的程序号。

L：重复次数，省略 L 值时，默认值为 1。

自变量：数据传送到宏程序。自变量被赋值到相应的局部变量。

与非模态调用（G65）相同，自变量指定的数据传递到宏程序中，如图 5-4 所示。指定 G67 代码时，其后面的程序段不再执行模态宏程序调用，G66 中可以嵌套 4 级，但不包括子程序调用（M98）。

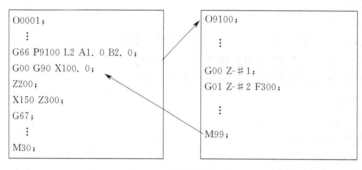

```
O0001;                         O9100;
    ⋮                              ⋮
G66 P9100 L2 A1. 0 B2. 0;
G00 G90 X100. 0;
Z200;                          G00 Z-♯1;
X150 Z300;                     G01 Z-♯2 F300;
G67;                               ⋮
    ⋮
M30;                           M99;
```

图 5-4　模态调用 G66

例：用宏程序编制 G81 固定循环的操作。加工程序使用模态调用。为了简化程序，使用绝对值指定全部的钻孔数据。

① 调用格式：

G66 P9100 Xx　Yy　Zz　Rr　Ff　Ll;

X：孔的 X 坐标（由绝对值决定）（♯24）。

Y：孔的 Y 坐标（由绝对值决定）（♯25）。

Z：Z 点坐标（由绝对值决定）　（♯26）。

R：R 点坐标（由绝对值决定）　（♯18）。

F：切削进给速度　　　　　　　（♯9）。

L：重复次数。

② 调用宏程序的程序：

O0001;

G28 G91 X0 Y0 Z0;

G92 X0 Y0 Z50. 0;

G00 G90 X100. 0 Y50. 0;

G66 P9110 Z－20. 0 R5. 0 F500;

G90 X20. 0 Y20. 0;

X50. 0;

Y50. 0;

X70. 0 Y80. 0;

G67;

M30;

③ 宏程序（被调用的程序）：

O9100;

$\sharp$1= $\sharp$4001;	储存 G00/G01
$\sharp$2= $\sharp$4003;	储存 G90/G91
$\sharp$3= $\sharp$4109;	储存切削进给速度
$\sharp$5= $\sharp$5003;	储存钻孔开始的 Z 坐标
G00 G90 Z# 18;	定位在 R 点
G01 Z# 26 F# 9;	切削进给到 Z 点
IF ［$\sharp$4010 EQ 98］ GOTO 1;	返回到 1 点
G00 Z# 18;	定位在 R 点
GOTO 2;	
N1 GOO Z#5;	定位在 1 点
N2 G#1 G#3 F#4;	恢复模态信息
M99;	

5.2.6 宏程序加工实例

（1）椭圆轴的宏程序编程加工实例

在数控车床上加工如图 5-5 所示椭圆过渡零件，椭圆长半轴为 20mm，椭圆短半轴为 10mm，零件毛坯尺寸为 $\phi45\text{mm}\times80\text{mm}$。

① 加工的方法：

椭圆轴加工的基本工艺为：

粗车 $\phi42$ 外圆、$\phi30$ 外圆及椭圆部分，精车椭圆。

椭圆粗加工路径如图 5-6 所示，椭圆用直线替代，编程的流程如图 5-7 所示。

② 数学处理：

椭圆的一般方程为：$\dfrac{X^2}{a^2}+\dfrac{Z^2}{b^2}=1$

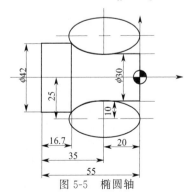

图 5-5 椭圆轴

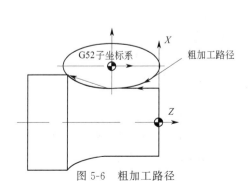

图 5-6 粗加工路径

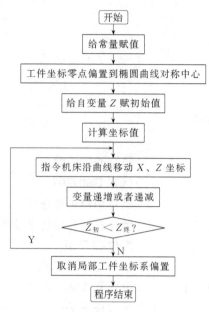

图 5-7　椭圆加工流程

在第一、二象限内可转换为：

$$X = a\sqrt{1 - \frac{Z^2}{b^2}}$$

在第三、四象限内可转换为：

$$X = -a\sqrt{1 - \frac{Z^2}{b^2}}$$

宏程序中自变量的含义如表 5-9 所示。

表 5-9　自变量含义

#24＝X;	X—椭圆对称中心 X 绝对坐标值	#19＝S;	S—椭圆轮廓的起始点工件 X 坐标值
#26＝Z;	Z—椭圆对称中心 Z 绝对坐标值	#20＝T;	T—椭圆轮廓的起始点工件 X 坐标值
#1＝A;	A—X 向椭圆短半轴长度	#6＝K;	K—递变量(凹椭圆为负,凸椭圆为正)
#2＝B;	B—Z 向椭圆短半轴长度	#9＝F;	F—切削速度

用变量来表达上式为： #19＝#1 * SQRT [1− [#20 * #20] / [#2 * #2]]
或   #19＝−#1 * SQRT [1− [#20 * #20] / [#2 * #2]]

③ 程序：

主程序如下：

O0002;	主程序名
N10 G18 G28 ;	工艺加工状态设置
N20 M04 S600 T0606 ;	
N30 G00 X50 Z50 ;	刀具起刀点
N40 M98 P8002 ;	调用轮廓粗加工循环子程序
N50 G00 X50 Z50 ;	刀具退回到起刀点
N60 G65 P8003 X25 Z—20 A10 B20 S15 T—20 U38.3 K0.5 F0.3 ;	调用椭圆加工宏程序粗加工
N70 G00 X50 Z50 ;	刀具退回到起刀点
N80 M04 S800 T0101 ;	调用精车刀，主轴反转
N90 G00 X30 Z5 ;	刀具快速移动到精加工准备点

N100 G01 Z-20 F0. 1 ;	精车削 ϕ30 外圆
N110 G65 P8003 X25 Z-20 A10 B20 S15 T-20 U38. 3 K0. 2 F0. 1;	调用椭圆加工宏程序精加工
N120 G01 Z-55 ;	精车削 ϕ42 外圆
N130 G00 X45 ;	刀具退离零件
N140 G00 X50 Z50 M05 ;	刀具退到起刀点，主轴停止
N150 M30 ;	程序结束
O8002;	子程序
N10 G00 X30 Z5;	
N20 G71 U2 R1;	
N30 G71 P40 Q60 U1 W0. 5 F0. 3;	
N40 G01 Z-20;	
N50 X42 Z-38. 3;	
N60 Z-55;	
N70 M99;	
O8003;	宏程序
N10 G52 X# 24 Z# 26;	以椭圆对称中心设定局部工件坐标系
N20 # 19= # 1 * SQRT [1-[# 20 * # 20]/[# 2 * # 2]];	椭圆上任意一点 X 坐标值计算
N30 G01 X# 19 Z# 20 F# 9;	直线插补椭圆
N40 # 20= # 20-# 6;	步距轴向递减
N50 IF［# 20GE# 21］GOTO20;	如果# 20 大于或等于# 21，则程序跳转到 N20 程序段
N60 G52 X0 Z0;	取消局部工件坐标系偏置
N70 M99;	子程序结束并返回主程序

（2）螺纹加工

加工如图 5-8 所示的圆柱螺纹 M38×1.5，零件毛坯尺寸为 ϕ44mm×65mm。

① 螺纹的加工过程：

a. 粗、精车螺纹大径，螺纹大径一般应比基本尺寸小 0.2~0.4mm。

b. 车削退刀槽。

c. 车螺纹。采用直进法车削螺纹。

② 宏程序的编制：

加工程序如下：

自变量含义：

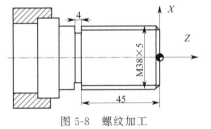

图 5-8　螺纹加工

# 1= A;	A—螺纹大径	
# 2= B;	B—螺纹长度	
# 3= C;	C—螺纹螺距	
# 4= I;	I—螺纹升速段长	
# 5= J;	J—螺纹减速段长	
# 6= K;	K—递变量螺纹背吃刀量（K= 0.65 * # 3）、半径值	

7= D;　　　　　　　D—螺纹最终精加工背吃刀量

主程序如下：

O0003 ;　　　　　　主程序名

N10 G18 G28;　　　　　　　　　　　工艺加工状态设置

N20 M04 S600 T0606 ;　　　　　　　主轴反转 600r/min，调用粗车刀

N30 G00 X24 Z5 ;

N40 G71 U2 R1;　　　　　　　　　　轮廓粗加工循环

N50 G71 P60 Q60 U1 W0. 5 F0. 3;

N60 G01 Z－25;

N70 T0101 ;　　　　　　　　　　　调换螺纹车刀

N80 M04 S800;　　　　　　　　　　调换螺纹切削转速

N90 G65 P8004 A38 B45 C1. 5 D1 I2 J2 K0. 975 ;　调用实现螺纹粗、精加工的用户宏程序

N100 M05 ;　　　　　　　　　　　　主轴停止

N110 M30 ;　　　　　　　　　　　　程序结束并返回程序开头

O8004;　　　　　　　　　　　　　宏程序

N10 # 30= FUP ［# 6/# 7］;　　　　切削次数上取整

　　# 31= ［# 6/# 30］;　　　　　　背吃刀量递减均值

　　# 32= # 1;

N20 WHILE ［# 30LE1］ DO1;　　　　如果# 30 小于或等于 1，则跳转到 N50
　　　　　　　　　　　　　　　　　程序段

N30 # 30= # 30－1;　　　　　　　　切削次数递减 1 次

　　# 33= # 30 * # 31;　　　　　　　背吃刀量计算

　　# 32= # 32－# 33;　　　　　　　第 n 次加工螺纹的 X 坐标计算

N40 G00 X ［# 1+ 5］Z# 4;　　　　　到螺纹起点

N50 G00 X ［# 32］;

N60 G32 W－［# 2+ # 5］F ［# 3］;　　切削螺纹到螺纹切削终点

N70 G00 X ［# 1+ 5］;　　　　　　　X 轴方向快退

N80 END1;　　　　　　　　　　　　返回循环体

N90 G00 X ［2 * # 1］;　　　　　　　退离工件

N100 M99;　　　　　　　　　　　　子程序结束，返回主程序

（3）正弦曲线加工宏程序

在数控铣床上绘制图 5-9 所示的正弦曲线。

正弦曲线的幅值：给字母 A 赋值（变量♯1）。

正弦曲线的角度增量：给字母 I 赋值（变量♯4）。

切削进给速度：给字母 F 赋值（变量♯9）。

数控编程实现的流程如图 5-10 所示。

O2011（主程序）

N1 G21　　　　　　　　　　　　　公制模式

N2 G17 G40 G80 G49　　　　　　　选择加工平面，取消刀补和循环

N3 G90 G54 G00 X0. 0 Y0. 0 Z30 M03 S1200　轴旋转，移动到正弦曲线的原点

N4 G43 Z30 H01　　　　　　　　　建立刀具长度补偿

N5 Z－1. 0　　　　　　　　　　　　设定切削深度

```
N6 G65 P8000 A20.0 I1.0 F1000        宏程序调用
N7 G90 G01 Z20.0 F300                退回到初始位置
N8 G91 G28 Z0.0                      返回参考点
N9 M05                               主轴停转
N10 M30                              程序结束
%
O8000（正弦曲线宏程序）
#25= 0                               设置角度增量的初始计数器
WHILE [#25 LE 100.0] DO1             对每条直线段进行循环直到 X 为 100 为止
#2= 3.6 * #25                        当前 X 的位置
#26= #1 * SIN [#2]                   当前 Y 的位置
G90 G01 X#25 Y#26 F#9                加工正弦曲线
#25= #25+ #4                         计数器增加 1
END1                                 循环结束
M99                                  宏程序结束，返回主程序
%
```

系统初始化,主轴移动到正弦曲线的原点

Y 最大值 A20.0，计数器增量 I1.0，计数器初始值 #25 = 0

计数器 ≤ 100

N　　　Y

计算正弦曲线上的点坐标，刀具直线移动，计数器增加 1

程序结束

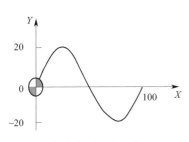

图 5-9　正弦曲线

图 5-10　正弦曲线加工流程

（4）圆柱凸轮加工宏程序

加工如图 5-11 所示的圆柱凸轮，该圆柱凸轮主要由四部分组成，在升程采用余弦曲线，回程采用正弦曲线。

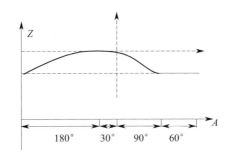

图 5-11　圆柱凸轮加工宏程序

① 圆柱凸轮编程：

圆柱凸轮编程的流程如图 5-12 所示，自变量的含义：

曲线幅值：给字母 B 赋值（变量♯2）。

刀具直径：给字母 R 赋值（变量♯18）。

凸轮厚度：给字母 S 赋值（变量♯19）。

切削增量：给字母 I 赋值（变量♯4）。

进给速度：给字母 F 赋值（变量♯9）。

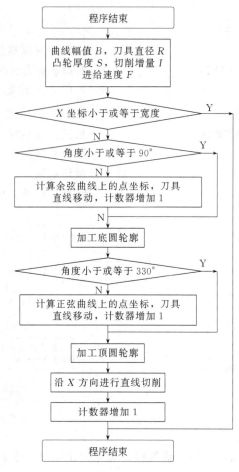

图 5-12   圆柱凸轮加工宏程序流程

② 程序：

```
O2040（主程序）
N1 G21                              公制模式
N2 G17 G40 G80 G49                  选择加工平面，取消刀补和循环
N3 G90 G54 G00 X0.0 Y0.0 Z30 M03 S1200   主轴旋转，移动到正弦曲线的原点
N4 G43 Z30 H01                      建立刀具长度补偿
N5 Z－1.0                           设定切削深度
N6 G65 P8003 B－5 R8 S20 I5 F100     宏程序调用
N7 G90 G01 Z20.0 F300               退回到初始位置
N8 G91 G28 Z0.0                     返回参考点
N9 M05                              主轴停转
N10 M30                             程序结束
%
```

```
O 8003 （圆柱凸轮加工宏程序）          将刀具直径值赋予 X 起始坐标
# 24= # 18                        当 X 坐标小于或等于凸轮宽度时执行循环 1
WHILE [# 24 LE # 19 ] DO1         定义角度初值
# 1= 0                            当角度小于或等于 90°时执行循环 2
WHILE [# 1 LE 90 ] DO2            计算 Z 向终点坐标
# 26= # 2 * COS [# 1]             加工余弦轮廓
G90 G01 Z# 26 A# 1 F# 9           计算新的角度值
# 1= # 1+ # 4                     循环 2 结束
END2                              加工底圆轮廓
G90 G01 A150 F# 9                 定义角度初值
# 1= 150                          当角度小于或等于 330°时执行循环 3
WHILE [# 1LE 330] DO3             计算 Z 向终点坐标
# 26= # 2SIN [# 1-# 150]          加工正弦轮廓
G90 G01 Z# 26 A# 1 F# 9           计算新的角度值
# 1= # 1+ # 4                     循环 3 结束
END3                              加工顶圆轮廓
G90 G01 A360 F# 9                 沿 X 方向进行直线切削
G91 G01 X# 4 F# 9                 重新定义 X 起始坐标
# 24= # 24+ # 4                   循环 1 结束
END1                              宏程序结束
M99
```

思考题与习题

（1）变量分成哪四种类型？♯1100 属于哪种类型？

（2）♯3003 在电源接通时，该变量的值是多少？

（3）执行下列程序，请确定♯2 的值。

……

G00 X100 Y100 Z1000

♯2＝♯4001

……

（4）设♯1＝100，♯2＝200，♯3＝100，确定 G01 X［♯1＋♯2］F♯3 的实际指令。

（5）♯24、♯25、♯26 为局部变量，请说明该局部变量赋值对应的地址。

（6）简述♯3004＝4 的含义。

（7）在循环 WHILE 语句中，DOm 中的 m 取值有何要求？可否取 5.4？如果不可以，为什么？

（8）用户调用宏程序常用哪两种方法？

（9）编程：如图 1 所示零件为椭圆轮廓工件，椭圆轮廓方程为：$\frac{z^2}{20^2}+\frac{x^2}{12^2}=1$，参数方程为 $z=20\cos\phi$，$x=12\sin\phi$，毛坯为 $\phi30\text{mm}\times65\text{mm}$ 的棒料，45 钢。加工工序为：粗车左端 $\phi25\text{mm}$ 外圆至尺寸。掉头，粗车、精车右端外形至尺寸。

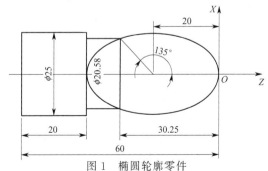

图 1　椭圆轮廓零件

要求：采用等步长直线逼近法编写椭圆加工宏程序椭圆轮廓精加工程序。

第6章 数控车床和车削加工中心编程应用

数控车床是用来加工回转体零件，能自动完成内外圆柱面、圆锥面、圆弧面、螺纹、端面、槽等加工。本章主要介绍轴、盘套、轴套、螺纹、切槽（切断）零件的加工。

6.1 轴类零件的加工

轴类零件零件加工涉及的工艺问题很多，这里主要讨论轴类零件的基准加工和轴类零件的定位、夹紧。

（1）轴类零件的基准的加工

轴类零件的中心孔既是设计基准，又是加工基准、测量基准，因此，中心孔一般在外圆加工前，使用钻中心孔机加工两端的中心孔，保证中心孔的同轴度。若在车床上采用夹外圆打中心孔的方法，则应加工外圆，保证调头打另一端的中心孔时，可以夹持已加工外圆。保证中心孔的同轴度。

（2）轴类零件的定位、夹紧

数控车床加工轴类零件时，一般可用三爪卡盘夹外圆、一夹一顶、顶两端中心孔三种方法装夹工件。三爪卡盘夹外圆装夹方法主要用于短轴加工，一夹一顶一般用于较长轴，可以传递足够大的转矩，用于粗加工和半精加工。轴类零件装夹也可采用装夹在主轴顶尖和尾座顶尖之间，由主轴上的拨盘或拨齿顶尖（如图 6-2 所示）带动旋转，可以保证外圆与轴心线的同轴度。图 6-1 为轴类零件的几种定位方式。

现对各种定位方式进行说明：

a. 两点定位，欠定位。夹持长度过短，工件不容易夹正。仅仅限制工件的 X、Y 方向的自由度。缺乏对 Z 轴和 X、Y 旋转轴的定位。

b. 三点定位，欠定位。三爪为台阶爪，限制工件的 Z 轴自由度，夹持长度过短，不容易夹正。

c. 四点定位，不完全定位。相当于圆柱定位。缺乏 Z 轴定位。

d. 五点定位，不完全定位。短轴经常采用此种定位方式。

e. 四点定位，欠定位。缺乏 Z 轴定位。

f. 五点定位，不完全定位。长轴一般采用此种定位方式。

g. 六点定位。X、Y 旋转轴重复定位。

可以分两种情况讨论：在一次装夹中完成打中心孔和上顶尖，不完全定位；打中心孔和上顶尖在两次装夹中完成，过定位。不正确定位。

h. 七点定位。

i. 五点定位。由于中心孔的锥度大小不一，Z 轴定位实际为浮动定位。批量生产中，一般不采用此种定位方法。一般用在单件加工中。

图 6-2 中，前顶尖与导向套的孔为过盈配合，成为一体；拨爪通过销与定位球连接为一体，在导向套的圆周孔的导向下，可作微量的轴向调整。前顶尖顶工件的力量可通过调节螺钉来调整。

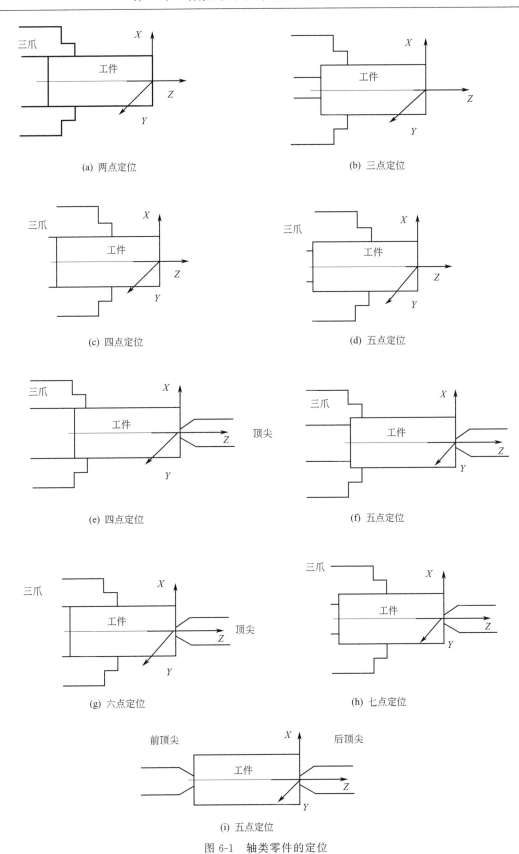

图 6-1　轴类零件的定位

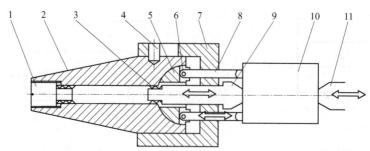

图 6-2　双顶尖加工工件

1—螺钉；2—莫氏锥柄；3—碟形弹簧；4—导向销；5—定位球；
6—销；7—导向套；8—拨爪；9—前顶尖；10—工件；11—后顶尖

拨爪与工件接触的面加工成锐角，拨爪一方面轴向定位，另一方面通过后顶尖向左移动，前顶尖右移，拨爪与工件端面紧紧贴合，传递转矩，进行加工。

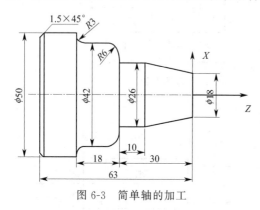

图 6-3　简单轴的加工

前顶尖浮动定位，与后顶尖配合限制工件四个自由度，拨爪轴向定位，限制工件一个自由度。此装置为五点定位，不完全定位。

6.1.1　简单轴的加工

① 零件如图 6-3 所示，该零件材料为 45 圆钢，无热处理要求，毛坯直径选用 $\phi52$。

② 零件结构简单，刚性好，采用三爪卡盘夹紧，使用外圆车刀一次完成粗、精加工零件外形。切断刀割断。

③ 刀具的切削用量选择见表 6-1。

表 6-1　刀具及切削参数

工步号	工 步 内 容	刀具号	刀 具 类 型	切削用量	
				主轴转速/(r/min)	进给速度/(mm/r)
1	平端面粗车外形	T01	93°菱形外圆刀 $R=0.8$	<800	0.2
3	精车外形	T03	93°菱形外圆刀 $R=0.4$	1200	0.1
4	切断并倒角	T04	刀宽 4mm	600	0.05

④ 确定加工方法。

a. 零件毛坯为棒料，毛坯余量较大（最大处 52−18=34mm），需多次进刀加工。采用 G71 复式循环指令，完成粗加工，留精车余量，然后精车，最后在切断前完成 1.5×45°的倒角。

b. 刀具半径补偿的使用。刀尖半径 $R=0.4$，精加工时，使用 G42 进行刀具半径圆弧补偿，$R0.4$，刀尖方位号 3。

c. 精加工刀具起点的计算。最左端为锥面，当加工起点离端面 2mm，锥体小径需计算获得。如图 6-4 所示，锥体延长线上利用两个三角形相似，计算出 $H=0.8$，那么刀具起点锥体小径为：$18−2×0.8=16.4mm$。

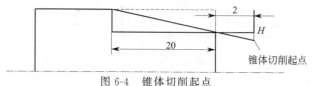

图 6-4　锥体切削起点

d. 倒角并切断（图 6-5）。切断刀宽为 4mm，对刀点为左刀点，在编程时要左移 4mm 以保持总长 63mm。倒角因是斜线运动，需要有空间，所以按以下路线，如图 6-5 所示，先往左在总长上留 0.5～1mm 余量处切一适当深槽，退出，再进行倒角、切断。这样可以减少切断刀的摩擦，在切断时利于排屑。

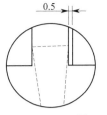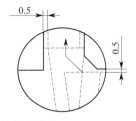

图 6-5　切断刀倒角

综合程序如下：

N010G28U0；	回参考点
N020T0101；	换 1 号粗车刀
N030G00X80Z150M03S1000；	回换刀点
N040G96S80G00X55Z0；	快速到右端面起点
N050G01X－1.6 F0.1；	平端面
N060G00X55Z2S800；	回循环起点
N070G71U2R0.5；	G71 粗车循环
N080G71P090Q0200U0.5W0.25；	外圆、端面各留 0.25 余量
N090G00X16.4；	精车开始
N100G01X26Z－20；	
N110Z－30；	
N120X30；	
N130G03X42Z－36 R6；	
N140G01Z－45；	
N150G02X48Z－38 R3；	
N160G01X50；	
N200Z－70；	精车结束
N240G00X80Z100S1200；	返回换刀点
N250T0303；	换 2 号精车外圆刀
N260G00X16.4Z15S1200；	锥体小径延长起点（计算）
N270G42Z2	建立刀尖半径补偿
N280G01 X26 Z－20 F0.1；	精加工锥体
N290Z－30；	
N300X30；	
N310G03X42 Z－36R6；	
N320G01Z－45；	
N330G02X48Z－48 R3；	
N340G01X50；	
N350Z－70；	精加工结束
N360G40G00X80Z100；	取消补偿，返回换刀点
N370T0404；	换 4 号切断刀
N380G00X52Z－67.5S600；	至切槽起点(左对刀点)，Z 值－67.5＝总长 63＋刀宽 4＋余量 0.5
N390G01 X40；	先切至 ϕ40
N400X51；	退刀（倒角 X 向延长了 0.5，倒角宽为 2）

N410Z－65;	右刀点移到倒角延长线起点上
N420G01X47Z－67;	倒角终点
N430X0;	切断
N440G00X70;	退刀
N450Z150;	
N460M05. ;	主轴停
N470M30;	程序结束

6.1.2 复杂轴类零件的编程加工 （一）

零件如图 6-6 所示，毛坯材料 $\phi50$mm×152mm，要求按图样单件加工。

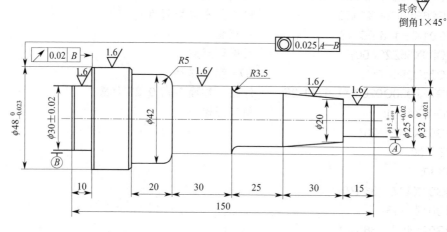

图 6-6 复杂轴类零件

（1）工艺分析

① 零件为典型轴类零件，从图纸尺寸外形精度要求来看，有五处径向尺寸都有精度要求，且其表面粗糙度都为 $Ra1.6\mu$m，需用精车刀进行精车加工以达到精度要求。刀具安排上需粗、精外圆车刀共两把。

粗车刀必须适应粗车时切削深、进给快的特点。主要要求车刀有强度，一次进给能车去较多余量。为了增加刀头强度，前角和后角采用 0°～3°。主偏角应选用 90°。为增加切削刃强度和刀尖强度，切削刃上应磨有倒棱，其宽度＝(0.5～0.8)f，倒棱前角＝－(5°～10°)，刀尖处磨有过渡刃，可采用直线形或圆弧形。为保证切削顺利进行，切屑要自行折断，应在前刀面上磨有直线形或圆弧形的断屑槽。

精车要求能达到图纸要求，并且切除金属少，因此要求车刀锋利，切削刃平直光洁，刀尖处必要时还可磨修光刃，为使车刀锋利，切削轻快，前角和后角一般应大些，为减小工件表面粗糙度，应改用较小副偏角或在刀尖处磨修光刃，其长度＝(1.2～1.5)f。可用正值刃倾角（0°～3°），并要有狭窄的断屑槽。

② 为了保证外圆的同轴度，可采用一夹一顶的方法加工工件。顶尖可以采用死顶尖，提高顶尖端外圆与孔的同轴度。加工中须注意防止顶尖烧伤。

③ 零件加工分为普通机床加工和数控车床加工，车端面、车外圆、打中心孔在普通机床上，粗、精车使用数控车床加工。普通机床上车外圆、打中心孔在一次装夹中完成，保证外圆与孔的同轴度。零件加工工艺见表 6-2。

表 6-2　加工工艺

工序	内　　容	设　备	夹　具	备　　注
1	车端面、车外圆,长度大于工件长度的一半,打中心孔	CA6140	三爪卡盘	
2	调头,车端面,控制总长 150,车外圆,打中心孔	CA6140	三爪卡盘	中心孔即是设计基准、加工基准、测量基准
3	粗、精车 $\phi30$ 及 $\phi48$ 外圆并倒直角	数控车床	三爪卡盘、顶尖	
4	粗、精车 $\phi15$,$\phi25$,$\phi32$,$\phi42$ 外圆	数控车床	三爪卡盘、顶尖	

④ 切削用量选择（在实际操作中可通过进给倍率开关进行调整）。

a. 粗加工切削用量选择：

切削深度 2～3mm（单边）；

主轴转速 800～1000r/min；

进给量 0.1～0.2mm/r。

b. 精加工切削用量选择：

切削深度 0.3～0.5mm（双边）；

主轴转速 1500～2000r/min；

进给量 0.05～0.07mm/r。

（2）数控车床编程路线

① 粗、精加工零件左端 $\phi30$ 及 $\phi48$ 外圆并倒直角。此处为简单的台阶外圆,可应用 G01、G90 或 G71、G70 编制程序。

```
O6001                        (程序号)
T0101;                       1 号粗车刀
G00X52Z2M03S900;             G71 循环起点
G71U2R0.5;                   切深 4mm, 退刀 0.5mm
G71P100Q200U0.5W0.1F0.2;     精车路线 N100～N200
N100G00X28S1500;             精车第一段（须单轴运动）
G01Z0F0.2;                   倒角起点（X28）
U2W-1;                       倒角
Z-10;                        φ30 外圆
X46;                         平台阶
X48W-1;                      倒第二处角
N200W-22;                    φ48 外圆精车, 最后一段精车循环加工
G70P100Q200;                 精车循环加工
G00X100Z100;
M05;                         主轴停止
M30;                         程序结束
```

② 加工右端型面（图 6-7）。

a. 工件调头,装夹 $\phi30$mm 外圆,上顶尖。

b. 用 G71 指令粗去除 $\phi15$、$\phi25$、$\phi32$、$\phi42$ 外圆尺寸,X 向留 0.5mm,Z 向留 0.1mm 的精加工余量。

c. 用 G70 指令进行外形精加工。

加工右端外形面程序：

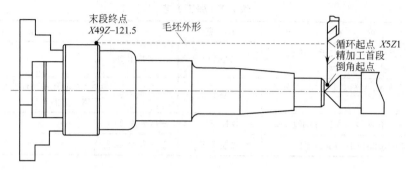

图 6-7　零件夹紧

O6002；	（程序名）
T0101；	1 号刀
G00X100. Z5. S1000M03；	
X52. Z1. ；	
G71U2. R1；	每刀单边切深 2mm，退刀量 1mm
G71P100Q200U0. 5W0. 1F0. 15；	精车路线首段 N100，末段 N200，X 向精车余 0. 5mm，Z 向余量 0. 1mm（P、Q 值不带小数点）
N100G00X11. S1800；	精车首段，倒角延长起点
G01X15. Z－1. F0. 05；	倒角
Z－15. ；	加工 φ15 外圆
X20. ；	锥体起点
X25. W－30. ；	车锥体
W－21. 5；	加工 φ25 外圆
G02X32. W－3. 5R3. 5；	车 R3. 5 圆角
G01W－30. ；	加工 φ32 外圆
G03X42. E－5. R5. ；	车 R 圆角
G01Z－120. ；	加工 φ42 外圆
X46. ；	倒角起点
X49. W－1. 5；	倒角
N200X50；	末段（附加段）
G00X120. Z5；	退刀（注意 Z 向距离）
T0202；	换 2 号精车刀，建立工件坐标系
G00X52. Z1. S1000M03；	快移到循环起点
G70P100Q200；	G70 精加工外形
G00X100. ；	退刀
M05M30；	程序结束

此工件要经两个程序加工完成，所以调头时重新确定工件原点，程序中编程原点要与工件原点相对应，执行完成第一个程序后，工件调头执行另一程序时需重新对两把刀的 Z 向原点，因为 X 向原点在轴线上，无论工件大小都不会改变，所以 X 方向不必再次对刀。

6.1.3　复杂轴类零件的编程加工（二）

加工如图 6-8 所示零件，毛坯为 φ52mm 长棒料，无热处理要求。要求一次装夹并切断。

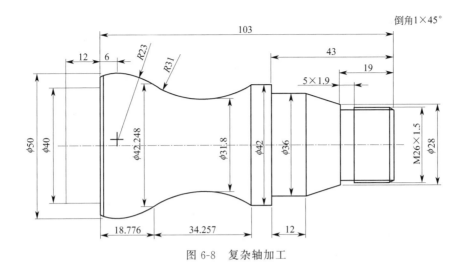

图 6-8　复杂轴加工

（1）工艺分析

① 零件外形复杂，需加工螺纹、锥体凹凸圆弧及切槽、倒角。

② 因要求一次装夹完成并用一个程序完成，左端 $\phi 40 \times 12$ 的外圆台不能用外圆刀加工，可用切刀做宽槽处理。

③ 根据图形选用刀具。

T01 外圆粗车刀：加工余量大，且有凹弧面，要求副偏角不发生干涉。

T03 外圆精车刀：菱形刀片，刀尖圆弧 0.4，副偏角 $>35°$。

T05 切槽刀：刀宽等于或小于 5mm。

T07 螺纹刀：60°硬质合金。

④ 编程指令：

此零件如用 G01、G02 指令编程，粗加工路线复杂，尤其圆弧处计算和编程烦琐；如用 G71 指令，凹圆弧处毛坯不能一次处理；适宜用 G73 和 G70，编程时只要依图形得出精车外形各坐标点。

（2）工艺及编程路线

编程路线及走刀路线见图 6-9。刀具的作用如下：

① 1 号刀：平端面。

② 1 号刀：G73 指令粗加工外形（除两外槽）。

③ 3 号刀：G70 指令精加工外形（除两外槽）。

④ 5 号刀：G01 指令切槽 5×1.9。

⑤ 7 号刀：G76 指令加工螺纹 4。

⑥ 5 号刀：G75 指令切削 $\phi 52 \times 12$。

⑦ 5 号刀：G01 指令切两倒角。

⑧ 5 号刀：G01 指令切断。

（3）参考程序

O1111;	回参考点
G28U0W0;	
T01011;	换 1 号外圆粗车刀，建立工件坐标系
G97S800M03;	转速 800r/min
G99F0.2M08;	每转进给量 0.2mm，开切削液

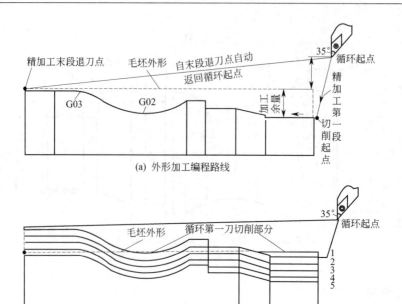

(a) 外形加工编程路线

(b) 外形加工走刀路线

图 6-9　外形加工编程路线和外形加工走刀路线

G00X100. Z100;	快速走到中间安全点
X52. Z0;	快速至平端面起点
G01X－1. F0. 1;	平端面
G00X64. Z5;	退刀
G73U14. W0 R5;	外形复合循环加工，X 向切削余量半径值 14mm，Z 向 0，循环次数 5 刀
G73P100Q200U1. W0F0. 2;	精加工程序段 N100～N200，X 向余量 1mm，Z 向 0
N100G00X20. Z1. S1000;	
G00X25. 8Z－2. F0. 1,	倒角
Z－19. ;	加工螺纹外圆
X28. ;	锥体起点
X36. Z－31;	加工锥体
Z－43. ;	加工 ϕ36 外圆
X42. ;	平台阶
Z－49. 965;	加工 ϕ42 外圆
G02X42. 248Z－82. 222R31. ;	加工 R31 圆弧
G03X50. Z－97. R23. ;	加工 R23 圆弧
G01Z－120. ;	加工 ϕ50 外圆到切断处
N200U1. ;	增量编程，X 向退刀 1mm（X51）
G00X100. Z100. ;	回换刀点
M01;	暂停
T0303;	换 3 号外圆精车刀
G00X60. Z5. S1000M03;	循环起点
G70P100Q200;	精加工外形

G00X100. Z100;	回换刀点
M01;	选择性停止
T0505;	换 5 号切槽刀
G00X30. Z－19. S500M03;	至切槽起点（左对刀点）
G01X22. ;	切槽
G00X30. ;	退刀
G00X100. Z100. ;	回换刀点
M01;	
T0707;	换 7 号螺纹刀
G00X35. Z6. S500M031;	螺纹循环起点
G76P010060Q100R50;	螺纹切削复合循环
G76X24. 05Z－16. 5R0P975Q500F1. 5. ;	小径 24. 05mm，切深 0. 975mm，切深半径值 0. 5mm
G00X100. Z100. ;	回换刀点
M01;	
T0505;	换切槽刀
G00X55. Z10. S500M03;	切左端台阶并切断
X51. Z－109. ;	切宽槽起点（左对刀点，刀宽 5mm）
G75R0;	R0 退刀量 0
G75X40. 05Z－120. P5000Q4000R0F0. 1;	外径沟槽复合循环，槽底 X40，终点坐标 Z－120，切深 5mm，Z 向移动间距 4mm＜刀宽
G01W2. 5F0. 2;	倒角延长起点（左刀点 X51Z105. 5）
U－3. W－1. 5E0. 1;	倒 φ50 外圆左端角
X40. ;	平台阶端面
Z－120. ;	精加工 φ40 外圆
X36. ;	切断第一刀（为倒角做准备）
X41. F0. 3;	退出
W2. 5;	Z 向右移 2. 5 到倒角延长起点
U－5. W－2. 5F0. 1;	倒 φ40 外圆左端角
X0. ;	切断
G00X55. ;	退刀
X100. Z100. ;	快速回换刀点
M05;	主轴停
M09;	切削液关
M30;	程序结束

提示： 在 G73 指令中，X 向切削余量半径值计算：（毛坯的外径－工件的最小直径）/2。

6. 2　综合实例

（1）工艺分析

如图 6-10 所示，零件包括外圆、台阶、螺纹和外六方，所以需在车床和铣床上加工。现对该轴的加工做分析说明：

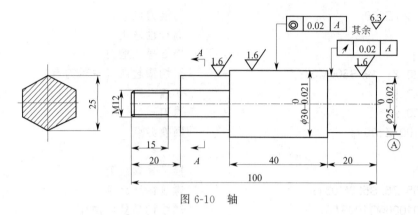

图 6-10 轴

① 毛坯为 $\phi32\times120$ 棒料，材料为铝，铝在加工时容易发热，切削过程中需要加切削液。

② 外圆 $\phi30$ 和 $\phi25$ 的加工：这两个外圆有严格的尺寸精度、同轴度和圆跳动的要求，在一次装夹下完成粗、精车加工；表面粗糙度 $Ra=1.6\mu m$，精车可以达到。

③ 为了避免 M12 螺纹加工时牙型挤压导致外径变大，加工外圆时，要稍小于螺纹大径（加工时，外圆加工到 $\phi11.8$）。

④ 在铣床上加工外六方时，选择有旋转轴的四轴数控铣床加工。

（2）定位夹紧

此零件是一般的轴类零件，在车床、数控铣床上加工时，用三爪自定心卡盘夹紧。

（3）加工工艺

数控车床加工：

车右端面；

粗车右端 $\phi25$ 和 $\phi30$ 外圆至 $\phi25.5$ 和 $\phi30.5$；

精车右端 $\phi25$ 和 $\phi30$ 外圆至尺寸；

掉头车左端面，保证长度 100；

车左端 M12 外圆面至 $\phi11.8$，车外圆 $\phi25$；

车螺纹 M12×1.75，长度 15。

数控铣床加工：

铣六方。

（4）刀具及切削用量的选择（表 6-3）

表 6-3　切削用量参数

工序	内　容	刀具名称及规格	刀具		切削用量		
			刀号	刀补	背吃刀量/mm	主轴转速/(r/min)	进给速度/(mm/r)
1	车右端面	90°外圆车刀	T04	04	1	800	0.1
	粗车右端外圆		T04	04	2	800	0.3
	精车右端外圆		T04	04	0.5	1000	0.05
2	掉头车左端面,保证长度		T04	04	1	800	0.1
	车左端 $\phi11.8$ 和 $\phi25$ 外圆		T04	04	2	800	0.3
	车螺纹	60°螺纹车刀	T01	01		100	
3	铣六方	$\phi20$ 立铣刀		01	1	400	

（5）加工程序

① 工序 1　粗车装夹如图 6-11 所示，一次装夹，加工 $\phi 25$ 和 $\phi 30$ 外圆，留精车余量 0.5。

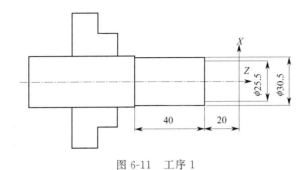

图 6-11　工序 1

```
O0002
T0404                      调 4 号刀，刀补号为 4
G00X100. Z100.             快速移动到安全点
G99 M03 S800              主轴正转，转速 800
X35. 0 Z2. 0              快速定位至 φ35，距端面 2
G71 U2. 0 R0. 5           采用复合循环粗加工表面
G71 P100 Q200 U0. 5 W0. 1
N100 G01 X25. 0 F0. 1
Z-20. 0
X30. 0
N200 Z-60. 0
```

以下为精车程序，精车装夹如图 6-12 所示。

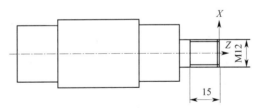

图 6-12　工序 2

```
M03 S1000
G00 X100 Z100            快速移动到安全位置
T0400
M05
M30
```

② 工序 2　掉头车另一端的装夹如图 6-12 所示，粗、精车 $\phi 25$ 外圆，车 M12 外圆至 $\phi 11.8$。

```
O0006
T0404
G00 X100. 0 Z100. 0
G99 M03 S800
```

XG71 U2. 0 R0. 5

G71 P100 Q200 U0. 5 W0. 1 F0. 1

N100 G00 X11. 8

G01 Z－20. 0

X25. 0

N200 Z－40. 0

G70 P100 Q200

G00 X100 Z100

T0400

车螺纹时，刀具在开始和结束有加速和减速的情况，所以在螺纹的两端有不完整的牙，不同的机床，不完整的牙的长度不同。本例中不完整的牙的长度按 2mm 考虑。

T0101	调 1 号刀，刀补为 1
M03 S100	主轴转速 100r/min
X13. 0 Z2. 0	快速定位至 ϕ13mm，距端面正向 2mm
G92 X11. 8 Z－17. 0 F1. 5	采用螺纹循环，螺距为 1.5mm
X11. 0	
X10. 5	
X10. 1	
G00 X100. 0 Z100. 0	快速移动到安全点
T0100	取消刀补
M05	主轴停止
M30	程序结束

③ 工序 3　铣六方是在有 A 轴的数控铣床上完成，其装夹如图 6-13 所示，每次铣一个平面，平面的高度如图 6-14 所示，然后 A 轴旋转 60°，铣另一个平面，依次加工六个平面，就可以得到六方。铣刀走刀路线如图 6-15 所示。

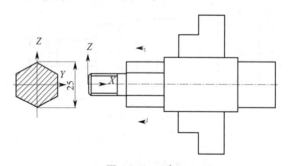

图 6-13　工序 3

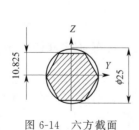

图 6-14　六方截面

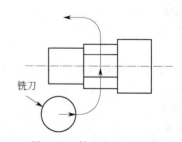

图 6-15　铣六方走刀路线

O 0001
G21
G00 G17 G40 G49 G80 G90
G00 G90 G56 X16. Y－27. S400
M03 S400
M98 P0061001
M5
G91 G28 Z0
M30

O 1001（铣六方子程序）
G43 H1 Z50. 0
Z15.
G1 Z10. 825 F200.
G41 D1 X28.
G3 X40. Y－15. R12.
G1 Y15
G3 X28. Y27. R12.
G1 G40 X16.
G0 Z50.
Y－27
G91 A60. 0
M99

6.3　盘套类零件的加工

6.3.1　加工实例 1

加工零件如图 6-16 所示，毛坯尺寸为 ϕ82mm×
32mm，材料为 45 钢，无热处理和硬度要求。

（1）工艺分析

零件如图 6-16 所示，此零件属典型盘套零件。
毛坯为 45 钢，内孔已粗加工至 ϕ25mm。其加工对象
包括外圆台阶面、倒角和外沟槽、内孔及内锥面等，
且径向加工余量大。其中外圆 ϕ80mm 对 ϕ34mm 内
孔轴线有同轴度 0.02mm 的技术要求，右端面对
ϕ34mm 内孔轴线有垂直度技术要求，内孔 ϕ28mm
有尺寸精度要求。

根据图形分析，此零件需经两次装夹才能完成加
工。为保证 ϕ80mm 外圆与 ϕ34mm 内孔轴线的同轴
度要求，需在一次装夹中加工完成。第二次可采用软
爪装夹定位，以 ϕ80mm 精车外圆为定位基准，也可
采用四爪卡盘，用百分表校正内孔来定位，加工右端外形及端面。但数控机床一般不建议使

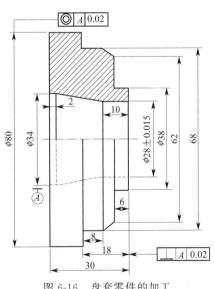

图 6-16　盘套零件的加工

用四爪卡盘，辅助工艺时间过长。

（2）确定加工顺序及进给路线

① 车左端面。

② 粗、精车 $\phi 80$mm 外圆。

③ 粗、精车全部内孔。

④ 工件调头校正，夹 $\phi 80$mm 精车面，车右端面保持 30mm 长度。

⑤ 粗、精车外圆、台阶。

（3）编程方法

加工此零件内孔时可用 G71 和 G70 内孔循环加工指令，加工外圆台阶径向毛坯余量大，宜采用 G72 端面方式循环加工。在用复合循环指令编程时，系统会根据所给定的循环起点、精加工路线及相关切削参数，自动计算粗加工路线及刀数，免去手工编程时的人工计算。但此工件分为两个程序进行加工，在 Z 向需分两次对刀确定原点。

（4）刀具的选择及切削用量的选择

刀具及切削用量如表 6-4 所示，外形加工刀具及切削用量的选择与加工轴类零件区别不大。尤其内孔刀需特别注意选用，因刀杆受孔径尺寸限制，刀具刚性差，切削用量要比车外圆时适当小一些。

表 6-4　刀具及切削用量

工步	工步内容	刀具名称及规格	刀具号	切削用量			备注
				背吃刀量/mm	主轴转速/(r/min)	进给速度/(mm/r)	
1	车端面、车外圆	90°粗、精车外圆刀	T01	2	<1500	0.2 精 0.15	
2	镗孔	粗、精内镗刀（主偏角93°）	T02	1～2	600～800	0.1 精 0.05	
3		$\phi 20$mm 钻头			600		手动

（5）程序

加工左端面、外圆及内孔：

```
O3312
T0101;                     调用外圆刀
G00 X85. Z2. M03 S850;
G01 Z0 F0.2;               端面起点
X22. F0.08;                车端面
G00 X80. Z2.;              退刀到如 φ80mm 外圆起点
G01 Z－15.F0.2;            车 φ80mm 外圆
G00 X100. Z150;            退到换刀点
T0202;                     换内孔镗刀
G00 X24.5 Z2.;             快速到循环起点
G71 U1.0 R0.5;             G71 循环粗加工内孔
G71 P100 Q200 U－0.3 W0.1 F0.1;  内孔留余量0.3，符号为负
N100 G00 X34 S800;         精车第一段
G01Z－2. F0.05;
X28. Z－20;
Z－32.;
```

N200 X27. ;	精车末段

N200 X27. ;　　　　　　　　精车末段
G70 P100 Q200;　　　　　　G70 循环精加工内孔
G00 Z150. ;　　　　　　　　Z 向退刀
X100. ;　　　　　　　　　　X 向退刀
M05 M30;　　　　　　　　　程序结束

工件调头，夹 ϕ80mm 精车外圆面，用 G72 加工右端外形面：

O3313;　　　　　　　　　　程序名
T0101;　　　　　　　　　　调用外圆刀
G00 X85. Z2. M03 S850;　　刀具快速移动
G01 Z0;　　　　　　　　　　车端面起点
X22. F0. 08;　　　　　　　平端面
G0 X82. Z2. ;　　　　　　　循环起点
G72 W2 R0. 5;　　　　　　　G72 端面外形循环粗加工，Z 向吃刀量 2mm
G72 P100 Q200 U0. 1 W0. 1 F0. 1;
NI00 G00 Z－18. S800;　　精车第一段，Z 向移动
G01 X68. F0. 05;
Z－10. ;
X62. Z－6. ;
X38. ;
Z0;
N200 Z2;　　　　　　　　　精车末段
G70 P100 Q200;
G00 Z150. ;
X100. ;
M05：
M30;　　　　　　　　　　　程序结束

6.3.2　加工实例 2

加工如图 6-17 所示零件，材质为铸铝，棒料 ϕ70×200。为一个毛坯多件加工。

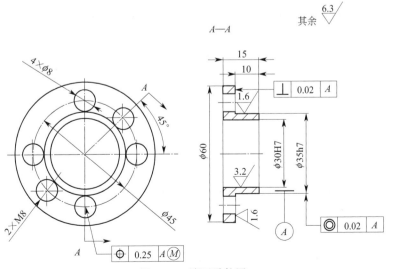

图 6-17　端面零件图

（1）工艺分析

毛坯为棒料，先在钻床上钻孔，加工效率高。

为了保证 $\phi35h7$ 外圆对 $\phi30H7$ 内孔的同轴度要求，及 $\phi60$ 端面对 $\phi30H7$ 轴线的垂直度要求，采用在一次装夹中完成该部分的加工。

$\phi35h7$ 外圆和 $\phi60$ 端面有 $Ra1.6\mu m$ 表面粗糙度要求，由于材质为铸铝，在数控车床上高速切削即可实现，但刀具的前角应当比较大，在 $12°\sim15°$，为了防止切屑黏附在刀具的前刀面，并提高工件表面粗糙度，加工时必须使用切削液。

$\phi30H7$ 内孔有 $Ra3.2\mu m$ 表面粗糙度要求，孔加工比外圆加工的难度大，粗糙度要求比外圆低一个等级，属于正常要求。精镗即可保证。

$4\times\phi8$ 的内孔和 $2\times M8$ 的螺纹孔采用数控铣床加工。由于零件的材料是铝料，而且零件很薄易变形，铣削装夹工件时，为了防止零件变形，采用芯轴定位。

（2）制订加工工艺

① 车削部分　采用三爪卡盘夹紧工件外圆。工件伸出卡盘 25mm 左右，将工件右端面中心设置为工件零点，如图 6-18 所示。

加工顺序按先粗后精、由近到远的原则确定，根据本工件结构特征，确定主要加工步骤如下：

a. 采用 G71 功能对工件进行粗车，然后采用 G70 进行精车；

b. 粗、精镗 $\phi30H7$ 孔；

c. 切断工件。

② 铣削部分　铣削采用芯轴对工件进行定位、螺母压紧方式，如图 6-19 所示。

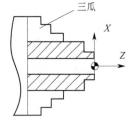

图 6-18　车削装夹方法

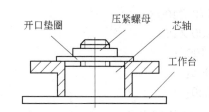

图 6-19　铣削装夹方法

表 6-5　数控加工工艺卡

零件名	端盖		材质		铝		件数		1
工序号	内容	刀号名称及规格		刀号	切削用量				
					主轴转速/(r/min)	进给速度/(mm/r)	背吃刀量/mm		
1	车端面、车外圆	90°粗、精车外圆刀		T04	1500	0.1	2		
	镗孔	粗、精内镗刀		T02	1000	0.05			
	切断并倒角	切槽刀(刀宽为 4mm)		T03	300	0.05			
2	打中心孔	$\phi10$ 定心钻		T01	2000	100			
	钻 $4\times\phi8$ 孔	$\phi8$ 钻头		T02	800	100			
	钻 $2\times\phi6.8$ 孔	$\phi6.8$ 钻头		T03	1000	100			
	攻螺纹 $2\times M8$	M8 丝锥		T04	400	1.25			

加工顺序：

a. 钻 $4\times\phi8$；

b. 打 $2\times M8$ 底孔（$\phi6.7$）；

c. 攻 $2\times M8$。

加工路径顺序如图 6-20 所示。

零件数控加工工艺卡 如表 6-5 所示。

（3）加工程序

① 车外圆程序：

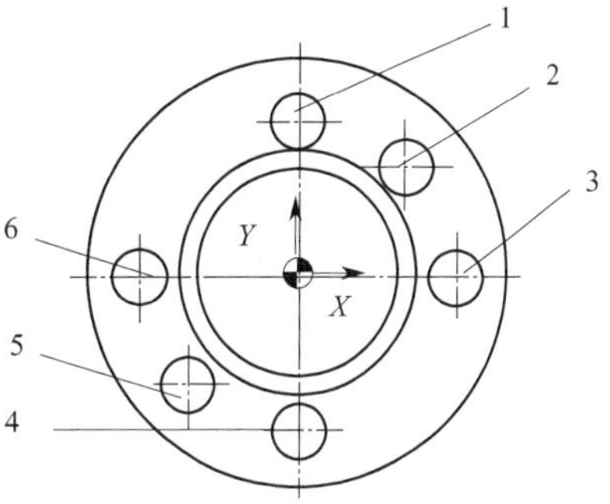

O0001

T0404；	换 4 号外圆车刀
G99 M03 S1500；	主轴正转，转速为 1500r/min
G00 X76. Z3. ；	快速定位到（X76，Z3）
G90 X－1 Z0 F0. 1；	车端面
G71 U2. 0 R1. 0；	粗车循环，切深为 2mm，退刀为 1mm
G71 P60 Q80 U0. 5 W0. 25 F0. 1；	X 方向精加工余量 0. 25，Z 方向精加工余量 0. 25
N60 G00 X35. ；	N60～N80 精车加工程序段
G01 Z－10. ；	
X60. ；	
N80 Z－15. ；	
G70 P60 Q80；	精车循环
G00 X100. Z100. ；	快速定位到（X100，Y100），安全位置
T0400；	取消刀补
M05；	主轴停
M30；	程序结束，返回到起始行

図 6-20　孔的位置

② 镗孔程序：

O0002

T0202；	换 2 号内镗刀
G99 M03 S1000；	主轴正转，转速为 1000r/min
G00 X25. Z3. ；	快速定位到（X25，Z3）
G90 X28. Z－17. F0. 05；	单一切削循环，粗加工
X29. 5	半精加工
X30.	精加工
G00 X28. Z100. ；	快速定位，安全位置
T0200；	取消刀补值
M05；	主轴停
M30；	程序结束，返回到起始行

③ 倒角并切断　切断刀宽为 4mm，对刀点为左刀点，在编程时要左移 4mm，以保持总长 15mm。倒角因为是斜线运动，需要有空间，所以按以下路线，如图 6-21 所示，先往左在总长上留 0.5～1mm 余量处切一适当深槽，退出来，再进行倒角并切断，这样可以减少切断刀的摩擦，在切削时利于排屑。

O0003

T0303	换 3 号切断刀
G00 X62. Z－ 19. 5S300；	快速定位到（X62.，Z－19. 5），主轴转速为 300r/min
G01 X50. F0. 05；	直线进给到（X 50.，Z－19. 5）
X61. ；	

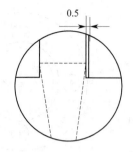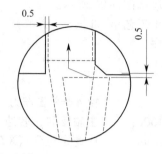

图 6-21   切断刀倒角

Z－17.5;	倒角
G01 X46. Z－19. F0.05;	
X0;	切断
G00 X70. ;	在 X 向退刀
Z50. ;	
T0300;	取消刀补值
M05;	主轴停止
M30;	程序结束，返回到起始位置

④ 钻孔和攻螺纹程序：

O0004	
N100 G21;	公制单位
N102 G0 G17 G40 G49 G80 G90;	设置系统工作环境
N104 T1;	T1 号刀准备
N106 M6;	换刀
N108 G0 G90 G54 X0. Y22.5 S2000 M3;	G54 坐标系下主轴正转，转速为 2000，快速定位到（X0，Y22.5）
N100 G43 H1 Z50. M08;	加刀长补，切削液打开
N101 Z3.	
N112 G99 G81 Z－3. R3. F150. ;	钻孔循环（钻中心孔），返回 R 点
N114 X15.91 Y15.91;	
N116 X22.5Y0;	
N118 X0Y－22.5;	
N120 X－19.91Y15.91;	
N122 X－22.5Y0;	
N124 G80;	取消钻孔循环
N126 M5 M9;	主轴停止，切削液关闭
N128 G91 G28 Z0. ;	返回 Z 轴零点
N130 T2;	T2 号刀准备
N132 M6;	换刀
N134 G0 G90 G54 X0. Y22.5 S800 M3;	
N136 G43 H2 Z50. ;	
N137 Z.	
N138 G99 G81 Z－10. R3. F150. ;	钻孔循环，返回 R 点

N140 X22. 5 Y0. ;	2 孔
N142 X0. Y-22. 5;	4 孔
N144 X-22. 5 Y0. ;	6 孔
N146 G80;	取消钻孔循环
N148 M5;	主轴停止
N150 G91 G28 Z0. ;	返回 Z 轴零点
N152 M01;	选择停
N154 T3;	3 号刀准备
N156M6;	换刀
N158 G0 G90 G54 X15. 91 Y15. 91 S800 M3;	
N160 G43 H3 Z50. ;	加刀长补
N161 Z3.	
N162 G99 G81 Z-10. R3. F100. ;	钻底孔 2
N164 X-15. 91 Y-15. 91;	钻底孔 5
N166 G80;	
N168 M5;	
N170 G91 G28 Z0. ;	
N172 M01;	
N174 T4;	
N176 M6;	
N178 G0 G90 G54 X15. 91 Y15. 91 S400 M3;	
N180 G43 H4 Z50. ;	加刀长补
N181 Z3.	
N182 G99 G84 Z-12. 403 R3. F1. 25;	刚性攻螺纹，螺纹孔 2
N184 X-15. 91 Y-15. 91;	螺纹孔 5
N186 G80;	
N188 M5;	
N190 G91 G28 Z0. ;	
N192 M30;	程序结束，返回到程序起始行

6.3.3　加工实例 3

如图 6-22 所示的凸轮，材质为铸铝，棒料 $\phi70 \times 200$。为一个毛坯多件加工。

(1) 工艺分析

零件包括外圆台阶面、凸轮和内圆柱面的加工。先在车床上加工出外圆柱面、台阶面和孔，然后在铣床上加工凸轮。

其中外圆 $\phi35mm$ 和内圆 $\phi30mm$ 孔有严格尺寸精度和表面粗糙度要求，且两孔之间有同轴度 0.02mm 要求，在普通的数控车床上即可以达到。

由于凸轮是由多段圆弧连接而成的，需要确定基点的坐标，在 AutoCAD 软件中画图，然后通过查询，确定基点的坐标。

刀具的走刀路线如图 6-23 中数字顺序所示。在加工时，为了使凸轮表面接点光滑，采用圆弧切入和圆弧切出的方法，并使用刀具半径补偿保证尺寸精度，轮廓采用顺铣，降低表面加工粗糙度。

由于工件外形不是太复杂，所以在车床上用三爪卡盘一次装夹完成，并且保证了

其余

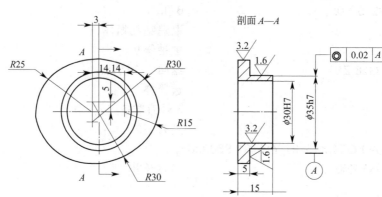

图 6-22　凸轮零件图

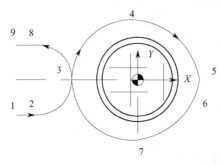

图 6-23　走刀路线

$\phi 35mm$ 外圆和 $\phi 30mm$ 内孔轴线同轴度 0.02mm 的要求。

由于工件孔壁太薄，为了防止工件变形，在铣床上加工凸轮外形时，用芯轴对工件定位。

（2）加工工艺的制订

在普通钻床上，钻毛坯孔 $\phi 28$，在数控车床上加工大外圆时，需要首先确定最大外圆直径 $\phi 53(3+2\times25)$。$\phi 30$ 孔、$\phi 35$ 外圆需要粗、精车。

（3）加工程序

粗、精车外圆程序：

O0002	
T0404;	换第 4 把刀加刀补
G99 M03 S1000 M08;	每转进给
G00 X76. Z3. ;	刀具快速移动到给定点
G71 U2. 0 R1. 0;	用 G71 开始粗车
G71 P60 Q80 U0. 5 W0. 25 F0. 1;	
N60 G00 X35. ;	
G01 Z—10. ;	
X54. 14;	
N80 Z—15. ;	
G00 X100. Z100. ;	粗车完，刀具移动到安全位置
T0400;	取消刀补
T0303	换刀
S1500;	
G00 X35. Z3 ;	
G01 Z—10. F0. 05 ;	
X54. 14;	
Z—15. ;	
G00 X100. Z100. ;	精车完，刀具移动到安全位置

T0300;	取消刀补
M05;	主轴停转
M30;	程序结束

镗孔程序：

O0004

T0202;	换第 2 把刀，并加刀补
G99 M03 S1000;	每转进给
G00 X25. Z3. ;	主轴快速移动
G90 X28. Z－17. F0. 05;	粗镗孔
X29.	
X29. 5	半精镗
X30.	精镗
G00 X29. Z100. ;	镗孔结束，刀具移动到安全位置
T0200;	取消刀补
M05;	
M30	

凸轮加工，铣刀直径为 ϕ10，刀具走刀路线计算了刀具半径。凸轮程序：

%

O0000

N100 G21

N102 G0 G17 G40 G49 G80 G90

N106 G0 G90 G54 X－53. Y－10. S300 M3

N108 G43 H1 Z30.	建立刀长补
N110 Z3.	
N112 G1 Z－5. F200.	
N114 G41 D1 X－43. F150.	左补，刀补值 D1= 0
N116 G3 X－33. Y0. R10.	圆弧切入
N118 G2 X－3. Y30. R30.	
N120 X30. Y6. 667 R35.	
N122 X30. 712 Y4. 409 R35.	3 点
N124 Y－4. 409 R16. 4	4 点
N126 X－3. Y－30. R35.	5 点
N128 X－33. Y0. R30.	1 点
N130 G3 X－43. Y10. R10.	圆弧切出
N132 G1 G40 X－53.	取消刀径补
N134 Z3. F300.	快速提刀
N136 G0 Z30.	
N137 G49	取消刀长补
N138 M5	主轴停转
N144 M30	程序结束

%

6.4　轴套类零件的加工

6.4.1　轴套类零件的加工中软爪的使用

在数控车床上广泛使用软爪技术。软爪通过端面锯齿和 T 形键，定位在液压卡盘上，用螺钉将软爪固定（如图 6-24 所示）。软爪为 45 钢、调质。每次更换加工零件时，根据要夹持或反撑工件的尺寸、形状、定位方式对软爪进行车削。

通过在机床上对软爪的车削，可以保证三个软爪与主轴的同轴度。轴套类零件经常需要调头加工工件两端的孔，两端的孔一般有同轴度要求，可通过使用软爪来保证。

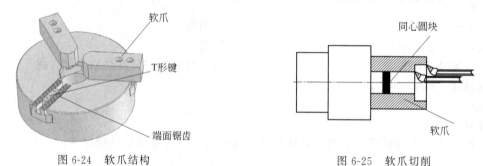

图 6-24　软爪结构　　　　　　　　　　图 6-25　软爪切削

（1）切削软爪步骤

① 夹持一适当尺寸的同心圆块，如图 6-25 所示。

② 切削所需的夹持直径，且预留约 0.5mm。

③ 粗车至夹持尺寸。

④ 同心圆夹块刀具退出后，松开夹头，取下同心夹块。

（2）软爪切成直径与工件直径的关系

软爪切成直径（即握紧径）若大于工件直径，则较容易造成切削时工件与软爪夹持面之间的滑动，失去确实的夹持作用。软爪切成直径若小于工件直径，较容易造成夹持时软爪两边锐角面本身的变形，夹伤工件表面，如图 6-26 所示。在以上两种情况下，通常工作时采用第一种情况比较理想。

软爪在轴向一般加工成微斜面。A 点所在圆的直径要大于 B 点所在圆的直径。

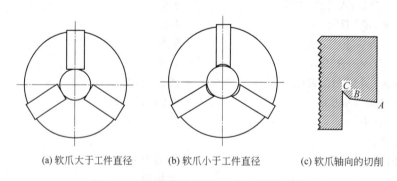

(a) 软爪大于工件直径　　　(b) 软爪小于工件直径　　　(c) 软爪轴向的切削

图 6-26　软爪切成直径与工件直径的关系

6.4.2　加工实例

加工零件如图 6-27 所示，毛坯尺寸为 ϕ60mm×62mm，材料为 45 钢，无热处理和硬度要求。

（1）工艺分析

如图 6-27 所示，零件包括简单的外圆台阶面、倒角和外沟槽、内圆柱面等加工。其中外圆 $\phi58$、$\phi45$ 和孔 $\phi30$ 有严格尺寸精度和表面粗糙度等要求。$\phi58$ 外圆对 $\phi30$ 内孔轴线有同轴度 0.02 的技术要求，同轴度要求是此零件加工的难点和关键点。

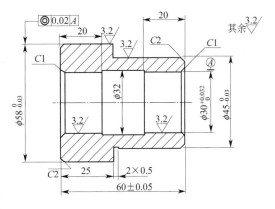

图 6-27　轴套零件

零件加工采用工序集中的原则，分两次装夹完成加工。第一次夹右端，完成 $\phi58$ 外圆、$\phi30$ 内孔（左端）的加工，保证 $\phi58$ 外圆与 $\phi30$ 内孔轴线的同轴度 0.02mm 要求；然后调头，采用软爪夹 $\phi58$ 精车外圆（保护已加工面），完成右端外形加工。软爪夹外圆时，必须经过自镗，并检验软爪的跳动量，应＜0.01，这样才能保证右端 $\phi30$ 内孔与 $\phi58$ 外圆的同轴度。

（2）确定加工顺序及进给路线

① 平端面，钻孔 $\phi28$。

② 粗、精车 $\phi58$ 外圆。

③ 粗、精车 $\phi30$ 内孔和 $\phi32$ 内工艺槽，此槽为保证如 $\phi30$ 内孔技术要求而从工艺设计上考虑，无精度要求。

④ 工件调头，软爪夹 $\phi58$ 已加工表面，车右端面，保证 60 长度。

⑤ 加工 $\phi45$ 外圆及左端 $\phi30$ 内孔。

⑥ 切槽。

（3）刀具及切削用量的选择

刀具及切削用量如表 6-6 所示，外形加工刀具及切削用量的选择与加工轴类零件时区别不大。尤其内孔刀需特别注意选用，因刀杆受孔径尺寸限制，刀具强度和刚性差，切削用量要比车外圆时适当小一些。

表 6-6　刀具及切削用量

工步	工步内容	刀具名称及规格	刀具	切削用量		
				背吃刀量 /mm	主轴转速 /(r/min)	进给速度 /(mm/r)
1	车端面、加工外圆	90°外圆刀	T01	2	＜1500	0.1 0.05（精）
2	钻孔	28mm 钻头	T04		600	0.1
3	镗孔	镗刀（主偏角 75°）	T02	1～2	600～800	0.05
4	切槽、切断	切断刀	T03	刀宽 2mm	600	0.07

提示：左右两端的 $\phi30$ 内孔可一次加工完成。但由于孔比较长，为 60mm，刀具刚性比较差，$\phi30$ 内孔尺寸公差不易保证，孔容易带锥度。因此采用两端加工的方法。

（4）程序

O3012

N010 T0101;　　　　　　　　　　　　　换 T01，使用刀具补偿

N015 M03 S600;　　　　　　　　　　　主轴正转，转速 600

N018 G00 X65Z2;　　　　　　　　　　　快速定位至 $\phi65$mm，距端面正向 2mm

N12 0G01 Z0 F0. 1;　　　　　　　　　　刀具与端面对齐

N022 X－1;　　　　　　　　　　　加工端面
N024 G00 X80 Z150;　　　　　　　快速移动到换刀点
N026 T0404;　　　　　　　　　　　换钻头 T04，使用刀具补偿
N028 G00 X0 Z4 S600 M03　　　　钻孔起点，主轴正转
N030 G74 R2;　　　　　　　　　　钻孔循环，每次退 2mm
N035 G74 Z－65 Q8000 F0.1;　　钻 65mm 长（通孔），每次进 8mm
N040 G00 X80 Z150;　　　　　　　快速移动到换刀点
N050 T0101　　　　　　　　　　　换外圆刀
N060 G00 X62 Z2 S800 M03;　　　G90 循环起点，主轴反转
N070 G90 X58.5 Z－30　　　　　　G90 循环粗车 φ58mm，留 0.5mm 余量
N080 G00 X54 F0.05;　　　　　　快进倒角起点
N090 G01 Z0
N100 X58 Z－2;　　　　　　　　　倒角
N110 Z－28;　　　　　　　　　　　精车 φ58mm 外圆
N160 G00 X100 Z100;　　　　　　返回换刀点
N170 M03 S600 T0202;　　　　　　换镗刀
N180 G00 X27.5Z2;　　　　　　　定位至 φ27.5mm，距端面 2mm 处
N190 G71 U1 R0.5;　　　　　　　采用复合循环粗加工内表面，X 正方向留精加工余
　　　　　　　　　　　　　　　　　量 0.5mm
N200 G71 P210 Q270 U－0.5 W0 F0.1 S600;
N210 G01 X32 F0.05;　　　　　　N210～N270 为精加工路线
N220 Z0;
N230 X32 F0.05;
N240 Z－24;
N250 X32;
N260 Z－40;
N270 X30;
N280 M00;　　　　　　　　　　　程序暂停
N290 S800;　　　　　　　　　　　转速 800r/min
N300 G70 P210 Q270;　　　　　　精加工内表面
N310 G00 X100 Z100 M05;　　　　返回程序起点，停主轴
N320 M30;　　　　　　　　　　　程序结束
工件调头装夹，车削内、外表面，端面。
O3013;
N010 T0101;　　　　　　　　　　1 号外圆刀
N020 M03 S600;
N030 G00 X65 Z2;　　　　　　　快速定位至 φ65mm，距端面 2mm 处
N040 G01 Z0 F0.1;　　　　　　　刀具对齐端面
N050 X－1;　　　　　　　　　　车削端面
N060 G00 X60 Z2;　　　　　　　快速定位至 φ60mm，距端面正向 2mm
N070 G71 U1 R0.5;
N080 G71 P90 Q130 U0.5F0.1;　　采用复合循环粗加工内表面，X 正方向留精加工余
　　　　　　　　　　　　　　　　　量 0.5mm

N090 G01 X41 F0. 05;

N100 Z0;

N110 X45 Z—2;

N120 Z—35;

N130 X60;

N150 M03 S800;

N160 G70 P90 Q130;　　　　　　　精加工外表面

N170 G00 X100 Z100 M05;　　　　　返回换刀点

N180 S400 T0303;　　　　　　　　换切断刀

N190 G00 X65. 2 Z—35;　　　　　　切槽

N200 G01 X57 F0. 05;

N210 X60；

N220 G00 X100 Z100 M05;　　　　　返回换刀点

N230 M03 S600 T0202　　　　　　　换镗刀

N235 G00 X28 Z2　　　　　　　　　快速定位至 ϕ28mm，距端面正向 2mm

N240G71U1 R0. 5;

N260G71P270Q310U—0. 5W0F0. 1S600; 采用复合循环粗加工内表面，X 正方向留精加
　　　　　　　　　　　　　　　　　　工余量 0. 5mm

N 270G00X32；　　　　　　　　　　内孔精加工路线

N280G01Z0F0. 05；

N290X30Z—1；

N300Z—22；

N310X28；

N320M00；　　　　　　　　　　　　程序暂停

N330M03S1200；　　　　　　　　　变主轴转速、主轴转

N340 G70 P270 Q310；　　　　　　精加工内孔各处

N350 G00 X100Z100 M05；　　　　　返回程序起点；停主轴

N360 M30；　　　　　　　　　　　　程序结束

6. 5　螺纹、切槽（切断）零件的加工

6. 5. 1　螺纹车削的一些注意事项

（1）在保证生产效率和正常切削的情况下宜选择较低的主轴转速

在螺纹加工中，原则上其转速只要能保证主轴每转一周时，刀具沿主进给轴（多为 Z 轴）方向位移一个螺距。对于螺距为 3，进给速度为 3mm/r，与普通车削（其中典型的进给速度大约为 0.3mm/r）相比，螺纹车削的进给速度要高出 10 倍。螺纹加工刀片刀尖处的作用力可能要高 100～1000 倍。

承受这种作用力的螺纹加工刀具端部半径一般为 0.04mm，而常规车削刀具的半径为 0.8mm。对于螺纹加工刀具，该半径受许可的螺纹形状根部半径（其大小由相关螺纹标准规定）的严格限制。它还受所需要的切削动作限制，因为材料无法承受普通车削中的剪切过程，否则会发生螺纹变形。

切削力较高和作用力聚集范围较窄导致的结果是：螺纹加工刀具要承受比一般车刀高得多的应力。

（2）恒切削量加工

在螺纹加工中，螺纹需要多次进刀才能完成螺纹的加工。每刀的切削深度，在螺纹加工中是非常关键的。如果每刀进给是恒定的（不推荐采用这种方式），则切削力和金属去除率从上一刀到下一刀会剧烈增加。

例如，在采用恒定的切削深度 0.25mm 加工一个 60°螺纹形状时，第二刀去除的材料为第一刀的 3 倍。与随后每刀操作一样，去除的金属量连续成指数上升。

为了避免这种切除量增加并维持比较现实的切削力，切深应该随着各刀操作而减少，保证恒切削量加工。

（3）普通螺纹的加工尺寸

数控车床对普通螺纹的加工需要一系列尺寸，普通螺纹加工的尺寸主要包括以下两个方面：

① 螺纹加工前工件直径　考虑螺纹加工牙型的膨胀量，螺纹加工前工件直径 $D/d - 0.1P$，即螺纹大径减 0.1 倍螺距，一般根据材料变形能力取比螺纹大径小 $0.1 \sim 0.5$。

② 螺纹刀最终进刀位置　螺纹刀最终进刀位置可以参考螺纹底径，即：

螺纹小径为：大径－2 倍牙高；牙高＝0.54P（P 为螺距）。

（4）螺纹加工的进刀方式

在目前的数控车床中，螺纹切削一般有三种加工方法：G32 径向进刀切削方法、刀具是径向进给的（与工件中心线垂直），G92 径向进刀切削方法和 G76 斜进式切削方法，由于切削方法的不同，编程方法不同，造成加工误差也不同。

① G32 径向进刀切削方法，由于两侧刃同时工作，切削力较大，而且排屑困难，因此在切削时，两切削刃容易磨损。在切削螺距较大的螺纹时，由于切削深度较大，刀刃磨损较快，从而造成螺纹中径产生误差；但是其加工的牙型精度较高，因此一般多用于小螺距螺纹加工。由于其刀具移动切削均靠编程来完成，所以加工程序较长；由于刀刃容易磨损，因此加工中要做到勤测量。

② G92 径向进刀切削方法简化了编程，较 G32 指令提高了效率。

③ G76 斜进式切削方法，由于为单侧刃加工，加工刀刃容易损伤和磨损，使加工的螺纹面不直，刀尖角发生变化，而造成牙型精度较差。但由于其为单侧刃工作，刀具负载较小，排屑容易，并且切削深度为递减式。因此，此加工方法一般适用于大螺距螺纹加工。

斜进式切削方法：此加工方法由于排屑容易，刀刃加工工况较好，在螺纹精度要求不高的情况下，此加工方法更为方便。在加工较高精度的螺纹时，可采用两刀加工完成，即先用 G76 加工方法进行粗车，然后用 G32 加工方法精车。但要注意刀具起始点应准确，不然容易乱扣，造成零件报废。

（5）螺纹加工程序段中的导入长度和切出长度

螺纹车削的进给速度与普通车削相比速度高出很多，当切削螺纹时进给系统需要加速，需要一段距离（导入长度）；当螺纹切削停止时，进给系统需要减速，亦需要一段距离（切出长度）。在导入长度、切出长度加工的螺纹是不完全螺纹。因此，加工螺纹时，应根据机床说明书选择合理的导入长度和切出长度。

6.5.2　螺纹加工 1

零件如图 6-28 所示，零件毛坯直径为 40mm，无热处理要求。

（1）工艺处理

① 根据零件图分析，需加工外形、切槽、车螺纹。需外圆刀、切槽刀、螺纹刀。对应的刀号分别为 1 号刀、3 号刀、5 号刀。

② 工艺及编程路线如下：

a. G71 循环指令外形粗加工。

b. G70 循环精加工。

c. 切槽。

d. G76 循环车螺纹。

（2）程序

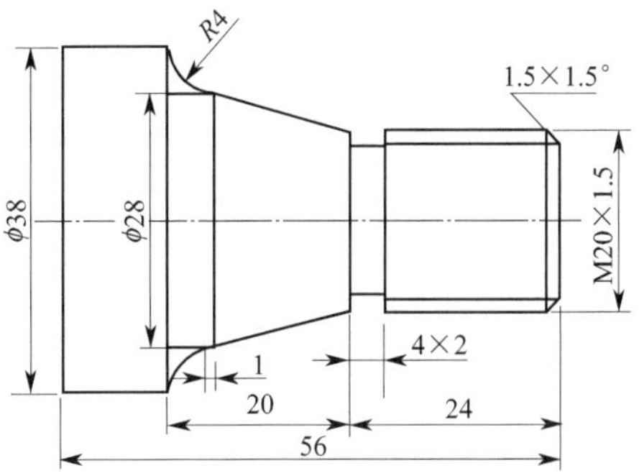

图 6-28　零件图

T0101;	换 1 号外圆刀
G00 X42. Z2. M03 S1200;	快速至 G71 循环起点
G71 U2 R1	外圆粗车循环，每层切深 2mm，退刀量 1mm
G71 P50 Q100 U1 W0. 5 F0. 2;	精车路线为 N50～N100
N50 G00 X17.	1. 5 倒角，X 向起点
G01 Z0 F0. 05;	空切至倒角起点
X19. 8 Z−1. 5	倒角，X19.8 为螺纹精车外圆尺寸
Z−24. ;	
X20. ;	锥体起点
X28. ;	车锥体
Z−39. ;	R4 圆弧起点
G02 X36. Z−44. R4. ;	车 R4 圆弧角
G01 X38. ;	台阶
N100 Z−56. ;	精车末段
G70 P50 Q100;	精车循环
G00X100. Z150. ;	退至换刀点
T0303;	换 3 号切槽刀，切宽 4mm
G00X22. Z−24. S400;	切槽起点
G01X16. F0. 1;	切至槽底
G00X80. ,	X 向退出（只能单轴移动）
Z150. ;	
T0303;	换 3 号螺纹刀
M03 S750;	调转速
G00 X30. Z10. ;	快速到循环起点
G76 P01006 0 Q100R50;	P010060 精加工 1 次，倒角量 0，60°螺纹；Q100 最小切深 0.1mm（半径），R50 精加工量 0.05mm
G76X18. 052Z−22. P975Q500 F1. 5;	螺纹小径 18.052mm，R0 直螺纹，P975 牙深 0.975mm，Q500 第一刀切 0.5mm 深（半径值）
M30. ;	程序结束

6.5.3　螺纹加工 2

如图 6-29 所示，用 G76 循环指令编制内螺纹加工程序。

内螺纹切削前的底孔尺寸 $D_孔 = d - 1.0825P = 30 - 2.165 = 27.835$。

内螺纹加工程序：

T0303;

G0X25. Z4. S300 M03;　　　　　　　　循环起点: X25< 毛坯孔直径

G76 P012060 Q100R50;　　　　　　　P012060 精加工 1 次, 倒角量 2F, 60°三角螺纹;

　　　　　　　　　　　　　　　　　　　Q100 最小切深 0.1mm（半径）; R50 加工余

　　　　　　　　　　　　　　　　　　　量 0.05mm

G76 X30. Z-35. P974Q500F1.5;　　　螺纹大径 30mm, R0 直螺纹, P974 牙深 0.974mm,

　　　　　　　　　　　　　　　　　　　Q500 第一刀切 0.5mm 深（半径值）

G00X100. Z100;　　　　　　　　　　　回换刀点

M30;　　　　　　　　　　　　　　　　　程序结束

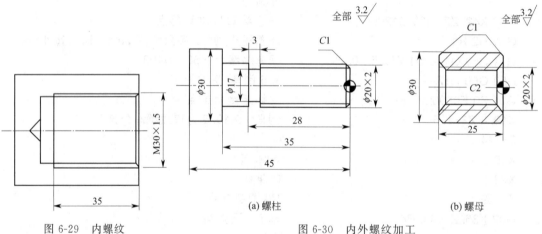

图 6-29　内螺纹　　　　　　　(a) 螺柱　　　　　　　(b) 螺母

　　　　　　　　　　　　　　　图 6-30　内外螺纹加工

6.5.4　螺纹加工 3

如图 6-30 所示，毛坯为 ϕ35mm 棒料，需要进行圆柱面、倒角、外螺纹、内螺纹和切断等加工。零件材料为 45 钢，无热处理和硬度要求。

刀具及切削用量的选择见表 6-7。

表 6-7　刀具及切削用量的选择

螺纹编程及加工			零件名称	螺母	零件图号	
序号	刀具号	刀具名称及规格	刀尖半径	数量	加工表面	备注
1	T0101	93°粗、精右偏外圆刀	0.4mm	1	外表面、端面	
2	T0202	镗孔刀	0.4mm	1	螺纹底孔	
3	T0303	60°内螺纹车刀		1	内螺纹	
4	T0404	B=3mm 切断刀	0.3mm	1	切断	
5	T0505	60°外螺纹车刀		1	外螺纹	

注：T01：93°粗、精车外圆刀。T02：镗孔刀。T03：内螺纹刀。T04：切断刀。T05：外螺纹刀。

工艺路线及编程：

（1）外圆柱螺纹加工

外圆粗、精车程序段说明：

O4300;　　　　　　　　　　　　　程序名

N010 T0101;　　　　　　　　　　　换 1 号外圆刀

N020 G00X35. Z2. M03S900;　　　　G90 循环起点

N030 G90X30.5Z-50. F0.2;　　　　　粗车循环 1

N040 X25Z－35;	粗车循环 2
N050 X21. 5;	粗车循环 3
N060 G00X15. Z0. 5;	倒角起点
N070 G01X19. 8Z－2. F0. 13;	倒角，螺纹精加工外圆 ϕ19. 8mm
N080 Z－28;	精车螺纹外圆
N090 X20;	保证槽左边外圆 ϕ20
N100 Z－35;	精车 ϕ20 外圆柱
N110 X30;	平台阶
N120 Z－50;	精加工外圆
N130 G00X80. Z150;	回换刀点
切槽：	
N140T0404	换切槽刀
N150G00X23. Z－35. M03S400;	快速至切槽起点
N160G01X17;	切槽至底径
N170X22;	X 向切刀退出
N180G00X80. Z150;	回换刀点
G76 循环切外螺纹：	
N190T0505;	换螺纹刀
N200G00X22. Z5. S500,	循环起点
N210G76P010060Q100R50,	G76 加工外螺纹参数
N220G76X17. 6Z－26. P1300Q600F2,	G76 加工外螺纹参数
N230G00X80. Z150.	回换刀点
N240M05M30	程序结束

（2）螺母加工

车端面、粗车外圆及倒右角：

O4301	程序名
N010 T0101;	建立工件坐标系，选择 1 号外圆刀
N020 X200Z200 M03S640;	
N030G99;	进给速度为 mm/r
N040G00X38Z2;	快至 ϕ38 直径，距端面正向 2mm
N050G01Z0F0. 1;	刀具与端面对齐
N060X－1;	加工端面
N070G00X38Z2;	定位至 ϕ38 直径，距端面正向 2mm
N080G90X30. 4Z－28F0. 2;	粗车 ϕ30 外圆，留精加工余量 0. 2mm
N090X31. Z－1. 5R－3. 5;	粗车倒角
N100G00X200. Z200. T0100M05;	返回起始点，取消刀补，停主轴
N110 M00;	程序暂停，检测工件
粗加工内孔及倒角：	
N120M03S640T0202;	换转速，主轴正转，选镗孔刀
N130G00X14. Z2. ;	快速定位至（X14，Z2）位置
N140G90X17. 2Z－28. F0. 2;	粗镗 M20 孔，留精加工余量 0. 2mm
N150G00X200. Z200. T0200M05;	返回起始点，取消刀补，停主轴
N160M00	程序暂停，检测工件

精车外圆：

N170M03S900T0101;	换转速，正转，选外圆车刀
N180G00X24. Z2. ;	快速定位至（X24，Z2）
N190G01X30. Z－1. F0. 1;	精加工倒角 C1
N200Z－28. ;	精加工 ϕ30 外圆
N210X38. ;	平端面
N220G00X200. Z200. T0100M05;	返回起始点，取消刀补，停主轴
N230M00	程序暂停，检测工件

精车内孔：

N240M03S900T0202;	主轴正转，选镗孔刀
N250G00X26Z2. ;	快速定位至（X26，Z2）
N260G01X17. 4Z－2. ;	精加工倒角 C2
N270Z－28. ;	精加工内螺纹孔
N280X16. ;	径向退刀
N290G00Z2. ;	轴向退出工件孔
N300G00X200. Z200. T0200M05	返回换刀点，取消刀补，停主轴
N310M00	程序暂停，检测工件

加工内螺纹：

N320M03S300T0303;	换转速，主轴反转，换内螺纹车刀
N330G00X16. Z5. ;	快速定位至循环起点（X16，Z5）
N340G92X18. 3Z－27. F2;	G92 循环加工内螺纹第 1 刀
N350X18. 9;	G92 循环加工内螺纹第 2 刀
N360X19. 5;	G92 循环加工内螺纹第 3 刀
N370X19. 9;	G92 循环加工内螺纹第 4 刀
N380X20. ;	G92 循环加工内螺纹第 5 刀
N390G00X200. Z200. T0300M05;	返回起始点，取消刀补，停主轴
N400M00;	程序暂停，检测工件

切断：

N410M03S335T0404;	换转速，主轴正转，换切断刀
N420G00X38. Z－28. ;	快速定位至（X38，Z28. 2），留 0. 2mm 端面加工余量
N430G01X14. ;	
N440G00X200. Z200. T0400M05;	返回起始点，取消刀补，停主轴
N450T0100;	1 号基准刀返回，取消刀补
N460M30;	程序结束

（3）工件调头装夹，车端面，车倒角

O4302	程序名
N010M03S900T0101;	主轴正转，选择 1 号外圆刀
N020G00X16. Z2. ;	快速至 ϕ16 直径，距端面正向 2mm
N030G01Z0F0. 1,	刀具与端面对齐
N040X28. ;	加工端面
N050X32Z－2. 0;	车 C1 倒角
N060G00X200. Z200. T0100M05;	返回起始点，取消刀补，停主轴

N070M00;　　　　　　　　　　　程序暂停，检测工件

N080M03S900T0202;　　　　　　换转速，主轴正转，选镗孔刀

N090G00X16. Z2. ;　　　　　　　快速定位至（X16，Z2）位置

N100G90X18. Z—1. 5R3. 5F0. 1;　G90 锥形循环加工，孔口 C2 倒角

N110X18. Z—2. R4. ;

N120G00X200. Z200. T0200M05;　返回起始点，取消刀补，停主轴

N130T0100;　　　　　　　　　　1 号基准刀返回，取消刀补

N140M30;　　　　　　　　　　　程序结束

思考题与习题

（1）按照"基准先行"的原则，轴类零件加工首先加工中心孔，在数控车床钻中心孔如何保证中心孔的质量和中心孔的同轴度？

（2）轴类零件的装夹一般采用一夹一顶方式，请判定定位方式，并说明判定理由。

（3）外圆加工采用主偏角 93°的菱形外圆刀（刀尖角 35°），请说明选用该车刀主要考虑的因素。

（4）请说明在何种情况使用刀尖圆角半径补偿进行轮廓加工，建立刀尖圆角半径补偿主要考虑哪些因素。

（5）为什么通过车削软爪，在掉头车削加工中如何保证轴套类零件两端的同轴度。

（6）螺纹车削，在保证生产效率和正常切削的情况下，宜选择较低的主轴转速，为什么？

（7）为了保证螺纹恒切削量车削，经常采取何种方法？该方法有何优点。

（8）螺纹加工前工件直径一般如何确定？

（9）编程：车削图 1 所示的零件，毛坯为 φ80 棒料，刀具技术参数如表 1 所示，工作步骤如表 2 所示，请编写加工程序。

表 1　刀具技术参数

刀具名称	95°外圆粗车刀（刀尖角 80°）	93°菱形车刀（刀尖角 35°）	60°螺纹车刀	3mm 切槽刀
刀具编号	T1	T2	T4	T7
刀尖角度	80°	35°	60°	
刀刃长度或螺纹深度或切削刃宽度/mm	12	12	0.92	3
刀尖半径/mm	0.8	0.4	0.1	0.1
主偏角	95°	93°		
切削速度/(m/min)	200	100	120	100
背吃刀量或切槽深度/mm	2.5	1.5		7
进给速度(mm/r)或螺距(mm)	0.5	0.5	1.5	0.1

表 2　工作步骤

工步	工作步骤	刀具
1	95°外圆粗车刀车端面	T1
2	95°外圆粗车刀粗车	T1
3	利用 93°菱形车刀粗车剩余材料	T2
4	精车	T2
5	车螺纹	T4
6	车槽	T7

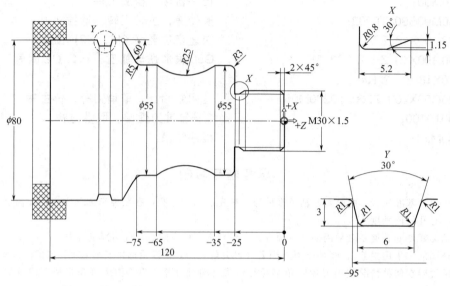

图 1　零件

第 7 章　综合练习

参考 IHK（德国工商协会）考试试题形式，本章提供数控车和数控铣综合练习。要求根据提供的刀具技术数据，夹具、量具，完成数控车、数控铣零件的工艺，坐标点的计算和程序编制。

7.1　数控车综合练习

（1）刀具技术数据

刀具技术数据如表 7-1 所示，分为外圆车刀和内孔刀具，孔加工选择刀具时，需要注意 Q 值，以免撞刀。编程时根据表中切削用量，进行合理选择。

表 7-1　刀具技术数据

外圆刀具					
刀具号	T0101	T0202	T0303	T0404	T0505
刀具半径/mm	0.8	0.8	0.4	—	—
切削速度/(m/min)	200	200	240	140	120
切削深度 a_p max/mm	2.5	2.5	0.5	—	—
刀具材料	P10	P10	P10	P10	P10
进给速度/(mm/r)	0.3/0.1	0.3/0.1	0.2/0.1	0.1/0.05	1.5

内孔刀具						
刀具号	T0606	T0707	T0808	T0909	T1010	T1111
横向尺寸 Q/mm	20	10	10	11	18	18
刀具半径/mm	—	0.8	0.8	0.4	—	—
切削速度/(m/min)	180	180	180	240	140	120
切削深度 a_p max/mm	—	1.5	1.5	0.5	—	—
刀具材料	P25	P10	P10	P10	P10	P10
进给速度/(mm/r)	0.05	0.2/0.1	0.3/0.1	0.3/0.1	0.3/0.1	0.3/0.1

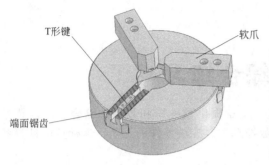

图 7-1　数控车动力卡盘

T形键　软爪
端面锯齿

（2）夹具

夹具主要提供数控车动力卡盘（图 7-1）、死顶尖（图 7-2）、活顶尖（图 7-3）。顶尖主要有两种形式：旋转式顶尖（活顶尖）。整体式顶尖（死顶尖）。活顶尖的顶尖依靠轴承支撑，车削时，顶尖同工件一起旋转，定位精度略差，但旋转时不容易发热；死顶尖是整体式顶尖，车削时，顶尖不旋转，顶尖部分由于摩擦产生热。活顶尖主要用在高速旋转的机床上，其精度比死顶尖稍差。死顶尖因其容易发热烧死，工件主要用在低速旋转或静止不动的机床上，但其精度较高。

图 7-2　死顶尖

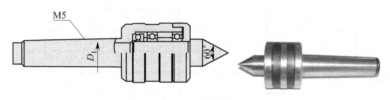

M5　D_1

图 7-3　活顶尖

（3）量具

游标卡尺是一种常用量具，具有结构简单、使用方便、精度中等和测量尺寸范围大等特点，可以用来测量零件的外径、内径、长度、宽度、深度和孔距等，如图 7-4 所示。本综合练习提供：0～125mm，游标的读数值：0.02mm。

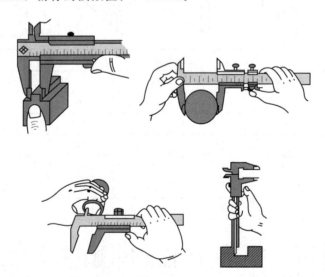

图 7-4　游标卡尺的使用

内径千分表是内量杠杆式测量架和千分表的组合，如图 7-5 所示，用以测量和检验零件内孔、深孔直径和形状精度。表 7-2 为内径千分表规格。

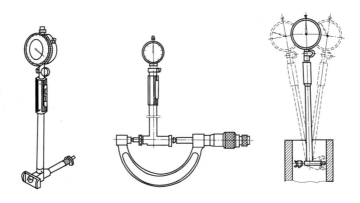

图 7-5　内径千分表

表 7-2　内径千分表规格　　　　　　　　　　　　　　　　　　　　mm

规格	6～12	10～18	18～35	35～50	50～160
测量深度	40	100	125	150	150
精度	0.001	0.001	0.001	0.001	0.001

外径千分尺如图 7-6 所示，外径千分尺的测量精度比游标卡尺高，并且测量比较灵活，当加工精度要求较高时多被应用。千分尺的读数值为 0.001mm。常用规格：0～25、25～50、50～75、75～100。

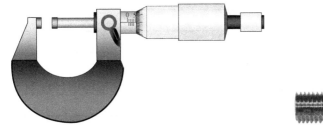

图 7-6　外径千分尺

图 7-7　螺纹塞规

螺纹塞规如图 7-7 所示，螺纹塞规的规格分为粗牙、细牙、管螺纹三种。如果被测螺纹能够使螺纹通规旋合通过，且螺纹止规不完全旋合通过，旋合量不得超过两个螺距，就表明被测螺纹中径合格，螺纹塞规的规格：M6、M8、M10、M12。精度：H6。

提示： 正确、经济地选用测量仪器是测量中一个实用性很强的问题，但目前还没有一个各行各业都适用的通用规则来指导选择测量仪器。机械行业量具的选用需要注意以下两点：量具的误差要在被测量误差的 1/5～1/3。测量仪器应符合在其测量范围 25％～85％ 运行的要求。

（4）加工零件图 1

根据零件图，如图 7-8 所示，按照表 7-3 的要求，完成工艺卡的编制。计算或者使用绘图软件，确定图 7-8 中的 P_1、P_2、P_3 坐标，并填入表 7-4 中。在工艺制订的基础上，完成图 7-8 所示零件的加工程序编制。

表 7-3　工艺卡

材质:铝	形态:棒料	尺寸:$\phi 80 \times 110$

步骤1　　　　　　　　　　　　　　　　　　　　步骤2

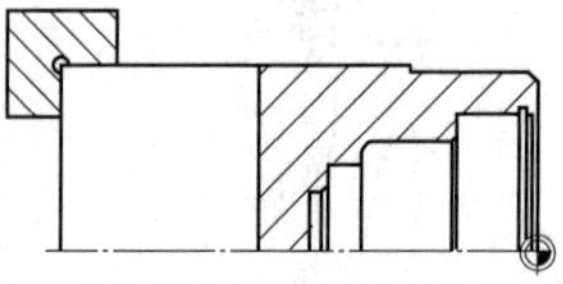

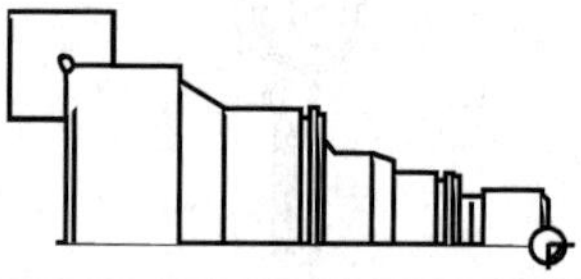

步骤1

序号	加工工艺	刀具号	备注

步骤2

序号	加工工艺	刀具号	备注

未注倒角 $1\times45°$

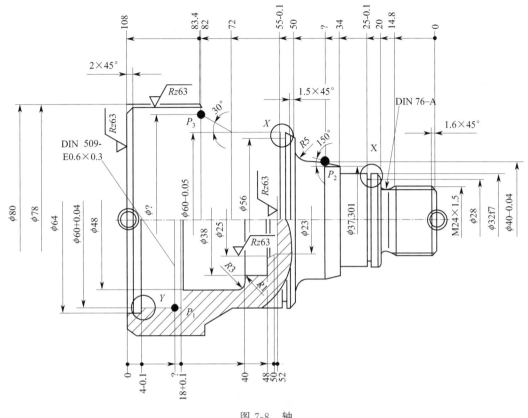

图 7-8　轴

表 7-4　坐标点的确定

点	X	Z
P_1		
P_2		
P_3		

注：

DIN 509- E0.6×0.3 的含义如下：

DIN 509：退刀槽德国标准号，DIN509 有 E、F、G、H 四种退刀槽样式，E 代表退刀槽的形状，E 型如图 7-9 所示；退刀槽内 $r=0.6\pm0.1$，槽深 $t_1=0.3^{+0.1}_0$，槽宽 $f=2.5^{+0.2}_0$。

M24×1.5　DIN 76- A 的含义如下：

DIN 76- A：米制螺纹的螺纹收尾、肩距、退刀槽德国标准号，DIN 76 有两种退刀槽样式，A 代表正常退刀槽形状，如图 7-10 所示，M24×1.5 的 $\phi d_{\mathrm{g}}=\phi d\,\mathrm{h}13$，$g_1=3.2$ (min)，$g_2=5.2$ (max)，$r\approx0.8$。

（5）加工零件图 2

根据零件图，如图 7-11 所示，按照表 7-5 的要求，完成工艺卡的编制。计算或者使用绘图软件，确定图 7-11 中的 P_1、P_2、P_3 坐标，并填入表 7-6 中。在工艺制订的基础上，完成图 7-11 所示零件的加工程序编制。

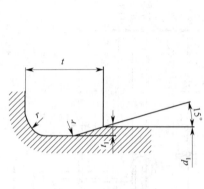

图 7-9　退刀槽

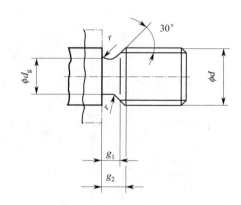

图 7-10　米制螺纹退刀槽

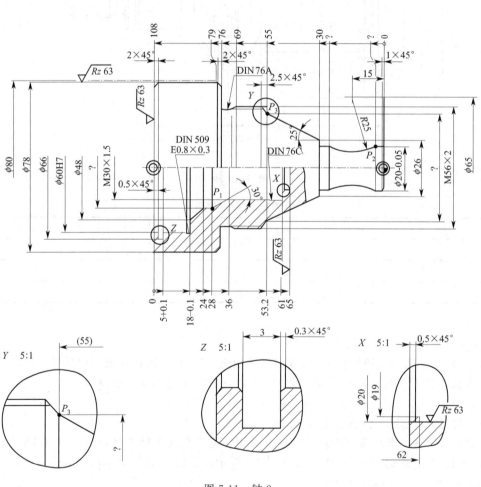

图 7-11　轴 2

表 7-5　工艺卡

材质:铝	形态:棒料	尺寸:$\phi80\times110$

步骤 1	步骤 2

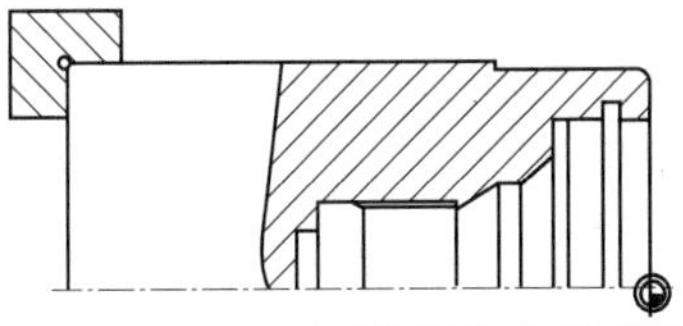

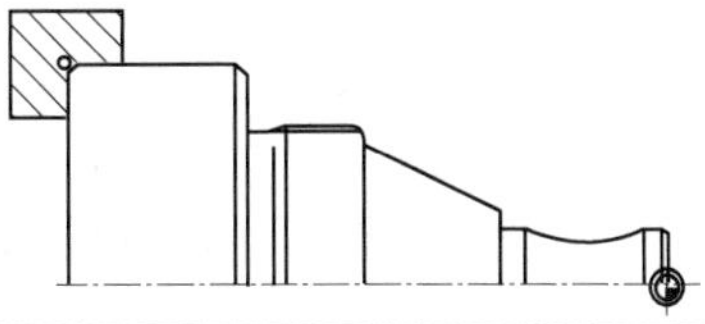

步骤 1

序号	加工工艺	刀具号	备注

步骤 2

序号	加工工艺	刀具号	备注

表 7-6　坐标点的确定

点	X	Z
P_1		
P_2		
P_3		

7.2 数控铣综合练习

（1）刀具技术数据

刀具技术数据如表 7-7 所示，刀具分为定心钻 T1、T2，键槽铣刀 T5～T18，T19～T26 为钻头和铰刀，T27、T28 为镗孔刀，分为粗镗孔刀、精镗孔刀。

数控机床加工中心孔，普遍使用定心钻。麻花钻头直径于 φ13 以下采用直柄，采用钻夹头夹持；锥柄钻头均采用莫氏锥度。φ20mm 以下的麻花钻的尺寸间隔基本为 0.1，麻花钻头规格比较多，刀具技术数据仅列出了部分。粗镗孔刀采用双刃刀具，精镗孔刀采用单刃刀具。

表 7-7 刀具技术数据（一）

刀具号	T1	T2	T3	T4	T5	T6	T7	T8
刀具直径/mm	12	10	50	50	25	25	20	20
切削速度/(m/min)	30	140	35	35	35	35	35	35
切削深度 a_p max/mm	—	—	10	10	20	20	15	15
刀具材料	HS	WHM	HS	HS	HS	HS	HS	HS
刀刃数量	—	4	6	6	5	5	4	4
进给速度/(mm/min)	120	440	130	90	220	150	220	150

		刀具端面中心没有切削刃			刀具端面中心有切削刃			

刀具号	T9	T10	T11	T12	T13	T14	T15	T16
刀具直径/mm	16	16	12	12	10	10	8	8
切削速度/(m/min)	120	120	120	120	120	120	120	120
切削深度 a_p max/mm	10	10	6	6	5	5	4	4
刀具材料	WHM	WHM	WHM	WHM	WHM	WHM	WHM	WHM
刀刃数量	4	4	4	4	3	3	3	3
进给速度/(mm/min)	760	470	1010	630	910	570	1000	570

		刀具端面中心有切削刃						

续表

刀具号	T17	T18	T19	T20	T21	T22	T23	T24
刀具直径/mm	6	6	5	6H7	8.5	M10	6.9	M8
切削速度/(m/min)	120	120	30	15	30	10	30	10
切削深度 a_p max/mm	3	3	—	—	—	—	—	—
刀具材料	WHM	WHM	HSS	HSS	HSS	HSS	HSS	HSS
刀刃数量	3	3	—	—	—	—	—	—
进给速度/(mm/min)	950	950	160	190	110	—	140	—

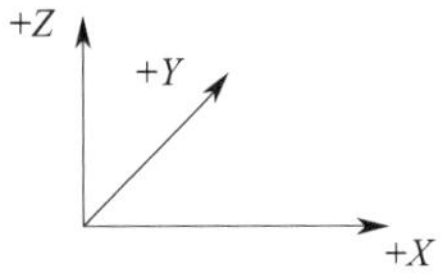

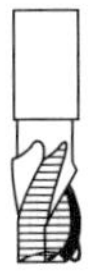

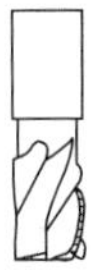

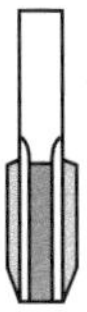

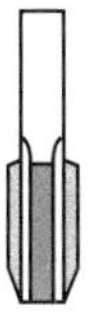

刀具端面中心有切削刃

刀具号	T25	T26	T27	T28	T29	T30	T31	T32
刀具直径/mm	8	10	23.5~150	23.5~150	—	—	—	—
切削速度/(m/min)	30	30	180	120	—	—	—	—
刀具材料	HSS	HSS	WHM	WHM	—	—	—	—
刀刃数量	—	—	2	1	—	—	—	—
进给速度/(mm/min) 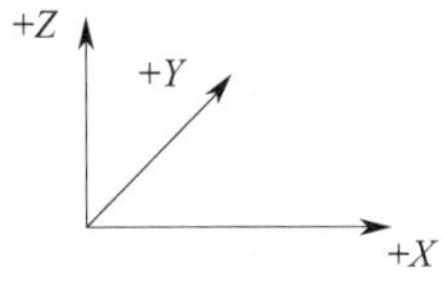	120 	96 	120 	100 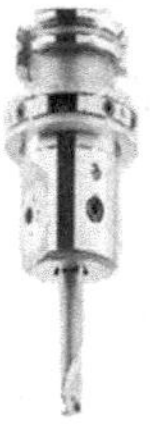	—	—	—	—
			粗镗刀	精镗刀				

（2）夹具

夹具主要提供精密虎钳，如图 7-12 所示，工件装夹采用完全定位。需要注意图中挡块的使用。

（3）量具

参考数控车床的测量量具。

（4）加工零件图 1

根据零件图，如图 7-13 所示，按照表 7-8 的要求，完成工艺卡的编制。在工艺制订的基础上，完成图 7-13 所示零件的加工程序编制。

（5）加工零件图 2

根据零件图，如图 7-14 所示，按照表 7-10 的要求，完成工艺卡的编制。计算或者使用绘图软件，确定图 7-14 中的 P_1、P_2、P_3 坐标，并填入表 7-9 中。在工艺制订的基础上，完成图 7-14 所示零件的加工程序编制。

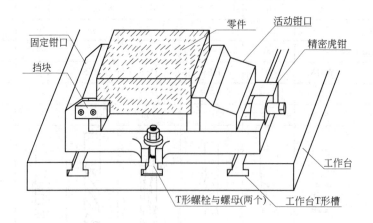

图 7-12　精密虎钳安装工件

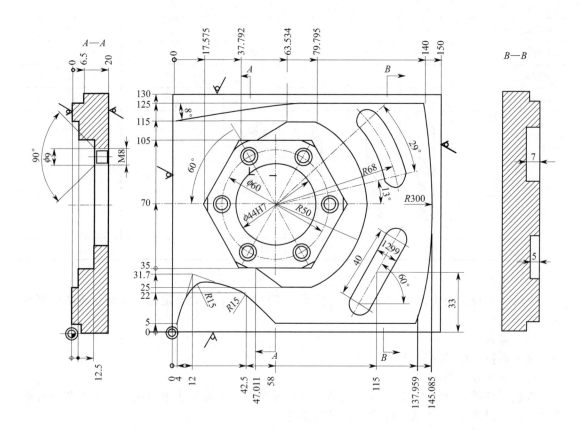

图 7-13　零件图 1

表 7-8　工艺卡

材质:铝	形态:板料	尺寸:150×20×130

步骤

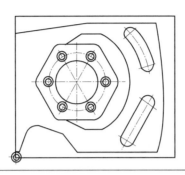

步骤

序号	加工工艺	刀具号	备注

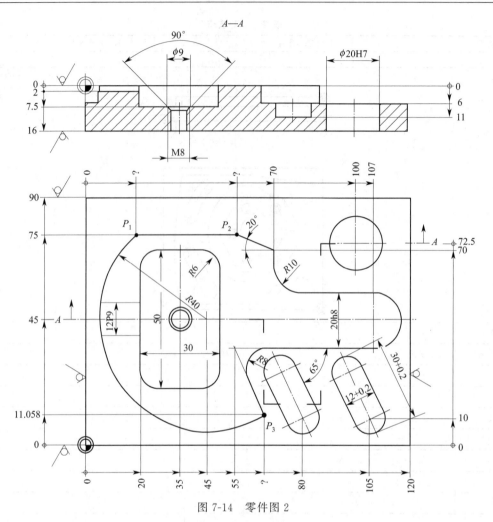

图 7-14　零件图 2

表 7-9　坐标点的确定

点	X	Y
P_1		
P_2		
P_3		

表 7-10　工艺卡

材质:铝	形态:板料	尺寸:90×16×120

步骤 1

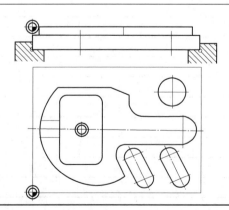

步骤 1

序号	加工工艺	刀具号	备注

参 考 文 献

[1] ［美］彼得・斯密德著. 数控编程手册. 原著第三版. 罗学科，陈勇钢，张从鹏等译. 北京：化学工业出版社，2011.

[2] 李体仁，孙建功等. 数控手工编程技术及实例详解——FANUC 系统. 北京：化学工业出版社，2012.

[3] 李体仁，夏田等. 加工中心编程实例教程 ［M］. 北京：化学工业出版社，2006.

[4] 张幼军，王世杰等编著. UG CAD/CAM. 北京：清华大学出版社，2006.

[5] 王爱玲，李清副. 数控机床加工工艺. 北京：机械工业出版社，2006.

[6] 徐衡，段晓旭. 数控车床（M）. 北京：化学工业出版社，2006.